化工工人岗位培训教材

化工安全技术基础

第二版

朱宝轩　主编

·北京·

本书是根据国家有关标准，结合化工企业的要求编写的技术工人培训教材。内容包括化工企业安全管理、化工防火防爆、用电和静电安全、压力容器的安全技术、化学危险物品、化工单元及典型工艺过程安全技术、化工安全检修、劳动保护基本常识等。适合企业实际应用，不强调深入的理论，注重实践，突出安全操作的实用性，并选编了一些典型事故案例，以加深读者对化工安全生产重要性的认识。文字通俗易懂，便于自学。

本书可作为化工企业技术工人培训教材，也可供化工企业技术工人自学使用；可作为从事化工安全生产的技术人员和管理干部参考用书，同时也可供相关专业人员培训使用。

图书在版编目（CIP）数据

化工安全技术基础/朱宝轩主编．—2版．—北京：化学工业出版社，2008.4（2025.2重印）

化工工人岗位培训教材

ISBN 978-7-122-02401-5

Ⅰ．化…　Ⅱ．朱…　Ⅲ．化学工业-安全技术-技术培训-教材　Ⅳ．TQ086

中国版本图书馆CIP数据核字（2008）第035437号

责任编辑：刘　哲　周国庆　　　文字编辑：李锦侠

责任校对：边　涛　　　装帧设计：尹琳琳

出版发行：化学工业出版社（北京市东城区青年湖南街13号　邮政编码100011）

印　　装：河北延风印务有限公司

850mm×1168mm　1/32　印张8¾　彩插3　字数237千字

2025年2月北京第2版第20次印刷

购书咨询：010-64518888　　　售后服务：010-64518899

网　　址：http：//www.cip.com.cn

凡购买本书，如有缺损质量问题，本社销售中心负责调换。

定　　价：22.00元

前言

化工生产潜在诸多不安全因素，现代化工具有的特点又对安全生产提出了更高更严的要求。从事化工生产的专业技术人员必须学习和掌握相应的化工安全技术的基础知识。

为适应市场经济发展和行业发展对职工教育培训的需要，积极配合化工企业技术工人进行职业技能鉴定及培训，根据国家有关标准，结合化工企业对技术工人的安全要求，我们编写了本书。

《化工安全技术基础》第一版于2004年5月由化学工业出版社出版发行。经过三年多的使用，针对教材中的问题，征求部分使用者的意见和建议，结合企业技术工人培训的实际需求，决定对第一版进行修改补充。

本书第二版在保留化工安全管理、化工生产防火防爆技术、电气及静电安全技术、压力容器安全技术、化学危险物质、化工单元及典型反应过程安全技术、化工安全检修、劳动保护技术常识的基础上，删减了化工厂腐蚀与防护的内容。将原书中第1章的安全管理体制修改为安全管理制度，并增加了安全心理学的内容；为提高职工公共安全处理能力和突出化工专业特色，在“化工生产防火防爆技术”一章中，将“消防设施”一节内容并入“化工火灾扑救”一节，修改增加了常用消防设备及操作，突出了实用性；在“电气及静电安全技术”一章中，删减了静电的形成等理论性较深的内容；在“化学危险物质”一章中，删减了化学危险物质运输和包装的相关内容，将化学危险物质处理修改为化学危险物质事故的应急处理，增加了化学危险物质火灾控制内容；在“化工安全检修”一章中删减了焊接作业的内容；在“劳动保护基本常识”一章中增加了一般现场急救常识内容，将原书“化工生产安全防护用品”一章修改后，并入“劳动保护基本常识”一章。总之，第二版修改的宗旨就是删减和修改原书中理论较深的内容，突出使用性内容。

本书由朱宝轩主编。第1、2、3、5、6、7、8章由朱宝轩编写，第4章由刘向东编写。全书由朱宝轩统稿。在编写过程中，河北医药职业技术学院田铁牛，北京有机化工厂彭同连，北京市化工学校刘佩田、周哲，北京市化工学校打印室给予了大力支持；化学工业出版社对本书的编写和出版提供了许多指导意见。在此一并表示衷心的感谢。

编写本书参考了大量的有关专著与文献，在此，谨向其作者致以崇高的敬意和深深的感谢。

由于编者水平有限，加之时间仓促，书中难免存在不妥之处，恳请读者批评指正。

编　者

第一版前言

为适应市场经济发展和行业发展对职工教育培训的需要，积极配合化工企业技术工人进行职业技能鉴定及培训，提高工人理论知识水平和操作技能，根据国家有关部门职业技能鉴定标准，结合化工企业技术工人的现状，化学工业出版社组织了一套《化工工人岗位培训教材》，包括《化学基础》、《化工工艺基础》、《机械基础》、《化工安全技术基础》、《化工单元操作过程》、《化工电气》、《化工仪表》和《化工分析》。

本书为《化工安全技术基础》。化工生产潜在诸多不安全因素，现代化工具有的特点又对安全生产提出了更高更严的要求。从事化工生产的专业技术人员必须学习和掌握相应的化工安全技术的基础知识。

本书对化工企业安全管理、化工防火防爆、用电和静电安全、压力容器的安全技术、化学危险物品、化工厂腐蚀与防护、劳动保护基本常识、化工单元及典型工艺过程安全技术、化工安全检修、化工生产安全防护用品等的基本概念、基本理论及有关适用技术，从理论和实践上作了较系统的介绍。编写时以力求适合企业实际应用，不强调深入的理论，注重实践，并选编了一些典型事故案例，以加深读者对化工安全生产重要性的认识，使之具有可接受性和实践性。本书可作为化工企业高级技术工人和技师培训教材，也可作为从事化工安全生产技术人员和管理干部的参考用书，同时也可供相关专业人员培训使用。

本书由朱宝轩、刘向东主编。第 1 章、第 2 章、第 5 章、第 6 章、第 7 章、第 8 章、第 9 章由朱宝轩编写，第 3 章、第 4 章、第 10 章由刘向东编写。全书由朱宝轩统稿。在编写过程中，北京市化工学校的潘茂春、刘佩田、周哲及北京有机化工厂的彭同连等同志提供了大量的帮助；化工学校打印室给予了大力支持。在此，一并表示衷心的感谢。

由于编者水平有限，加之时间仓促，难免有不妥之处，恳请读者批评指正，不吝赐教。

编　者

2004 年 2 月

目录

第1章 化工安全管理

培训目标

1. 了解安全管理的原则和内容；了解化工安全事故管理的主要内容。

2. 明确安全培训和安全检查的目的和意义；明确心理状态对安全生产的影响。

3. 学会在生产中及时调节自己的心情。

当今世界，人们的“衣、食、住、行”已经离不开化工产品，化学工业已经渗透到国民经济的各个领域，成为发展国民经济的支柱产业。但同时也应该看到，由于化工生产具有易燃、易爆、易中毒、高温、高压、有腐蚀等特点，生产过程中潜在的不安全因素很多，危险性和危害性很大，因此对安全生产的要求很严格。

1.1 安全管理的原则和内容

1.1.1 化工安全生产的地位

（1）安全生产是化工生产的前提　由于化工生产中易燃、易爆、有毒、有腐蚀性的物质多，高温、高压设备多，工艺复杂，操作要求严格，如果管理不当或生产中出现失误，就可能发生火灾、爆炸、中毒或灼伤等事故，影响到生产的正常进行，轻则影响到产品的质量、产量和成本，造成生产环境的恶化；重则造成人员伤亡和巨大的经济损失，甚至毁灭整个工厂。例如，1974 年在孟加乔拉塞化肥厂，由于误开阀门造成爆炸，死伤 15 人，经济损失达 6 亿美元；1984 年 12 月，美国联合碳化物公司设在印度博帕尔市的一家农药厂发生了 45 吨剧毒甲基异氰酸酯泄漏事故，造成 2500 余人死亡，约 5 万人失明，20 万人受到不同程度的伤害，成为迄今为止世界化工史上最大的一次事故惨案。无数事故事实告诉我们，没有一个安全生产的基础，现代化工就不可能健康正常地发展。

（2）安全生产是化工生产的保障　要充分发挥现代化工生产的优势，必须实现安全生产，确保装置长期、连续、安全地运行。发生事故就会造成生产装置不能正常运行，影响生产能力，造成一定的经济损失。

（3）安全生产是化工生产的关键　化工新产品的开发、新产品的试生产必须解决安全生产问题，否则便不能转化为实际生产过程。

1.1.2 安全技术管理的基本原则

（1）生产必须安全　安全生产是确保企业提高经济效益和促进

生产迅速发展的重要保证，直接关系到广大职工的切身利益。由于化学工业本身具有的危险性很大，一旦发生事故，后果可能非常严重，不仅会给企业造成直接的经济损失，而且会威胁人民的生命安全，造成较大的社会危害和不良的社会影响。因此，生产必须安全是现代化学工业发展的客观需要，也是安全技术管理的一项基本原则。

“生产必须安全，安全促进生产”是工业化发展到今天被实践证明了的原则。为了保证和贯彻这一原则，必须牢固树立“安全第一”的思想，在一切生产活动中，把安全作为首要的前提条件，落实安全的各项措施，保证职工的生命安全和身体健康，保证生产的正常进行。特别是企业的领导要树立这一思想，重视安全生产，把安全生产渗透到生产管理的每一个环节，消除事故隐患，改善劳动条件，切实做到生产必须安全。在我国经济高速发展的今天，这一原则尤为重要。

（2）安全生产，人人有责　现代化大生产工艺复杂，操作要求严格，安全生产更是一个综合性的工作。领导者的指挥、决策稍有失误，操作者在工作中稍有疏忽，检修和检验人员稍有不慎，都可能酿成重大事故。所以必须强调“安全生产，人人有责”这一原则。在充分发挥专职安全技术人员和安全管理人员的骨干作用的同时，应充分调动和发挥全体职工的安全生产积极性。通过大力宣传和建立健全各级安全生产责任制、岗位安全技术操作规程等安全生产制度，把安全与生产有机地统一起来，提高全员安全生产意识，实现“全员、全过程、全方位、全天候”的安全管理和监督，从而实现安全生产。

（3）安全生产，重在预防　工业化发展的实践证明，生产事故一旦发生，往往造成不可逆转的损失和破坏。因此，实现安全生产的根本出路在于预防为主，消除隐患。只有变事故发生后被动处理为事故发生前消除隐患，才能掌握实现安全生产的主动权。“安全生产，重在预防”必须体现在从设计、施工到生产的每一个环节，积极开展安全生产技术研究工作，加强安全教育和技术培训，严格安全管理和安全监督，完善各种检测手段，发现隐患及时采取措施，防止事故发生。

1.1.3 安全管理的主要内容

(1) 安全制度的建设　包括安全规章制度的建设，标准化的制定，生产前的安全评价和管理（如设计安全等），员工的系统培训教育，安全技术措施计划的制定和实施，安全检查方案的制定和实施，管理方式方法和手段的改进研究，以及有关安全情报资料的收集分析，研究课题的提出等。安全制度建设的一个重要任务就是实现安全管理的法制化、标准化、规范化、系统化。

安全管理实现法制化是根据国家法律规定和化工生产根本利益的需要，是保护和保障劳动力和生产设备原料安全的最有效手段。

安全标准是指与人身、设备、操作、生产环境和生产活动安全有关的标准、规程、规范。企业标准化工作，是实现企业科学管理的基础。

实现安全的系统化管理，对于实现“全员、全过程、全方位、全天候”的安全管理和监督，从而实现安全生产，具有重要的意义。

(2) 生产过程的安全管理　指生产活动过程中的动态安全管理，包括生产过程、检修过程、施工过程以及设备等的安全保证问题。生产过程的安全，主要是工艺安全和操作安全，是生产企业安全管理的重点。检修过程安全，包括全厂停车大修、车间停车大修、单机检修以及意外情况下的抢修等，其事故发生率往往更高，因此，必须列为安全管理的重要内容。施工过程安全，包括企业扩建、改造等工程施工，往往是在不停止生产的情况下进行的，同样存在安全问题，因此也必须列为安全管理的重要内容。设备安全，包括设备本身的安全可靠性和正确合理的使用，直接关系生产过程的正常运行。保证设备安全运行也是安全管理的重要内容。

(3) 信息、预测和监督　事故管理实质上起着信息的收集、整理、分析、反馈作用。安全分析和预测，可以通过分析发现和掌握安全生产的个别规律及倾向，作出预测、预报，有利于预防、消除隐患。安全监督，主要是监督检查安全规章制度的执行情况，检查发现安全生产责任制执行中的问题，为加强管理提供动态情况。

1.2 安全管理制度

1.2.1 安全标准与规章制度

安全标准是一套专门制定的准则，用以规范安全产品、实践方法、机械装置、设备布局、工艺过程与操作环境，由代表共同利益的单位或团体，采用有关标准题目和范围的现代科学和实践知识制定的基准文件。安全技术标准根据其通用范围可分为国际标准、国家标准、部颁标准、企业标准等几种。

规章制度包括法规、规程和条例三项基本内容。

法规是法律文件的一种，是国家机关在其职权范围内制定的要求人们普遍遵守的行为规则文件，具有法律规范的一般约束力。与安全有关的法规有劳动法、安全法、环境保护法等。

安全规程是根据安全标准制定的工作标准、程序或步骤，是为执行某种制度而作出的具体规定和对生产者进行安全指导的细则。如"工厂安全卫生规程"、"危险货物运输规则"、"压力容器安全监察规程"、"化工设备安全检修规程"等。

安全条例是由国家机关制定批准的规定，在安全生产领域的某一方面具有法律效力的文件。如原化学工业部颁布的"生产区内十四个不准"、"操作工的六个严格"、"动火作业六大禁令"、"进入容器、设备的八个必须"、"机动车辆七大禁令"等（具体内容见附录1）。

安全标准与规章制度是企业安全的重要支柱，是安全生产的重要保证。安全标准和安全制度是安全科学理论和生产实际经验的总结，它不仅反映了客观事物的规律，更有利于促进生产的正常发展。各种标准和规程的制定，在相当广的范围内起到了普遍的指导作用，避免了大量重复事故的发生，保证了生产的正常进行。

安全标准与规章制度的制定是一项十分严肃认真而细致的工

作。安全标准和规章制度必须具有高度的权威性、连续性和稳定性，必须反映事物的客观规律，有利于生产的健康发展。因此编制安全标准和规章制度必须遵循以下原则：

① 必须符合国家法律和安全生产的基本方针；

② 必须是实际生产经验的高度概括和总结，必须经过反复实践，不断补充、修订和完善；

③ 必须在大量搜集国内外、行业内外、企业内外典型事故案例的基础上，充分考虑一切潜在的危险因素，着眼于防止各种事故的重复发生；

④ 必须充分发动广大职工，集思广益，切合实际。

1.2.2 安全培训教育

(1) 安全培训教育的目的和任务　安全培训教育是化工安全管理工作的一项重要内容，是做好企业安全生产的一个重要环节。安全培训教育的目的和任务有：

① 使企业职工能够较全面地接受国家和政府颁布的一系列有关安全和劳动保护的政策、法令教育，提高贯彻和执行这些政策、法令的自觉性和责任感，增强法制观念；

② 使职工掌握安全技术和工业卫生技术，提高安全技术素质，防止误操作（违章操作）导致的各类事故发生；

③ 提高企业安全管理的科学化、规范化、系统化水平。

(2) 安全培训教育的内容

① 思想教育　是安全培训教育的一项基本内容，是加强企业安全管理的一个重要环节。思想教育是解决广大职工对安全重要性的认识问题的主要手段。其目的就是要提高全体领导和职工的安全思想素质，从思想上和理论上认清安全与生产的辩证关系，加强劳动纪律教育，树立“安全第一”、“生产服从安全”、“安全生产，人人有责”的安全基本思想。

② 劳动保护方针政策教育　是安全培训教育的一项重要内容，包括对各级领导和广大职工进行国家和政府的安全生产方针、劳动保护政策法规的宣传教育。通过多种形式的宣传教育，使广大职工

充分了解国家和政府的安全生产方针、劳动保护政策，提高贯彻执行政策法规的自觉性，使安全管理实现“全员”和“全过程”管理。

③ 安全科学技术知识教育　是安全培训教育的一项主要内容，包括一般技术知识、一般安全技术知识、专业安全技术知识和安全工程科学技术知识的教育等内容。通过对生产原理和生产过程的了解，通过对保障自己和他人安全、免受工作环境内各种危险因素伤害的基本知识和基本技能的学习掌握，通过对个人劳动保护用品正确使用及紧急事故报告基本知识的学习，以及对从事的专业与岗位有关专业安全技术的学习等，全面提高自我防护、预防事故、事故急救、事故处理的基本能力，从而全面提高企业安全管理素质与水平。

(3) 安全培训教育的形式

① 企业教育　“三级”安全教育是我国化工企业安全培训教育的主要形式，即厂级、车间级、工段或班组级三个层次。

厂级教育通常是对新入厂的职工、实习和培训人员、外来人员等没有分配或进入现场之前，由企业安全管理部门组织进行的初步安全生产教育。教育内容包括：本企业安全生产形势和一般情况，安全生产有关文件和安全生产的重要意义；本企业的生产特点、危险因素、特殊危险区域及内部交通情况；本企业主要规章制度；厂史中有关安全生产重大事故介绍；一般安全技术知识。

车间教育是新职工、实习和培训人员接受厂级安全教育并进入车间后，由车间安全员（或车间领导）进行的安全教育。教育内容包括：车间概况及其在整个企业中的地位；本车间的劳动规则和注意事项；本车间的危险因素、危险区域和危险作业情况；本车间的安全生产情况和问题；本车间的安全管理组织介绍。

岗位教育是新职工、实习和培训人员进入固定工作岗位开始工作之前，由班组安全员（或工段长、班组长）进行的安全教育。内容包括：本工段、本班组安全生产概况、工作形势及职责范围；岗位工作性质、岗位安全操作法和安全注意事项；设备安全操作及安全装置，防护设施使用；工作环境卫生事故；危险地点；个人劳保和防护用品的使用与保管常识。

② 特殊工种的专门教育　对从事特殊工种的人员（如电气、起重、锅炉与压力容器、电焊、爆破、气焊、车辆驾驶、危险物质管理及运输等)，必须进行专门的教育和培训，并经过严格的考试，成绩合格，经有关部门批准后，才能允许正式上岗操作。

③ 学校教育　学校教育是安全培训教育走向社会化的教育形式。在各类学校尤其是化工类工科院校、职业技术学校，开设安全技术与劳动保护的课程，开展安全教育，不仅提高了学生的安全意识和预防处理安全事故的能力，也为学生今后从事化工生产工作打下了良好的基础。同时，这种教育形式也是培养和造就安全技术专门人才的主要途径。

④ 社会教育　社会教育是指运用报刊、杂志、广播、电视、电影、互联网等多种媒体进行安全教育的形式，使安全生产的思想深入人心，人人关心安全生产。社会教育的最大优点是能同时对众多的人进行广泛的安全教育，是普及安全法规和安全技术知识的最好形式。

1.2.3　安全检查

（1）安全检查的目的　安全检查是发现和消除事故隐患，贯彻落实安全措施，预防事故发生的重要手段，是全方位做好安全工作的有效形式。在化工安全管理中，安全检查占有十分重要的地位。

安全检查就是对化工生产过程中的影响正常生产的各种因素进行深入细致地调查和研究，从中发现不安全因素，及时消除。因此，安全检查既是企业内部一项重要的安全工作，也是国家赋予安全监察机构的一项重要任务。

安全检查的目的在于及时发现和消除事故隐患，做到防患于未然，充分体现了“预防为主”的安全管理原则。通过检查，可以促进贯彻和落实国家的有关法律法规、安全条例和安全规程，加强企业安全管理力度和水平，提高广大职工遵守安全制度的自觉性，最终达到安全生产的目的。

开展安全检查，一般都采取经常性和季节性检查相结合，专业性检查和综合性检查相结合，群众性检查和劳动安全监察部门检查相结合的做法。

(2) 安全检查的内容

① 查领导、查思想　这是安全检查的主要内容。一个企业的领导对安全的认识与重视程度，往往决定了这个企业的安全管理力度和水平。

② 查现场、查隐患　深入生产现场是安全检查的关键内容，这直接关系到隐患的及时消除，避免安全事故发生。

③ 查管理、查制度、查整改　这是安全检查的基本内容。对于管理中可能出现的各种问题及时发现、及时指出、及时整改、及时落实，保证安全管理正常进行，促进安全管理不断完善。

各级安全检查应根据检查的对象进行系统分析，找出可能产生的不安全因素，以提问的方式列出检查具体项目，制成表格，并要求答案以“是”或“否”的简单形式记入检查表中。这样一来，只要按检查表，看一项查一项，就可以避免遗漏。

1.3　安全事故管理

事故管理是企业安全管理的一个方面。加强事故管理，分析事故原因，摸索事故规律，抓住事故重点，吸取事故教训，采取有的放矢的措施，消除存在的各种隐患，防止事故的发生，无疑是企业安全管理的一个重要环节。加强事故管理的最终目的是变事后处理为事前预防，杜绝事故的发生。

事故管理包括事故分类分级、事故统计、事故分析和事故预测。

1.3.1　事故分类

(1) 按事故性质分类　企业安全事故根据其发生的原因和性质，一般可以分为设备事故、交通事故、火灾事故、爆炸事故、工伤事故、质量事故、生产事故、自然事故和破坏事故九类。

① 设备事故　动力机械、电气及仪表、运输设备、管道、建（构）筑物等，由于各种原因造成损坏、损失或减产的事故。

② 交通事故　违反交通规则，或由于责任心不强、操作不当造成车辆损坏、人员伤亡或财产损失的事故。

③ 火灾事故　着火后造成人员伤亡或较大财产损失的事故。

④ 爆炸事故　由于发生化学性或物理性爆炸，造成财产损失或人员伤亡及停产的事故。

⑤ 工伤事故　由于生产过程存在危险因素的影响，造成职工突然受伤，以致受伤人员立即中断工作，经医务部门诊断，需休息一个工作日以上的事故。

⑥ 质量事故　生产产品不符合产品质量标准，工程项目不符合质量验收要求，机电设备不合乎检修质量标准，原材料不符合要求规格，影响了生产或检修计划的事故。

⑦ 生产事故　生产过程中，由于违章操作或操作不当、指挥失误，造成损失或停产的事故。

⑧ 自然事故　受不可抗拒的外界影响而发生的灾害事故。

⑨ 破坏事故　因为人为破坏造成的人员伤亡、设备损坏等事故。

（2）按事故后果分类　根据经济损失大小、停产时间长短、人身伤害程度，可将事故分为微小事故、一般事故和重大事故三种（详见原化工部《化工企业安全管理制度》）。工伤事故分为轻伤、重伤、死亡和多人事故四种（详见国务院颁布的《工人职员伤亡事故报告规程》）。

1.3.2　事故统计

（1）事故统计的意义　认真做好各类事故的调查和统计工作，对安全生产有很重要的意义。通过事故统计，可以掌握企业的安全生产情况。人员伤亡和经济损失统计数据在一定程度上反映了企业安全管理的成绩和问题。事故的统计，应做到时间及时、数据准确、内容齐全。

（2）事故统计的内容　事故统计的内容包括事故频率、严重率、危险率、损失率、补偿率等。

1.3.3 事故调查分析

(1) 事故调查　认真细致谨慎地做好事故调查分析工作，可以发现事故发生的规律，弄清事故隐患，查明事故责任，然后吸取经验教训，采取恰当措施，改进安全技术管理措施，消除事故隐患。对各类事故的调查分析应本着“三不放过”的原则，即事故原因不清不放过，事故责任人没有受到教育不放过，防范措施不落实不放过。事故的调查分析必须依据大量而全面的资料和证据，实事求是地进行科学分析。

事故调查的程序是：现场处理、收集证物，摄影，调查与事故有关的事实材料，收集证人材料，绘制事故现场图等。事故调查中应注意以下几点。

① 保护现场　事故发生后，要保护好现场，以便获得第一手资料。调查人员应及时赶到现场，对现场设备、装置、厂房等的破坏情况进行调查。收集整理现场残存物，进行拍照。对现场作出初步鉴定。要检查阀门开度、仪表指示、警报信号系统，检查安全装置是否起作用、安全附件的规格和最后一次检验时间及日常维护等情况。了解伤亡人员在事故发生时所处的位置及受伤位置与程度。

② 广泛了解情况　调查人员应向当事人和在场的其他人员以及目击者广泛了解情况，弄清事故发生的详细情节，了解事故发生后现场指挥、抢救与处理情况。

③ 技术鉴定和分析化验　调查人员到达现场应责成有关技术部门对事故现场检查的情况进行技术鉴定和分析化验工作，如残留物组成及性质、空间气体成分、材质强度及变化等。必要的情况下可以请多方面专家进行专题调查，深入分析，得出正确结论。

④ 多方参加　参加事故调查的人员组成应包括多方人员，分工协作，各尽其职，认真负责。

(2) 事故原因分析　事故原因分析是在事故调查的基础上进行的。事故分析的程序是：整理和阅读调查材料，明确事故主要内容，找出事故直接原因，深入查找事故间接原因，分析可能造成事故的直接原因在管理上的缺陷。由于化工生产过程十分复杂，造成事故的原因也很复杂。一般在分析原因时可以从以下几个方面入手。

① 组织管理方面

a. 劳动组织不当　如工作制度不合理、工作时间过长、人员分工不当等。

b. 环境不良　如工作位置设置不当、通道不良等，设备、管线、装置、仪器仪表等布置不合理。

c. 培训不够　对操作人员没有进行必要的技术和安全知识与技能的教育培训，不适合现行岗位和工作。

d. 工艺操作规程不合理　制定的工艺操作规程及安全规程有漏洞，操作方法不合理。

e. 防护用具缺陷　个人防护用具质量有缺陷，防护用具配置不当，或根本没有配置。

f. 标志不清　必要的位置和区域没有警告或信号标志，或标志不清。

② 技术方面

a. 工艺过程不完善　工艺过程有缺陷，没有掌握工艺过程有关安全技术问题，安全措施设置不当。生产过程及设备没有保护和保险装置。

b. 设备缺陷　设备设计不合理或制造有缺陷。

c. 作业工具不当　操作工具使用不当或配备不当。

③ 卫生方面

a. 空间不够　生产厂房的容积和面积不够，空间狭窄。

b. 气象条件不符合规定　如温度、湿度、采暖、通风、热辐射等。

c. 照明不当　操作环境中照明不够或照明设置不合理。

d. 噪声和震动　由于噪声和震动造成操作人员心理上的变化。

e. 卫生设施不够　如防尘、防毒设施不完善。

1.4 安全心理学

安全心理学，又称劳动保护心理学，研究的是生产者在生产过程中对待和克服不安全因素的心理过程。分析生产者在生产过程中对自身安全问题上的心理活动；及时发现生产者的不安全动作及其心理状态；研究事故行为责任者的心理形成过程；根据生产者的个性心理特征，诸如兴趣、爱好、能力、气质、性格等开展安全教育；调动生产者对安全生产的积极性，并发挥其防止工伤事故的能力等，是安全心理学的重要任务。

1.4.1 心理与安全

人的心理作为对现实的反映，既是客观的又是主观的，是主观与客观的统一。

人的感觉和知觉、兴趣和注意、情感和意志以及个性心理特征（能力、性格、气质）都对安全起着重要的作用。

防止工伤事故的第一个原则是建立和维持生产者对安全工作的兴趣。

兴趣是获得知识、开阔眼界以及丰富心理生活内容最强大的推动力。一个人的兴趣可由针对性强的一种或多种强烈的感觉、情感或意志、愿望而引起。这种强烈的感觉、情感或意志、愿望通常包括自卫、人道感、荣誉感、责任感、自尊心、从众性、竞争性、奖励满足感等。

（1）自卫　害怕个人被伤害是个人心理特征中最强烈且普遍的一种特性。强烈的自卫意识最能引起对安全的兴趣。通过描述伤害的后果，可以建立与维持对安全的兴趣。

（2）人道感　人道主义是人类广泛具有的本质。通过人道主义培养与教育，唤起每一个人的同情心，认真做好安全事故预防与发生事故后的拯救行动，对保证安全和减少损失很有意义。

（3）荣誉感　为保证本部门不出安全事故，让每一个生产者具有健全的荣誉心，加强自身安全意识和检点个人行为，互相检查与督促安全行为，能够起到很好的安全生产作用。

（4）责任感　指认清自己义务的心理特征。多数人对自己或他人都有某种程度的责任感，责任感是一种易于利用以提高安全兴趣与意识的特征。

（5）自尊心　多数人都希望得到自我满足和受到赞赏与奖励。充分利用这种心理特征，刺激生产者的安全责任，往往起到特别的效果。

（6）从众性　害怕被认为与众不同，强化生产者在安全生产中的从众心理，培养他们竭诚愿意遵守安全规程的习惯，利用定标准和采用比较的方法，能够很好地发挥安全教育作用。

（7）竞争性　培养生产者的安全竞争意识，提供安全竞赛的机会，确定安全目标，并经常进行对比，对于保证安全生产，降低事故发生率，具有十分重要的现实意义。

总之，利用人的各种心理特征，加强安全教育，提高安全管理水平，对于实现安全生产有着十分特殊的意义与作用。

1.4.2　心理状态与事故

安全心理学可以找出直接的但是次要的工伤事故原因，由此可以判断产生不安全行为的个人根据。因为大多数工伤事故的直接原因都是由于个人的不安全行为。了解安全心理学的知识，有利于找出生产者的特殊的不安全行为。

对于直接从事生产操作的人，可能成为直接的人为事故原因一般有：没有经验，不能觉察事故危险；缓慢的心理反应和生理上的缺陷；身体各器官缺乏协调能力；疲倦、身体不适；偷懒的、不当的操作；注意力不集中，心不在焉；职业、工种不适应；贪大求全等。

而造成上述事故原因的心理因素一般有：激动、冲动、冒险；无上进心，不专注；无耐心，缺乏自卫心；由于个人或家庭私事，心境不好；恐惧、顽固、报复心；工作生活单调，忧郁；轻率、妒嫉；受挫折导致情绪不佳；自卑等。

因此，保持健康稳定的心理，及时调整心情，端正心态，注意休息，防止过度疲劳，对于保证安全操作具有十分重要的意义。

事故案例

【案例1】 1978年3月，江苏某化肥厂曾发生一起当时全国罕见的爆炸事故。

1978年3月的一个下午，该厂一辆运液化石油气的槽车运回一车液化石油气，准备灌进储罐。开始灌装时，操作人员发现储罐液位已达85%的限位，于是告诉司机关泵停止灌装。司机停泵后，为急于回家，没有拆下灌装胶管，也没有向下一班人员交待。下一班人员接班后，也没有检查，直接就将车开动，准备开回车库，结果将储罐单向阀拉断。储罐中原装有10吨液化石油气，单向阀断裂后，便大量喷出，并迅速气化。立刻，液化气云雾便笼罩了周围大片地区，大约4分钟后，爆炸就发生了，并引起火灾，火焰高达数十米，3小时才被扑灭。此次事故，死亡6人，伤55人。

由于液化气泄漏后扩散面积很大，事后一直无法确定明火来源。但这一惨痛的事故证明安全管理的一个原则：安全生产，人人有责。

【案例2】 1980年12月，湖南某氮肥厂一台造气炉夹套发生爆炸，死亡3人，重伤2人，轻伤10人，厂房严重破坏。

事故的主要原因 车间领导为提高造气炉负荷多产煤气，违反安全生产的基本原则，关闭造气炉水夹套进出口阀门，以提高炉温，从而提高产量，结果，30分钟后造气炉夹套超压发生爆炸。

【案例3】 1979～1982年，某石油化纤公司连续发生9起爆炸事故。

1979年7月，该公司化工一厂裂解装置在安装防爆设施时，没有严格执行动火制度，动用气焊，引起3个含油污水井连续爆炸。

1979年10月，该公司供排水厂溢流井施工，在没有办证的情况下，进行焊接作业，火花掉入井内，引起油污水系统爆炸，周围密封井井盖均遭破坏。

1980年3月，该公司供排水厂施工，在含油污水井口进行焊接作业，再次引起爆炸。周围密封井井盖均遭破坏，井盖被炸起四五米高。

1980年4月，该公司化工三厂聚丙烯车间聚合工段检修，焊接碱管，由于没有采取严格的防火措施，只是简单地用保温布和保温棉对周围的含油污水井加以封盖洒水。作业时，由于不慎将井盖碰出缝隙，造成易燃气体逸出，被焊接明火引燃，回火进入含油污水系统，发生爆炸。

1980年5月，该公司化工一厂裂解装置固定消防泡沫发生站室内，未作分析就贸然动火，引起微量可燃气体喷爆，屋顶被破坏。

1980年10月，该公司化工一厂裂解装置，因投料试车初期，初馏塔生产不稳定，使后面的精馏塔负荷增大，塔釜液位不断提高，为避免停车，操作人员把塔底排放口打开，将塔釜汽油和C_3、C_4、C_5等组分排入污水系统，由于液体气化，大量吸热，造成污井排管冻结堵塞，井内压力升高，导致附近井盖炸开，大量易燃气体逸出。经采取紧急措施，没有引发更大的事故。

1981年9月，该公司化工二厂氰胺车间分析室焊接下水管道，由于没有办理动火证，也未采取有效措施，焊接火花引起附近含油污水井爆炸。

1982年2月，该公司化工二厂氰胺车间改装仪表管线，违章动火，也未采取有效措施，焊接火花引起附近含油污水井连续爆炸。

1982年5月，该公司化工二厂氰胺车间改装仪表伴热管，违章动火，焊接火花引起附近含油污水井爆炸。

为什么在短短不到3年的时间里，同样的事故连续发生达9次之多？虽都未造成严重的伤亡和大的经济损失，但其反映出的问题是十分严重的，说明在安全生产管理上存在严重的不足。

【案例4】 1985年5月，四川省某县磷肥厂硫酸车间的沸腾炉发生爆炸，死亡3人，重伤1人，轻伤2人。

事故的主要原因 为抢产量，有关领导违章指挥，连续几个班次超负荷运行，炉温、风压、产量均超过规定指标。由于沸腾炉设计本身有问题，炉内经常结垢，生产中停炉清垢时，车间领导违章指挥，没有降温置换，就向炉内连续击水冲洗，结果发生爆炸。

【案例5】 1995年5月18日下午3点左右，江阴市某化工厂在生产对硝基苯甲酸的过程中发生爆燃火灾事故，当场烧死2人，重伤5人，至19日上午又有2名伤员因抢救无效死亡，该厂320平方米生产车间厂房屋顶和280平方米的玻璃钢棚以及部分设备、原料等被烧毁，直接经济损失为10.6万元。

经过调查取证、技术分析和专家论定，这起事故的发生，是由于氧化釜搅拌器转动轴密封填料处发生泄漏，指挥生产的副厂长指挥工人处理不当，导致泄漏更加严重，釜内物料（其成分主要是醋酸）从泄漏处大量喷出，在釜体上部空间迅速与空气形成爆炸性混合物。遇到金属撞击产生的火花即发生爆燃，并形成大火。归纳起来，事故的直接原因是氧化釜发生物料泄漏，泄漏后的处理方法不当，副厂长违章指挥，工人无知作业；事故的间接原因是该厂管理混乱，没有制定与生产工艺相适应的任何安全生产管理制度、工艺操作规程、设备使用管理制度，没有依法建立各项劳动安全卫生制度和工艺操作规程，整个企业生产无章可循，尤其是对生产过程中出现的异常情况，没有明确如何处理，也没有任何安全防范措施。工人未经培训，仓促上岗。生产没有依法办理任何报批手续，企业不具备安全生产基本条件。

1. 安全管理的特点有哪些？
2. 安全管理的重要意义是什么？

3. 安全教育培训的目的和任务是什么？

4. 安全检查的目的是什么？

5. 化工生产事故有哪些类型？

6. 对事故进行统计的意义是什么？事故调查的目的是什么？

7. 化工生产事故调查分析的程序有哪些？

8. 心理状态对安全有什么影响？

第 2 章

化工生产防火防爆技术

培训目标

1. 了解燃烧与爆炸的基本含义；了解火灾爆炸危险性评定与分析。

2. 明确防火防爆的主要措施；明确火灾扑救原理和发生火情后的基本对策。

3. 学会识别和选择消防器材；学会使用最常用的消防器材。

在化工生产中，原料和生产出的中间体、产品很多都是易燃、易爆的物质，而生产条件又多为高温、高压、高空速生产，在生产或储运中若设备设计不合理、操作不当、管理不善、用火不慎，都有可能引起火灾、爆炸事故，使国家财产遭受损失，人身安全受到危害，所以，防火防爆对于化工生产的安全运行是十分重要的。

2.1 燃烧与爆炸

2.1.1 燃烧

(1) 燃烧与燃烧条件　燃烧是一种同时伴有发光、发热的激烈的氧化反应，其特征是发光、发热、生成新物质。例如，氢气在氯气之中的反应属于燃烧。而铜与稀硝酸反应生成硝酸铜、灯泡中灯丝通电后发光发热都不属于燃烧。

燃烧必须同时具备以下三个条件。

① 有可燃物存在　凡能与空气中的氧或氧化剂起剧烈反应的物质称为可燃物。可燃物包括可燃固体，如木材、煤、纸张、棉花等；可燃液体，如石油、酒精、甲醇等；可燃气体，如甲烷、氢气、一氧化碳等。

② 有助燃物存在　凡能帮助和维持燃烧的物质，均称为助燃物。常见的有空气、氧气以及氯气和氯酸钾等氧化剂。

③ 有点火源存在　凡能导致可燃物燃烧的能源，统称为点火源。如明火、撞击、摩擦高温表面、电火花、光和射线、化学反应热等。

可燃物、助燃物和点火源是构成燃烧的三个要素，缺少其中任何一个，燃烧便不能发生。然而，燃烧反应在温度、压力、组成和点火能等方面都存在着极限值，也就是说，有时具备了三个条件也不一定就会燃烧。比如，可燃物未达到一定浓度、助燃物数量不够、点火源不具备足够的温度或热量等。对于已进行着的燃烧，若消除其中任何一个条件，燃烧便会终止，这就是灭火的基本原理。

(2) 燃烧过程　可燃物的燃烧都有一个过程，这种过程随着可燃物的状态不同而不同。

气体最容易燃烧，只要达到本身氧化分解所需要的能量，便能迅速燃烧。液体则必须有一个蒸发过程，然后蒸气氧化分解进行燃烧。固体的燃烧与其组成有关，如果是单体物质如硫、磷等，受热时首先熔化，然后蒸发，再燃烧；如果是化合物或复杂物质，受热时先分解成气态和液态产物，然后气态物燃烧或液态物蒸发再燃烧。各种物质的燃烧过程如图2-1所示。从图中可知任何可燃物的燃烧都必须经过氧化分解、着火和燃烧等阶段。

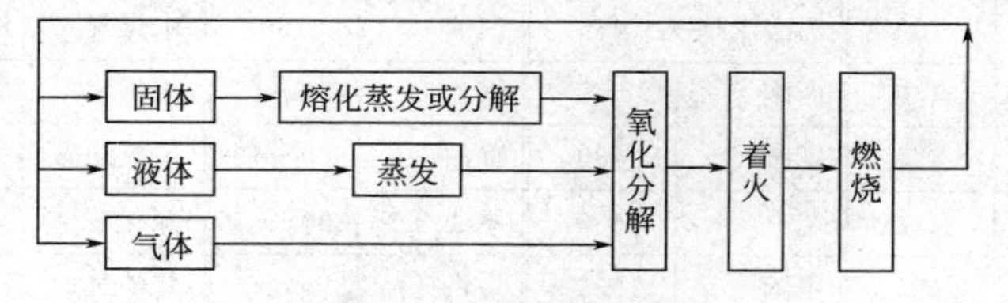

图2-1　物质燃烧过程

(3) 燃烧类型　根据燃烧的起因不同，燃烧可分为闪燃、自燃和着火三类。

① 闪燃和闪点　各种液体的表面空间由于温度的影响，都有一定量的蒸气存在，这些蒸气与空气混合后，一旦遇到点火源就会出现瞬间火苗或闪光，这种现象称为闪燃。引起闪燃时的最低温度称为闪点。在闪点时，由于温度的影响，蒸气量一般很少，所以一闪就灭。但从消防角度来看，闪燃往往是要起火的先兆。可燃液体的闪点越低，越易起火，火灾危险性越大。表2-1给出的是某些可燃液体的闪点。

表2-1　某些可燃液体的闪点

液体名称	闪点/℃	液体名称	闪点/℃	液体名称	闪点/℃	液体名称	闪点/℃
戊烷	−40	乙酸丁酯	22	丁醇	29	氯苯	28
己烷	−21.7	丙酮	−19	乙酸	40	二氯苯	66
庚烷	−4	乙醚	−45	乙酸酐	49	二硫化碳	−30
甲醇	11	苯	−11.1	甲酸甲酯	−20	氰化氢	−17.8
乙醇	11.1	甲苯	4.4	乙酸甲酯	−10	汽油	−42.8
丙醇	15	二甲苯	30	乙酸乙酯	−4.4		

② 自燃和自燃点　可燃物质被加热或由于缓慢氧化分解等自行发热至一定温度时，即使不遇明火也能自行燃烧，这种现象称为自燃。可燃物发生自燃的最低温度称为自燃点。

在化工生产中，可燃物接触高温表面、加热、烘烤、冲击、摩擦或自行氧化、分解、聚合、发酵等都会导致自燃的发生。表 2-2 给出了某些可燃物质的自燃点。

表 2-2　某些可燃物质的自燃点

物质名称	自燃点/℃	物质名称	自燃点/℃	物质名称	自燃点/℃	物质名称	自燃点/℃
二硫化碳	102	乙酸戊酯	375	汽油	280	水煤气	550～650
乙醚	170	丙酮	537	煤油	380～425	天然气	550～650
甲醇	455	甲胺	430	重油	380～420	一氧化碳	605
乙醇	422	苯	555	原油	380～530	硫化氢	260
丙醇	405	甲苯	535	乌洛托品	685	焦炉气	640
丁醇	340	乙苯	430	甲烷	537	氨	630
乙酸	485	二甲苯	465	乙烷	515	半水煤气	700
乙酸酐	315	氯苯	590	丙烷	466		
乙酸甲酯	475	萘	540	丁烷	365		

③ 着火和着火点　足够的可燃物质在有足够的助燃物质存在的条件下，遇明火而引起持续燃烧的现象，称为着火。使可燃物发生持续燃烧的最低温度，称为着火点，又叫燃点。表 2-3 给出了某些可燃物质的燃点。

表 2-3　某些可燃物质的燃点

名　称	燃点/℃	名　称	燃点/℃	名　称	燃点/℃	名　称	燃点/℃
赤磷	160	硫黄	255	聚乙烯	400	有机玻璃	260
石蜡	158～195	聚丙烯	400	聚氯乙烯	400	松香	216
硝酸纤维	180	醋酸纤维	482	吡啶	482	樟脑	70

2.1.2　爆炸

（1）爆炸及其分类　物质发生一种急剧的物理或化学变化，能在瞬间放出大量能量，同时产生巨大声响的现象称为爆炸。爆炸的实质是压力的急剧上升，产生爆炸声和冲击波，结果使建筑物或设备遭到破坏。

根据引起爆炸的原因，爆炸可分为物理性爆炸和化学性爆炸两种。

① 物理性爆炸　这种爆炸是由物理变化引起的，物质因状态或压力发生突然变化而产生的爆炸现象称为物理爆炸。如容器内液体过热气化引起的爆炸现象。

② 化学性爆炸　由于物质发生极激烈的化学反应，产生高温、高压而引起的爆炸，称为化学性爆炸。化学性爆炸前后，物质的性质和成分均发生了根本的变化。化学性爆炸按爆炸时所发生的化学变化可分为三类：简单分解爆炸、复杂分解爆炸和爆炸性混合物爆炸。引起简单分解爆炸的物质在爆炸时并不一定发生燃烧反应，爆炸所需热量是由物质本身分解时产生的。这类物质非常危险，受到轻微震动就会引起爆炸。如叠氮铅、乙炔银、乙炔酮、碘化氮、氯化氮等。发生复杂分解爆炸时伴有燃烧现象，燃烧所需的氧由爆炸物质分解产生，所有的炸药都属于这类物质。爆炸性混合物爆炸指可燃气体、蒸气及粉尘与空气混合遇明火发生的爆炸，爆炸混合物的爆炸需要一定的条件，如可燃物质的含量、氧气含量及明火源等，危险性较前两类低，但极普遍，危害性较大。

爆炸对生产具有很大的破坏力，其破坏的形式主要包括震荡作用、冲击波、碎片冲击、造成火灾等几种。震荡作用在遍及破坏作用的范围内会造成物体的震荡和松散；爆炸产生的冲击波向四周扩散，会造成附近建筑物的破坏；设备容器等爆炸后产生的碎片飞散出去会扩大危害，且范围较大；爆炸后产生的热量会将由爆炸引起的泄漏可燃物点燃，从而引发火灾，加重危害。

（2）爆炸极限　可燃性气体或蒸气与空气组成的混合物并不是在任何混合比例下都会发生燃烧或爆炸的。可燃性气体或蒸气与空气组成的混合物会发生爆炸的浓度极限值，称为爆炸极限。可燃性气体或蒸气与空气形成的混合物，遇明火能发生爆炸的最低浓度称为该气体或蒸气的爆炸下限，最高浓度称为爆炸上限。混合物中可燃物浓度低于下限时因含有过量空气，空气的冷却作用会阻止火焰的蔓延；混合物中可燃物浓度高于上限时由于空气量不足，火焰也不能蔓延，所以，浓度低于下限时或高于上限时都不会发生爆炸。气体混合物的爆炸极限一般用可燃气体或蒸气在混合物中的体积分数来表示。某些气体和液体的爆炸极限列于表 2-4 中。

表 2-4　某些气体和液体的爆炸极限

物质名称	爆炸极限/%		物质名称	爆炸极限/%	
	下限	上限		下限	上限
氢	4.0	75.6	丁　醇	1.4	10.0
氨	15.0	28.0	甲　烷	5.0	15.0
一氧化碳	12.5	74.0	乙　烷	3.0	15.5
二硫化碳	1.0	60.0	丙　烷	2.1	9.5
乙　炔	1.5	82.0	丁　烷	1.5	8.5
氰化氢	5.6	41.0	甲　醛	7.0	73.0
乙　烯	2.7	34.0	乙　醚	1.7	48.0
苯	1.2	8.0	丙　酮	2.5	13.0
甲　苯	1.2	7.0	汽　油	1.4	7.6
邻二甲苯	1.0	7.6	煤　油	0.7	5.0
氯　苯	1.3	11.0	乙　酸	4.0	17.0
甲　醇	5.5	36.0	乙酸乙酯	2.1	11.5
乙　醇	3.5	19.0	乙酸丁酯	1.2	7.6
丙　醇	1.7	48.0	硫化氢	4.3	45.0

爆炸极限不是一个固定值，影响爆炸极限的因素主要有以下几点。

① 原始温度　爆炸性混合物的原始温度越高，爆炸极限的范围越大。所以温度升高会使爆炸的危险性增大。

② 原始压力　一般情况下，压力越高，爆炸极限范围越大；压力降低，则爆炸极限范围缩小。因此减压操作有利于减小爆炸的危险性。

③ 惰性介质及杂质　混合物中惰性介质的加入，可以缩小爆炸极限的范围，惰性介质的浓度高到一定数值可使混合物不发生爆

炸。某些气体参加的反应中，杂质的存在会促使反应过程中发生爆炸，如少量硫化氢的存在会降低水煤气和空气混合物的燃点，并因此促进其爆炸。

④ 容器　充装可燃物容器的材质、尺寸对物质爆炸极限均有影响。实验证明，容器或管道直径越小，爆炸范围越小。

⑤ 点火源　点火源的能量、热表面的面积与混合物的接触时间等，对爆炸极限均有影响。

⑥ 其他因素　光对爆炸也有影响。如在黑暗中，氯与氢的反应十分缓慢，但在强光照射下就会发生爆炸。

(3) 粉尘爆炸　粉尘在空气中达到一定浓度，遇明火会发生爆炸，粉尘爆炸是粉尘粒表面和氧作用的结果。其过程是粉尘的表面受辐射，温度逐渐升高，使粉尘粒子的表面分子受热分解或干馏，在粒子周围产生气体，这些气体与空气混合形成爆炸性混合物，同时发生燃烧，燃烧产生的热量又进一步促使粉尘粒子分解，不断放出可燃气体和空气混合而使火焰蔓延。因此粉尘爆炸实质是气体爆炸。与气体爆炸不同，其能量来自于热辐射而非热传导。

粉尘爆炸的影响因素包括以下几点。

① 物化性质　燃烧热越大越易引起爆炸，氧化速度越大越易引起爆炸，挥发性越大越易引起爆炸，越易带电越易引起爆炸。

② 颗粒大小　粉尘越细，燃点越低，爆炸下限越小，粉尘粒子越干燥，燃点越低。

③ 粉尘的浮游性　粉尘在空气中停留的时间越长，危险越大。

④ 粉尘与空气混合的浓度　粉尘与空气的混合和可燃气体、蒸气与空气的混合一样，也有上、下限。粉尘混合物达到爆炸上限时，粉尘量已相当多，像云一样存在，这样大的浓度通常只有在设备内部或在扬尘点附近才能达到，故一般以下限表示。

注意！造成粉尘爆炸并不一定要在场所的整个空间都形成有爆炸危险的浓度。一般只要粉尘在房屋中成层地附着于墙壁、屋顶、设备上就可能引起爆炸。表 2-5 列出了某些粉尘的爆炸下限。

表 2-5 某些粉尘的爆炸下限

粉尘名称	雾状粉尘爆炸下限/(g/m³)	粉尘云爆炸下限/(g/m³)	粉尘名称	雾状粉尘爆炸下限/(g/m³)	粉尘云爆炸下限/(g/m³)
铝	35～40	37～50	聚氯乙烯		63～86
镁	20	44～59	聚丙烯	20	25～35
锌	35	212～284	有机玻璃	20	
铁	120	153～204	酚醛树脂	25	36～49
硫黄	35		脲醛树脂	70	
红磷		48～64	醋酸纤维素	25	
萘	2.5	28～38	硬沥青	20	
松香	12.6		煤粉	35～45	
聚乙烯	20	26～35	煤焦炭粉		37～50
聚苯乙烯	15	27～37	炭黑		36～45

2.2 防火防爆技术

2.2.1 火灾爆炸的危险性分析

(1) 物质火灾危险性的评定　主要从气体、液体、固体三种状态物质进行评定。

① 气体　爆炸极限和自燃点是评定气体火灾爆炸危险性的主要指标。气体的爆炸极限范围越大，爆炸下限越低，其火灾爆炸危险性越大，气体的自燃点越高，其火灾爆炸危险性越小。气体化学活泼性越强，其火灾爆炸的危险性越大；气体在空气中的扩散速度越快，火灾蔓延扩展的危险性越大；相对密度大的气体易聚集不散，遇明火容易造成火灾爆炸事故；易压缩液化的气体遇热后体积膨胀，压力增大，容易发生火灾爆炸事故。

② 液体　评定液体火灾爆炸危险性的主要指标是闪点和爆炸温度极限。闪点越低，越易起火燃烧；爆炸极限范围越大，危险性越大；爆炸温度极限越低，危险性越大。液体的饱和蒸气压越大，越易挥发，闪点也就越低，火灾爆炸的危险性越大。液体受热膨胀系数越大，危险性越大；液体流动扩散快，会加快其蒸发速度，易于起火蔓延。液体相对密度越小，蒸发速度越快，发生火灾的危险性越大。液体沸点越低，火灾爆炸危险性越大；同一类有机化合物，分子量越小，火灾危险性越大；但分子量大的液体，自燃点

低、易自燃。液体化学结构不同，危险性也不同，如烃的含氧衍生物中，醚、醛、酮、酯、醇、酸的危险性依次降低，不饱和化合物比饱和化合物危险性大，异构体比正构体危险性大，等等。

③ 固体　固体物质的火灾危险性主要取决于熔点、燃点、自燃点、比表面积及热分解性等。其中最主要的评价标志是固体的燃点、自燃点，熔点越低，危险性越大；同样的固体物质，比表面积越大，危险性大；固体物质受热分解温度越低，危险性越大。

（2）化工生产中的火灾爆炸危险性的评定　化工生产中的火灾爆炸危险性主要从物质的火灾爆炸危险性和工艺过程的火灾爆炸危险性两个方面分析。工艺过程的火灾爆炸危险性与装置规模、工艺流程和工艺条件有很大关系。一般来说，对同一个生产过程，生产装置的规模越大，火灾爆炸的危险性越大；工艺条件越苛刻，火灾爆炸的危险性越大，如高温高压条件。

为了更好地进行安全管理，可对生产中的火灾爆炸危险性进行分类，以便采取有效的防火防爆措施。目前，我国对化工生产中的火灾危险性评定为五类。分类原则列于表2-6中。对爆炸及火灾危险场所分为三类八级，列于表2-7中。

表2-6　火灾爆炸危险性分类原则

类别	特　征
甲	1. 闪点＜28℃的易燃液体 2. 爆炸下限＜10%的可燃气体 3. 常温下能自行分解或在空气中氧化即能导致迅速自燃或爆炸的物质 4. 常温下受到水或空气中水蒸气的作用，能产生可燃气体并能引起燃烧或爆炸的物质 5. 遇酸、受热、撞击、摩擦以及遇有机物或硫黄等易燃无机物，极易引起燃烧或爆炸的强氧化剂 6. 受撞击、摩擦或与氧化剂、有机物接触时能引起燃烧或爆炸的物质 7. 在压力容器内物质本身温度超过自燃点的生产
乙	1. 28℃≤闪点＜60℃的易燃、可燃液体 2. 爆炸下限≥10%的可燃气体 3. 助燃气体和不属于甲类的氧化剂 4. 不属于甲类的化学易燃危险固体 5. 排除浮游状态的可燃纤维或粉尘，并能与空气形成爆炸性混合物

续表

类别	特　　征
丙	1. 闪点≥60℃的可燃液体 2. 可燃固体
丁	1. 对非燃烧物质进行加工，并在高热或熔化状态下经常产生辐射热、火花、火焰的生产 2. 利用气体、液体、固体作为燃料或将气体、液体进行燃烧作其他用的各种生产 3. 常温下使用或加工难燃烧物质的生产
戊	常温下使用或加工非燃烧物质的生产

表 2-7　爆炸及火灾危险场所分类

类别	特　　征	分级	特　　征
1	有可燃气体或蒸气与空气形成爆炸混合物的场所	Q-1	正常情况下，能形成爆炸混合物的场所
		Q-2	正常情况下不能形成爆炸混合物的场所，在不正常情况下才能形成爆炸混合物的场所
		Q-3	不正常情况下整个空间形成爆炸混合物可能性较小的场所
2	有粉尘或纤维爆炸混合物的场所	G-1	正常情况下，能形成爆炸混合物的场所
		G-2	仅在不正常情况下才能形成爆炸混合物的场所
3	有火灾危险性的场所	H-1	在生产过程中，生产、使用、储存和运输闪点高于环境温度的可燃液体在数量和配置上能引起火灾危险性的场所
		H-2	在生产过程中，不可能形成爆炸混合物的可燃粉尘或可燃纤维在数量和配置上能引起火灾危险性的场所
		H-3	固体可燃物质在数量和配置上能引起火灾危险性的场所

2.2.2　点火源控制

化工生产中，引起火灾爆炸的点火源有明火、高热物及高温表面、电气火花、静电火花、冲击与摩擦、反应热、光线及射线等。在有火灾爆炸危险的生产中，对各种火源进行分析，采取措施，严格控制，是安全管理的一个重要内容。

(1) 明火　化工生产中的明火主要指加热用火、维修用火及其他火源。为防止明火引起火灾爆炸事故，在生产中应根据火灾危险程度划定禁火区域，设立明显的禁火标志，严格管理火种。

① 加热用火的控制　加热易燃液体时，应尽量避免采用明火。可采用蒸汽、过热水、电热或其他热载体。如必须采用明火，如烃类热裂解过程，设备应严格密闭，燃烧室与设备分开建筑或隔离，并对设备进行经常性的密闭性检查，以防泄漏。工艺装置中明火设备的布置，应远离可能泄漏的可燃气或蒸气的工艺设备和储罐区，并应布置在散发易燃物料设备的侧风向。

② 检修用火的控制　检修用火主要指焊割、喷灯和熬炼用火等，应严加管理，办理动火审批手续（详见第7章）。

③ 流动火花和飞火的控制　机动车辆禁止在易燃易爆危险场所内行驶，必要时必须装火星熄灭器。在禁火区域严禁吸烟，即使在批准动火的禁火地点，也要禁止吸烟。为了防止烟囱飞火引起火灾爆炸，炉内燃烧要充分，烟囱和排废气火炬要有足够的高度，必要时应装置火星熄灭器，且周围一定范围内不得搭建易燃建筑，不得堆放易燃易爆物品。在易燃易爆的生产车间内，禁止穿着不符合静电安全要求的化纤工作服。

(2) 摩擦与撞击　化工生产中，摩擦与撞击往往成为火灾、爆炸的起因。如机器上轴承等转动部分摩擦发热起火；铁器与机件撞击，铁器打击混凝土地面等，都可能产生火花，管道和铁容器中物料突然喷出时，也可能因摩擦而起火。所以必须采取预防措施。

① 设备的轴承转动部分应保持良好的润滑，要及时添油，并经常清除附着的可燃污垢。机械摩擦部分应采用有色金属制成。

② 凡是易产生撞击或摩擦的部件，两部分应采用不同的金属。如铜与钢、铝与钢等，不产生火花。为避免撞击打火，工具应采用青铜或镀铜的金属制品或木制品。

③ 为了防止金属零件落入设备内发生撞击产生火花，应在设备上安装磁力离析器，以吸离混入物料中的铁器。

④ 搬运盛装有易燃物质的金属容器时，要轻拿轻放，不要抛掷、拖拉、震动，防止互相撞击产生火花。

⑤ 不准穿带钉的鞋进入易燃易爆区，不能随手抛、撞金属工具、设备和管线。

(3) 高热物及高温表面　化工生产中，加热装置、高温物料输送管线及机泵等，表面温度都较高。为防止易燃物料与高温表面接触，应防止可燃物落在高温表面上；可燃物排放口应远离高热物和高温表面；若高温管线及设备与可燃物装置较接近，高温表面应有隔热措施；应严防高热物料外泄或空气进入系统。为防止自燃物品引起火灾，应将油抹布、油棉纱头等放入有盖的桶内，放置在安全地点，并及时处理。

(4) 电气火花　电气火花是引起爆炸混合物燃烧爆炸的重要火源。因此，对放置在有火灾爆炸危险场所的电气设备必须采取防火防爆措施，即必须采用防爆电气设备。防爆电气设备的选用详见第3章。

2.2.3 火灾爆炸危险物质的处理

在化工生产中，对火灾爆炸危险性较大的物质进行必要的处理，是保证生产安全的有效措施。

(1) 用不燃（或难燃）物料代替易燃物料　用不燃（或难燃）物料代替易燃物料是防止生产过程中发生火灾爆炸事故的最理想、最有效的措施。但这一措施往往受反应和工艺技术的限制，不是很容易实现。

(2) 根据物质特性采取措施　如对于有自燃能力的物质、遇水燃烧的物质等，可以采取隔绝空气、防水、防潮、通风、散热、降温等措施。相互接触能引起燃烧爆炸的物质，应防止混存。对机械作用比较敏感的物质要轻拿轻放。对易燃可燃物质应严格控制储存设备的压力、温度，要有良好的保温降温措施。要防止易燃易爆物质暴露于空气中或受强光照射。对于易燃液体，要考虑到容器破裂后液体流动和火灾蔓延的问题，很多不溶于水的液体能浮于水面上燃烧，要防止火灾随水流而蔓延。对于容易产生静电的物质，应采取防静电措施。

(3) 密闭与通风　是防止易燃易爆物质与空气混合形成爆炸混合物的有效措施。采取良好的密闭措施，可以防止有压设备内物质逸出，防止负压设备内进入空气，从而避免形成爆炸混合物。在生产中，对于危险系统，应尽量减少接口数量，采用无缝管道，对设备本身无法密封的，可采取液封。应经常检测设备管道密闭情况，可用肥皂水或专门方法进行检查。

由于密闭技术本身要求很高，完全密闭是不可能的，因此，生产中为了消除易燃物逸出聚集形成爆炸混合物的危险，往往借助于通风来降低易燃物的含量，防止易燃物聚集。通风分机械通风和自然通风。按换气方式，又分为排风和送风。采用机械通风时，应采用不产生火花的通风机和调节设备。

(4) 惰性介质保护　惰性介质是指化学活性差的物质。常用来作保护介质的惰性物质有氮气、二氧化碳、水蒸气等。惰性介质保护通常用于以下几个方面：易燃固体的粉碎、研磨、筛分、混合以及输送过程；易燃易爆气体混合物的各种处理过程；有发生火灾爆炸危险的装置、设备、储罐和管道；易燃气体排气系统尾部；易燃液体输送过程；爆炸危险场所中的非防爆电气、仪表等；有发生火灾爆炸危险的装置、设备、储罐和管道进行停车检修处理的过程；危险物料泄漏时。

(5) 危险物质的处置　为了防止化工生产排出物中含有的易燃易爆物质，在排出后发生燃烧爆炸事故，对易燃易爆物质的排放要进行严格控制。因此要根据国家有关排放标准要求，对生产排出物进行无害处置。

2.2.4　工艺参数的安全控制

化工生产过程中，工艺参数主要是指温度、压力、流量、物料配比等。按工艺要求严格控制工艺参数在安全限度以内，是实现化工安全生产的基本保证。

(1) 温度控制　温度是化工生产过程中主要的控制参数之一。正确控制反应温度是防火防爆所必需的要求。若温度过高，反应物可能分解着火，造成压力升高，引起爆炸；温度过高还可能引起剧烈反应而发生冲料或爆炸；温度过低，会造成反应速度减慢甚至停滞，一旦反应温度升至正常，往往会由于反应物料积累过多而发生剧烈反应引起爆炸；温度过低，还会使某些物料冻结，造成管路堵塞甚至破裂，使易燃易爆物料泄漏而发生火灾爆炸事故。

为严格控制温度，须从以下几个方面采取措施。

① 处理反应热　化学反应一般都伴随着热效应。对于吸热反应，要正确选择换热介质，保证温度均匀；对于放热反应，必须选择最有效的传热方法、传热介质和传热设备，保证反应热及时移出，以避免超温。

② 防止搅拌中断　搅拌可以加速热量的传递，如果中断搅拌可能造成散热不良，使局部反应加剧而发生危险。对于有可能因搅拌中断而引起事故的装置，应采取措施防止中断，如双路供电、增设人工搅拌及有效降温措施等。

③ 正确选择传热介质

a. 避免使用和反应物质性质相抵触的介质。实际上就是避免使用和反应物相作用的换热介质。比如有环氧乙烷的反应过程，不能采用水作为换热介质，因为环氧乙烷很容易与水发生剧烈反应引起爆炸。

b. 防止传热面结垢、结疤。水质不好，传热面易结垢，物料聚合、缩合、凝聚、炭化等会引起结疤。结垢结疤影响传热效率，会导致物料分解而引起爆炸。

c. 热载体使用中的安全。热载体在使用过程中处于高温状态。要防止低沸点液体进入，否则低沸点液体进入系统遇高温介质会立即气化超压引起爆炸。

（2）投料控制　投料控制主要是指控制投料速度、配比、顺序、原料纯度及投料量。

① 投料速度　对于放热反应，投料速度不能超出设备的传热能力。否则，温度将会急剧升高，使物料分解而造成事故。如果加料速度太快，反应温度降低，反应物不能完全反应而产生积累，一

旦温度升高，将导致反应剧烈进行，很容易引起超温、超压而发生事故。所以要严格控制投料速度。

② 投料配比　反应物料的配比要严格控制。对反应物料的浓度、含量、流量等都要准确地分析和计量。对连续化程度较高、危险性较大的生产，在开车时要特别注意投料的配比。在某一配比下能形成爆炸性混合物的生产，其配比浓度应尽量控制在爆炸极限范围以外或添加水蒸气、氮气等惰性气体进行稀释，以减小生产过程中的火灾爆炸危险程度。催化剂对化学反应的速度影响很大，如果催化剂过量，就可能发生危险。

③ 投料顺序　化工生产必须按照一定的顺序投料。例如，氯化氢的合成，应先通氢后通氯；生产三氯化磷，应先投磷后投氯，否则有可能发生爆炸事故。

④ 原料纯度　许多化学反应，由于反应物料中含有过量的杂质而发生副反应或过反应，以致造成火灾爆炸，所以对所用原料必须取样进行化验分析。反应原料气中的有害成分应清除干净或控制一定量的排放量，防止系统中有害成分的积累而影响生产的正常进行甚至发生危险。

⑤ 投料量　投入化工反应设备或储罐的物料都有一定的安全容积，带有搅拌器的反应设备要考虑搅拌开动后的液面升高；储罐、气瓶要考虑温度升高后液面或压力的升高。投料过多，往往会引起溢料或超压。投料过少也可能发生事故。一是投料量少，使温度计接触不到料面，温度出现假象，导致错误判断，引起事故。另一种情况是物料的气相部分和加热面接触可使易于分解的物料局部过热分解，从而引起爆炸。

（3）溢料和泄漏的控制　生产过程中，由于物料的起泡、设备的损坏、管道的破裂、人为的误操作、反应失控等原因，都可能出现跑、冒、滴、漏现象，若物料为易燃易爆物，则很容易导致火灾爆炸事故的发生。所以在生产操作过程中，必须避免或最大限度地减少跑、冒、滴、漏现象，特别要防止易燃、易爆物料渗入保温层。

(4) 压力的控制　压力是化工生产过程中主要的控制参数之一。应正确控制压力，防止设备管道接口泄漏、物料冲出或吸入空气，从而引起火灾爆炸。在生产过程中，要根据设备、管道的耐压情况，严密注意压力变化。

为了防止人为误操作和生产过程中突然发生变化以及操作人员来不及察觉和处理带来不安全后果，除人为控制好上述几个重要过程和参数外，设置自动安全保险装置、联锁报警停车装置等，实现生产过程安全自动控制，对于化工生产过程具有非常重要的意义。自动控制的内容主要包括程序控制及自动安全保险装置。

① 程序控制　在化工自动化中，大多数是对连续变化的参数进行自动调节，但在化工生产过程中，还有另外一种情况，要求一组执行机构按一定的时间间隔作周期性的动作。如合成氨生产中的造气过程，就要求一组阀门按一定的工艺要求作周期性切换，这个切换就可以由程序控制完成。利用程序控制进行切换，可以有效地避免燃烧爆炸混合物的出现，极大地提高了生产的安全系数。

② 自动安全保险装置

a. 信号报警　在化工生产中，安装信号报警装置，当情况出现失常或有失常趋势时，可以警告操作人员及时采取措施消除隐患。发出的信号有声、光、色等。报警装置一般都和测量仪表相联系。

b. 保险装置　信号装置只能提醒操作人员注意事故正在形成或即将发生，不能自动排除故障而达到安全目的。而保险装置就是在发生危险状态时能自动消除危险状态。例如，某一可燃烧爆炸气体与空气发生氧化反应时，在气体输送管路上安装保险装置，以便在紧急情况下中断气体的输入，反应过程中，由于某一操作条件的变化会使混合气体组成发生变化，从而形成爆炸混合物（即处于爆炸极限之内）。此时保险装置就可以切断危险气体的输入，只允许空气进入，因此可以防止事故的发生。

c. 安全联锁　联锁就是利用机械或电气控制依次接通各个仪

器及设备并使之彼此发生联系，达到安全生产的目的。

化工生产中常见的联锁装置有以下几种情况：同时或依次放两种液体或气体时；反应终止需要惰性气体保护时；打开设备前预先解除压力或降温时；当多个设备同时或依次动作易于操作失误时；当工艺参数达到某极限值，开启处理装置时。一般联锁装置都是和报警装置连接的。

2.2.5 限制火灾爆炸的扩散与蔓延

限制火灾爆炸的扩散与蔓延是防火防爆的主要原则之一。化工生产中限制火灾爆炸的扩散与蔓延采取的主要措施有控制易燃物存放量、设置安全阻火装置、防火隔离、露天布置、远距离操控、安全卸压、防止泄漏、紧急切断等。

（1）安全阻火装置　安全阻火装置包括安全液封、阻火器和单向阀等。其作用是防止外部火焰窜入有爆炸危险的设备管道、容器内或阻止火焰在设备和管道间的扩展。

① 安全液封　安全液封一般要装在气体管线与生产设备或气柜之间。常用的安全液封结构如图 2-2 所示。安全液封的阻火原理是由于液封在进出气管间，在液体的任何一侧着火，火焰至液封处即被熄灭，从而阻止火势蔓延。

水封井是安全液封的一种，一般设置在有可燃物的污水管网上，以防止燃烧或爆炸沿污水管网蔓延扩散，如图 2-3 所示。

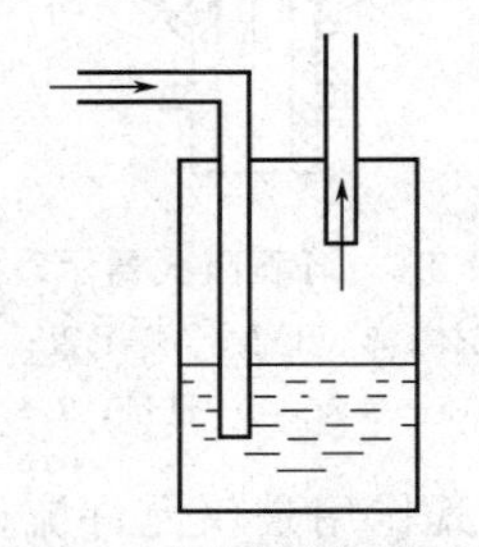

图 2-2　安全液封示意图

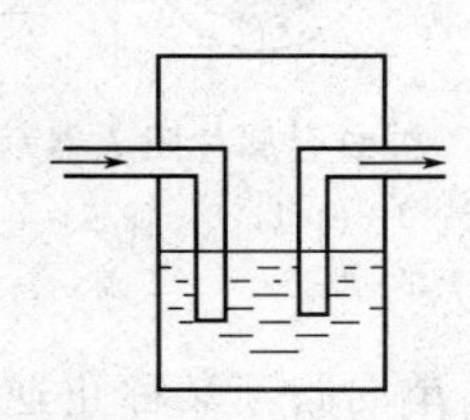

图 2-3　水封井示意图

② 阻火器　阻火器是利用管子直径或流通孔隙减小到某一程度，由于热损失突然增大，火焰就不能继续蔓延的原理制成的。常

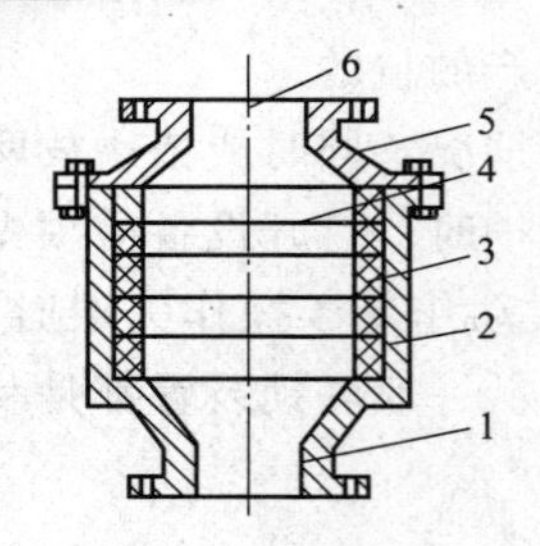

图 2-4 金属网阻火器示意图

1—进口；2—壳体；3—垫圈；4—金属网；5—上盖；6—出口

用于容易引起火灾爆炸的高热设备和输送可燃气体、易燃液体、蒸气的管线之间，以及可燃气体、易燃液体的排气管上。防火器有金属网阻火器、波纹金属片阻火器和砾石阻火器等型式。金属网阻火器的结构如图 2-4 所示，是利用若干层一定孔径的金属网将空间分成许多小孔隙，形成阻火层。波纹金属片阻火器的结构如图 2-5 所示，由沿两个方向皱折的波纹薄板或由交叠置放的有波纹的带材绕制而成，形成阻火层。砾石阻火器的结构如图 2-6 所示，是采用一定粒度的砾石或玻璃球、陶瓷等充填入空间，形成阻火层的。

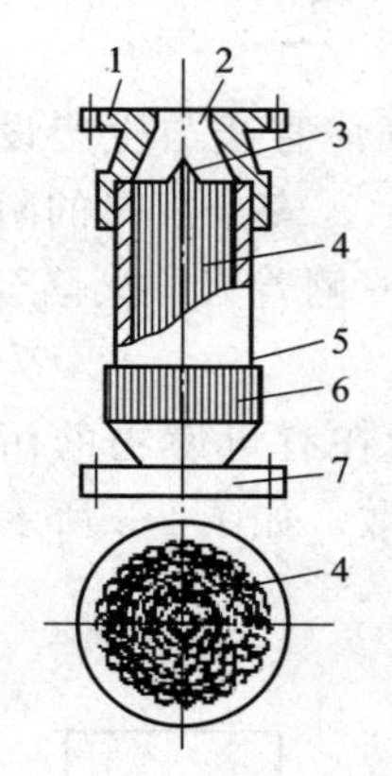

图 2-5 波纹金属片阻火器示意图

1—上盖；2—出口；3—轴芯；4—波纹金属片；5—外壳；6—下盖；7—进口

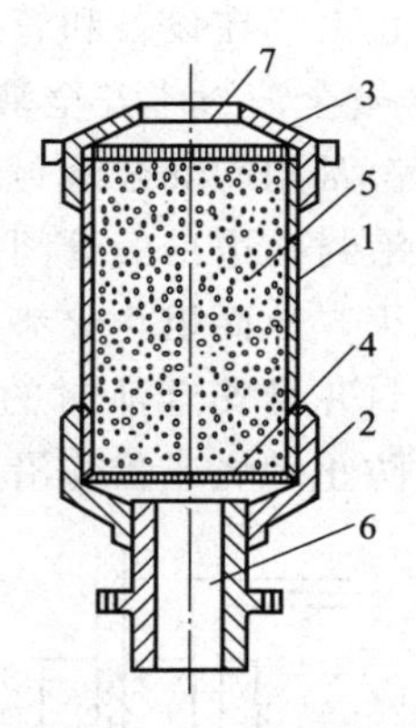

图 2-6 砾石阻火器示意图

1—壳体；2—下盖；3—上盖；4—网格；5—砂粒；6—进口；7—出口

③ 单向阀 又称止逆阀、止回阀，其作用是仅允许流体向一定的方向流动，遇有回流时即自动关闭，可防止高压窜入低压系统而引起管道、设备炸裂，也可在可燃气体管线上作为防止回火的安全装置。

④ 阻火闸门　是为了防止火焰沿通风管道或生产管道蔓延而设置的。其原理是在正常情况下，阻火闸门处于开启状态，一旦温度超过某一定值，闸门便自动关闭。如跌落式自动阻火闸门，就是利用一定熔点的易熔金属元件控制的闸门。

⑤ 火星熄灭器　又叫防火帽，一般安装在产生火星的设备或车辆的排空系统中。其灭火的原理主要有以下几种：使带有火星的烟气由小容积进入大容积，造成压力降低、气流减慢，从而使火星熄灭；设置障碍改变烟气流动方向，增加火星所走的路程，使火星熄灭或沉降；设置网格、叶轮等，将较大的火星挡住或分散开，以加速火星的熄灭；喷水或用水蒸气使火星熄灭。

（2）隔离、露天安装、远距离操纵　在化工生产中某些设备与装置由于危险性较大，所以可采取分区隔离、露天安装和远距离操纵等措施。

① 分区隔离　合理布局是限制火灾蔓延和减少爆炸损失的重要措施。危险车间与其他车间或装置应保持一定的间距，充分估计到相邻车间可能引起的相互影响，采用相应的建筑材料和结构形式等。在同一车间各个工段，也应视其生产性质和危险程度而予以隔离，尤其是操作人员应和生产设备隔离。

② 露天安装　为了便于有害气体的散发，减少因设备泄漏造成易燃气体在厂房中的积聚，一般可将此类设备和装置露天或半露天放置。石油化工生产的大多数设备都是放在露天的。露天安装的设备密闭性要考虑气象条件对生产设备、工艺参数及操作人员健康的影响，注意冬季防冻保温、夏季防暑降温、防潮防腐蚀等，并要有合理的夜间照明。

③ 远距离操纵　主要目的是使操作人员与危险工作环境隔离，提高管理效率，消除人为误差。对于操作人员难以接近、费力、动作迅速的操作过程以及热辐射高的设备、危险性大的装置，都应该采取远距离操纵。远距离操纵可以通过机动、气动、液动和联动等方式来传递动作，其中最常用的是气动、液动和电动操纵。

（3）防爆泄压装置　包括安全阀、爆破片、防爆门和放空管等。

① 安全阀　主要用于防止物理性爆炸，其功用主要是泄压，防止设备超压爆炸。另外，安全阀还可起到报警作用，即当设备超压、安全阀开启排放介质时产生动力声响，可起到报警作用。

② 爆破片　主要用于防止化学性爆炸，通常设置于密闭的压力容器或管道系统上，当设备内物料发生异常，压力超值时，爆破片便自动破裂，迅速泄压，从而防止设备爆炸。

③ 放空管　在某些极其危险的设备上，为防止可能出现的超温、超压而引起爆炸等恶性事故的发生，可设置自动或手控紧急放空管，紧急排放危险物料。

(4) 防止易燃物泄漏　一般泄漏有向大气泄漏、设备内部泄漏，以及由外部吸入等类型。造成易燃物大量泄漏的主要原因有以下几点。

① 设备因素　设备被腐蚀或侵蚀，或出现裂痕、变形、疲劳、老化，材质变化，设备管道热胀冷缩、蠕变、低温脆性等情况。

② 运转和控制因素　如异常升温、降温，异常升压、降压，流速异常，流量异常，液面异常升降或抖动，堵塞，结垢，结晶，结冰，水锤作用，控制系统紊乱，停水，停电，停气等情况。

③ 维修、维护因素　如检查失误、检验观察、判断失误、维修方法不当、保养不当、接口连接不良等情况。

防止泄漏必须根据泄漏类型、泄漏物质性质、泄漏压力、泄漏时间等选择适当的方法。要有根本对策、预防措施、应急措施。防止泄漏的各种措施见表 2-8。

表 2-8　设备、配管的泄漏部位、原因及防止措施

设备、配管	泄漏部位	泄漏原因	防止措施
塔、槽、换热器、配管、阀	接头、接口	法　兰 ①垫片材质选择不当 ②固定不良 ③出现松动 ④发生腐蚀	①减少焊接接头 ②减少接口 ③使用各种膨胀结构，消除热胀冷缩影响 ④选用耐腐蚀材料 ⑤修正配合表的平行度 ⑥加强紧固

续表

设备、配管	泄漏部位	泄漏原因	防止措施
压缩机、风机、搅拌机、阀门	滑动部位	轴封部 ①磨损 ②变形 ③腐蚀 ④使用条件变化 ⑤调整不良 ⑥型号不对 阀的密封压盖 ①磨损 ②使用条件变化 ③垫片选择不良	①清洗异物，防止混入轴封 ②修正不均匀紧固 ③改变材质 ④改为干式运转 ⑤调整螺丝 ⑥改变密封形式 ⑦处理轴表面 ⑧使用润滑油 ⑨改变填料等级
安全装置的阻气排水阀、通风孔	排放部位	①阀型号选择不当 ②阀、孔设置方法不好 ③操作不良 ④使用条件变化	①选择合适的阀型号 ②正确设置，消除背压 ③及时清理异物、水垢 ④回收

(5) 紧急切断　紧急切断装置是为了防止事故传播到其他设备或管道而配置的安全装置。通过联动或单独操作，使产生异常情况的装置和其他装置隔开，使发生泄漏的连续处理装置隔离，停止向产生异常的设备供料。通常使用的有低熔点合金阻火闸门、紧急切断阀等。

此外，为了限制火灾蔓延和减少爆炸损失，化工厂应根据我国“建筑设计防火规范”建设相应耐火等级的厂房。采用防火墙、防火门、防火堤对易燃易爆危险场所进行防火分隔，并确保防火间距。防爆厂房的布局和结构应按相关要求建设。

2.3　化工火灾扑救

2.3.1　灭火原理

根据燃烧的三个条件，可以采取除去可燃物、隔绝助燃物（氧气）、将可燃物冷却到燃点以下的温度等灭火措施。

（1）隔离法　将火源与火源附近的可燃物隔开，中断可燃物质的供给，控制火势蔓延。具体措施有：

① 用妥善的方法迅速移去火源附近的可燃、易燃、易爆和助燃物品；

② 封闭着火建筑物的孔洞，堵塞或改变火势蔓延途径；

③ 关闭可燃气体、液体管道的阀门，切断或减少可燃物进入燃烧区域；

④ 阻堵着火液体流淌；

⑤ 火势严重时，及时拆除与火源毗邻的易燃建筑物，建立隔离带。

采取隔离措施时，一定要注意自我保护，避免不必要的伤害。

（2）冷却法　往火焰中喷入吸热量大的物质，降低温度，燃烧速度会减慢，当温度低于可燃物燃点时，燃烧停止。热容量大的固体、液体，特别是蒸发潜热大的液体，都可作冷却物质。最常用的冷却物质是水，除此之外还有液态卤代烷等。采用水灭火时，应注意与火源保持一定距离，防止烧伤。

特别提醒，以下几种情况的火灾不能用水扑救：遇水燃烧物，如金属钾、钠、碳化钙等；比水轻（密度小于水），且不溶于水的易燃液体，如醇类、酮类、酯类、油品等；与水反应生成有毒或腐蚀性气体的物品，如磷化铝、磷化锌等；未切断电源的电气高温设备。

（3）稀释法　降低燃烧系统中可燃物或助燃物的浓度，可以很好地抑制燃烧。实际操作中最有效的办法是将对燃烧不活泼的气体充入燃烧系统中，以稀释可燃物和助燃物的浓度。如用压缩氮气、二氧化氮灭火。

（4）窒息法　用不燃物或难燃物覆盖、包围燃烧物，阻碍空气或其他助燃物与燃烧物接触，抑制燃烧。采用窒息法的具体措施有：用不燃或难燃物，如沙土、石粉、石棉布、毯子、湿麻袋、浸水布单（衣）等直接覆盖在燃烧物的表面上；将不燃气体灌入燃烧容器内，如氮气、水蒸气；封闭容器孔洞；使用各种灭火剂，如泡沫、二氧化碳、水蒸气等。

2.3.2 常用消防设备及操作

对化工企业火灾的扑救，必须根据企业生产工艺条件、原材料、中间产品的性质、建筑物及构筑物的特点、灭火物质的价值等，配置和选择合理的灭火剂和灭火器材。

(1) 灭火剂　灭火剂是能够有效地破坏燃烧条件，终止燃烧的物质。常用的灭火剂有水、泡沫、干粉、卤代烷烃、二氧化碳等。不同的灭火剂，灭火作用不同。应根据不同的燃烧物质，有针对性地使用灭火剂，才能使灭火获得成功。

① 水　是最常用的灭火剂。具有分布广泛、取用方便、价格低廉、对环境污染小的优点。水是通过冷却、窒息、稀释、分离、乳化等作用实施灭火的。在使用水灭火时，应注意以下几点：

a. 钾、钠、钙、镁等轻金属和电石等物质的火灾，禁止用水扑救；

b. 图书、档案、计算机、精密仪器仪表等的火灾，一般不宜用水扑救，以防水渍损失；

c. 易燃液体火灾，不宜直接用直流水枪扑救，有些可以采用喷雾灭火；

d. 对熔融的盐类和快要沸腾的原油火灾，因为水会被迅速汽化，形成较大的压力产生爆炸或喷溅，也不能用水扑救；

e. 储存大量浓硫酸、浓硝酸场所的火灾，不能用直流水灭火，以免引起酸发热飞溅，必要时可用雾状水扑救；

f. 不能用直流水扑救高压电气设备火灾，在保持适当距离的条件下可采用喷雾水灭火；

g. 不能用直流水扑救有可燃粉尘积聚处的火灾，防止将粉尘冲起呈悬浮状态而发生爆炸。

② 泡沫灭火剂　泡沫液和水按一定比例混合后，通过机械作用吸入空气可产生泡沫，将泡沫覆盖在燃烧物表面上即可灭火。泡沫主要用于灭易燃液体火灾，对固体火灾的扑救也非常有效。

常用的有化学泡沫（由发泡剂、泡沫稳定剂或其他添加剂组成)、蛋白泡沫灭火剂(以动物性蛋白质如牛、马、猪的蹄、角、毛、血或植物性蛋白质如豆饼、菜籽饼等的水解浓缩液为基料)、氟蛋白泡沫灭火剂(含氟碳表面活性剂)、水成膜泡沫灭火剂(由氟碳表面活性剂、无氟表面活性剂和添加剂组成)、抗溶性泡沫灭火剂(用于扑救水溶性可燃液体,如醇、醛、酸等)、高倍数泡沫灭火剂(以合成表面活性剂为基料,与水混合产生高倍数泡沫)、合成泡沫等。

在使用泡沫灭火剂时,泡沫液的储存应符合一定要求,泡沫液如超过储存期或受到污染就应及时更换。电气设备火灾和遇水发生反应产生有毒、易燃气体物质的火灾以及不能用水扑救的火灾,也不宜用泡沫扑救。水溶性易燃物的火灾应使用抗溶性泡沫扑救。

③ 干粉灭火剂　又称粉末灭火剂。是一种干燥的、易流动的微细粉末,通过氮气或二氧化碳气体携带,借助其压力喷出,以粉雾状形式喷出灭火。干粉灭火剂一般由某些盐类作基料,添加少量的添加剂,经粉碎、混合加工而制成。常用的有钠盐干粉、硅化钠盐干粉、氨基干粉、磷酸盐干粉等。干粉灭火剂多用于物料表面火灾的扑救。

干粉灭火剂可分为三类:普通型干粉灭火剂,如碳酸氢钠干粉灭火剂、碳酸氢钾干粉灭火剂等,可用于扑救液体和气体物质火灾;多用干粉灭火剂,如磷酸铵盐干粉灭火剂,可用于扑救液体物质、气体物质火灾及固体物质的表面火灾;金属干粉灭火剂,专用于扑救金属火灾。

在应用干粉灭火剂时,应注意以下几点:

a. 干粉灭火剂应储存在通风、干燥、温度较低的场合,堆放不宜太高,特别应注意防潮,一旦结块便不能使用;

b. 电脑、精密仪器仪表间等场合的火灾不宜使用,以防沉积的粉粒造成污染;

c. 干粉灭火剂抗复燃能力差,灭火时应注意不留残火,必要时可和泡沫灭火剂联用。

④ 卤代烷灭火剂　卤代烷灭火剂是一种化学灭火剂，利用低级烷烃的卤代物制成灭火剂，通过化学抑制作用灭火。常用的有1211（二氟一氯一溴甲烷）、1301（三氟一溴甲烷）、CCl_4 等。

在应用卤代烷灭火剂时，应注意以下几点：

a. 卤代烷灭火剂有毒，操作时应注意防止对人的伤害；

b. 卤代烷灭火剂可用于扑救液体火灾、气体火灾、固体的表面火灾，适宜保护贵重且怕水污染的场合；

c. 卤代烷灭火剂不宜用于扑救金属火灾、无空气仍能迅速氧化的化学物质火灾及强氧化剂物质火灾等；

d. 由于卤代烷灭火剂对大气臭氧层有破坏作用，应尽量减少使用，一般不宜进行试验性喷射。

⑤ 二氧化碳灭火剂　是利用二氧化碳不燃也不助燃、易于液化等特性制成的灭火剂。二氧化碳灭火剂制造方便，易于液化，便于装罐和储存。使用二氧化碳灭火剂时应注意的问题与卤代烷灭火剂相同。

每一种灭火剂都有其自己的适用范围。掌握每一种灭火剂的适用范围对于火灾的扑救具有十分重要的意义。各类灭火剂的适用范围见表2-9。

表2-9　各类灭火剂的适用范围

灭火剂		火灾种类				
		木材等一般火灾	易燃液体火灾		电气火灾	金属火灾
			非水溶性	水溶性		
水	直流	适用	不适用	不适用	不适用	不适用
	喷雾	适用	一般不用	适用	适用	一般不用
泡沫	化学泡沫	适用	适用	一般不用	不适用	不适用
	蛋白泡沫	适用	适用	不适用	不适用	不适用
	氟蛋白泡沫	适用	适用	不适用	不适用	不适用
	水成膜泡沫	适用	适用	不适用	不适用	不适用
	抗溶性泡沫	适用	一般不用	适用	不适用	不适用
	高倍数泡沫	适用	适用	不适用	不适用	不适用
	合成泡沫	适用	适用	不适用	不适用	不适用

续表

灭火剂		火灾种类				
		木材等一般火灾	易燃液体火灾		电气火灾	金属火灾
			非水溶性	水溶性		
卤代烷	1211	一般不用	适用	适用	适用	不适用
	1301	一般不用	适用	适用	适用	不适用
	CCl_4	一般不用	适用	适用	适用	不适用
不燃气体	二氧化碳	一般不用	适用	适用	适用	不适用
	氮气	一般不用	适用	适用	适用	不适用
干粉	钠盐干粉	一般不用	适用	适用	适用	不适用
	磷酸盐干粉	适用	适用	适用	适用	不适用
	金属用干粉	不适用	不适用	不适用	不适用	适用

(2) 自动灭火设施　自动灭火设施是指发生火灾时，能够及时自动启动固定灭火设施，用以扑救初期火灾。化工企业内常用的自动灭火设施有自动喷水灭火设备和气体灭火设备等。

① 自动喷水灭火设备　由消防供水水源、供水设备、喷头、管网、报警阀及火灾报警设施等组成，能够自动喷水灭火，并同时发出火警信号。

自动喷水灭火设备有闭式喷头系统和开式喷头系统两种形式。设有闭式喷头的自动喷水灭火设备，是由喷头控制其启动的。当发生火灾时，喷头上的热敏感元件脱落，管网内的水即喷出灭火，并通过压力开关和水流指示器等控制水泵自动启动。设有开式喷头的自动喷水灭火设备，是由雨淋阀控制其启动的。当发生火灾时，火灾自动报警设备控制启动雨淋阀，水即可通过喷头喷出灭火，同时水泵自动启动。设有开式喷头的自动喷水灭火设备的特点是从所有的喷头喷水灭火，喷水范围大，用于保护燃烧物多、火灾蔓延快的场所。而设有闭式喷头的自动喷水灭火设备，是通过开启的喷头喷水灭火的，没有被火烤开的喷头不会喷水灭火。

火场上，自动喷水灭火设备不需要人操作，但平时应注意维护，使其始终处于完好状态，以备火灾时能充分发挥作用。

② 气体灭火设备　有卤代烷 1211 灭火设备、卤代烷 1301 灭火设备和二氧化碳灭火设备。主要用于保护控制室、计算机房及精密设备等怕被水污染的场所。

气体灭火设备以卤代烷 1301、卤代烷 1211 或二氧化碳作为灭火剂，当这些灭火剂气体在空气中的浓度达到灭火浓度时，火被扑灭。由于这些灭火剂对人体有毒性危害，所以当听到火灾报警时，场所内的人员应立刻撤出。

气体灭火设备通常由火灾自动报警设备控制，火灾时不需人员操作（如转换开关在手动位置，由人启动）。但应注意对设备经常进行维护，使其始终处于完好状态。

(3) 半自动灭火设备　半自动灭火设备指发生火灾时需要人工开启但不直接操作灭火的固定灭火设施，常见的有泡沫灭火设备、固定式蒸汽灭火设备。

① 泡沫灭火设备　泡沫灭火设备主要用于扑救易燃液体储罐火灾，泡沫灭火设备由水泵、比例混合器、泡沫液储箱、管网、泡沫产生器及各种控制阀门组成，发生火灾后其工作过程是：启动水泵，压力水通过管道输送，将泡沫液按比例与水混合形成混合液，混合液被输送到泡沫产生器，将大量空气吸入产生泡沫，通过泡沫喷射口喷出将燃烧表面覆盖灭火。

泡沫灭火设备必须经常检查维护，使之始终处于完好状态。泡沫灭火设备的水泵房应经常有人值班，以便及时启动消防泵。

② 固定式蒸汽灭火系统　水蒸气能冲淡燃烧区的可燃气体，降低空气中氧的含量，有良好的灭火作用，是一种较好的灭火剂。水蒸气扑救高温设备火灾，不仅能迅速扑灭泄漏处火灾，而且不会引起设备热胀冷缩的应力，导致高温设备的损坏。水蒸气灭火设备简单，取用方便，因此，在化工企业内得到了广泛应用。

固定式蒸汽灭火系统用于扑灭整个房间的火灾，一般通过全淹没方式灭火。常用于生产厂房、燃油锅炉的泵房等场所。对建筑物容积不大于 500 平方米的保护空间灭火效果较好。

固定式蒸汽灭火系统一般由蒸汽源、输气干管、支管、配气管及控制阀等组成。

蒸汽灭火系统的控制阀门，一般有分配箱处的灭火蒸汽总阀、固定蒸汽灭火设备的室外选择阀等。分配箱处的灭火蒸汽总阀，应设在分配箱蒸汽灭火管线的出口处，用以开启或关闭蒸汽的输气管线。为了火场使用方便，蒸汽分配箱及其控制阀、总阀距保护部位不应超过 60 米。

固定式蒸汽灭火系统的室外选择阀（该阀又称分配阀），是用以开启或关闭保护部位蒸汽管的阀门（一般设在输气支管上）。阀门应设在人员便于接近的地方，且应设在室外便于操作的地方。若设在室外有困难时，亦可设在室内，但其操纵阀门的手轮应设在外墙上，以利在室外操作。但其操纵阀门的位置离门、窗、孔、洞的距离不应小于 1 米，以防在开启阀门时，被室内喷出的火焰灼伤。该控制阀杆穿过墙上的孔洞，应严密堵塞，以防蒸汽从孔洞漏出。

要使蒸汽灭火设备处于战备状态，及时地扑灭初期火灾。蒸汽灭火设备的管理和维护保养应注意以下几点：输气管线完好，并且经常充满蒸汽；排除冷凝水设备工作正常，管内不积存冷凝水；保温设备、补偿设备、支座等应保持良好，无损坏；所有阀门灵活好用，不漏气；短管上橡胶管连接牢固可靠，完好整洁；筛孔畅通，配气管清洁无阻塞。

设有固定灭火装置的房间，一旦发生火灾，应以自动或手动方式关闭室内机械通风或自然通风的孔洞门窗，人员立即离开着火房间，然后开启蒸汽灭火管线的选择阀、总控制阀，使整个房间内充满蒸汽，进行灭火。

（4）灭火器　灭火器由于其结构简单，操作方便、灵活，应用十分广泛，是扑救初起火灾的最基本、最有效的大众化灭火器材，对保护人的生命财产安全有着十分重要的作用。

灭火器种类繁多，按充装的灭火剂分类，有水型灭火器、泡沫型灭火器、干粉型灭火器、卤代烷型灭火器和二氧化碳型灭火器；按操作方式分类，有手提式灭火器和推车式灭火器等。各种灭火器的操作及适应扑救的火灾种类不同，应仔细阅读说明。

因为灭火器内充装的灭火剂量有限，喷射时间一般都较短，要求操作准确无误。掌握各类灭火器的正确使用方法对尽快控制火灾非常重要。下面就常用的灭火器如干粉灭火器、二氧化碳灭火器、泡沫灭火器、1211灭火器（1301灭火器）等的一般使用方法加以介绍。

① 干粉灭火器　干粉灭火器是利用二氧化碳或氮气作动力，将干粉从喷嘴内喷出，形成一股雾状粉流，射向燃烧物质灭火。普通干粉又称BC干粉，用于扑救液体和气体火灾；多用干粉又称ABC干粉，可用于扑救固体、液体和气体火灾。

如图2-7所示，使用干粉灭火器灭火时，可用手提或肩扛灭火器快速奔赴火场，在距燃烧处5米左右时，放下灭火器。如在室外，应选择在上风方向喷射。使用的干粉灭火器若是外挂储压式的，操作者应一手紧握喷枪，另一手提起储气瓶上的开启提环。如果储气瓶的开启是手轮式的，则向逆时针方向旋开，并旋到最高位

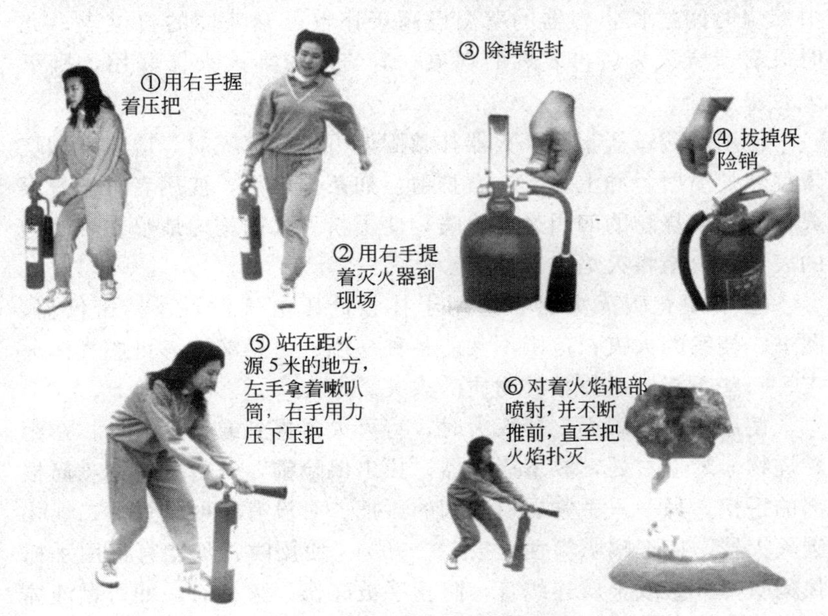

图2-7　干粉灭火器使用图解

置，随即提起灭火器。当干粉喷出后，迅速对准火焰的根部扫射。使用的干粉灭火器若是内置式储气瓶的或者是储压式的，操作者应先将开启把上的保险销拔下，然后一只手握住喷射软管前端喷嘴部，另一只手将开启压把压下，打开灭火器进行灭火。有喷射软管的灭火器或储压式灭火器在使用时，一手应始终压下压把，不能放开，否则会中断喷射。

干粉灭火器扑救可燃、易燃液体火灾时，应对准火焰要部扫射，如果被扑救的液体火灾呈流淌燃烧时，应对准火焰根部由近而远，并左右扫射，直至把火焰全部扑灭。如果可燃液体在容器内燃烧，使用者应对准火焰根部左右晃动扫射，使喷射出的干粉流覆盖整个容器开口表面；当火焰被赶出容器时，使用者仍应继续喷射，直至将火焰全部扑灭。在扑救容器内可燃液体火灾时，应注意不能将喷嘴直接对准液面喷射，防止喷流的冲击力使可燃液体溅出而扩大火势，造成灭火困难。如果可燃液体在金属容器中燃烧时间过长，容器的壁温已高于扑救可燃液体的自燃点，此时极易造成灭火后再复燃的现象，若与泡沫类灭火器联用，则灭火效果更佳。

使用磷酸铵盐干粉灭火器扑救固体可燃物火灾时，应对准燃烧最猛烈处喷射，并上下、左右扫射。如条件许可，使用者可提着灭火器沿着燃烧物的四周边走边喷，使干粉灭火剂均匀地喷在燃烧物的表面，直至将火焰全部扑灭。

② 二氧化碳灭火器　适用于扑救低压电气设备、精密仪器、图书、档案的火灾；范围不大的各种易燃、可燃液体、可燃气体火灾；一些不能用水扑救的物质的火灾。

使用二氧化碳灭火器灭火时，将灭火器提到或扛到火场，在距燃烧物 5 米左右处，放下灭火器，拔出保险销，一手握住喇叭筒根部的手柄，另一只手紧握启闭阀的压把。对没有喷射软管的二氧化碳灭火器，应把喇叭筒往上扳 70°～90°。使用时，不能直接用手抓住喇叭筒外壁或金属连线管，防止手被冻伤。灭火时，如可燃液体呈流淌状燃烧，则使用者应将二氧化碳灭火剂的喷流由近而远向火焰喷射。如果可燃液体在容器内燃烧，则使用者应将喇叭筒提起，从容器的一侧上部向燃烧的容器中喷射。但不能将二氧化碳射流直接冲击可燃液面，以防止可燃液体冲出容器而扩大火势，造成灭火困难。

二氧化碳灭火器还有一种是旋开式的。当使用旋开式二氧化碳灭火器时，将灭火器提到距火源5米处，一只手握住喇叭形喷筒根部的手柄，把喷筒对准火焰，另一只手按逆时针方向旋开手轮，二氧化碳就会喷出。

使用二氧化碳灭火器时，在室外使用的，应选择在上风方向喷射；在室内窄小空间使用的，灭火后操作者应迅速离开，以防窒息。

③ 泡沫灭火器　主要适用于扑救各种油类火灾，以及木材、纤维、纸张、橡胶等固体可燃物火灾。不能扑救忌水和带电设备火灾。泡沫灭火器有化学泡沫灭火器和空气泡沫灭火器两种。

a. 化学泡沫灭火器　此类灭火器是通过筒体内酸性溶液与碱性溶液混合发生化学反应，将生成的泡沫压出喷嘴，喷射出去进行灭火的。如图2-8所示，化学泡沫灭火器使用时应手提筒体上部的提环，迅速奔赴火场。这时应注意不得使灭火器过分倾斜，更不可横拿或颠倒，以免两种药剂混合而提前喷出。当距离着火点10米左右处时，即可将筒体颠倒过来，一只手紧握提环，另一只手扶住筒体的底圈，将射流对准燃烧物，轻轻抖动几下，喷出泡沫，进行灭火。在扑救可燃液体火灾时，如已呈流淌状燃烧，则将泡沫由远而近喷射，使泡沫完全覆盖在燃烧液面上；如在容器内燃烧，应将泡沫射向容器的内壁，使泡沫沿着内壁流淌，逐步覆盖着火液面。切忌直接对准液面喷射，以免由于射流的冲击，反而将燃烧的液体冲散或冲出容器，扩大燃烧范围。在扑救固体物质火灾时，应将射流对准燃烧最猛烈处。灭火时随着有效喷射距离的缩短，使用者应逐渐向燃烧区靠近，并始终将泡沫喷在燃烧物上，直到将火扑灭。使用时，灭火器应始终保持倒置状态，否则会中断喷射。

①右手握着压把，左手托着灭火器底部，轻轻地取下灭火器

② 右手提着灭火器到现场

③右手捂住喷嘴，左手执筒底边缘

④把灭火器颠倒过来呈垂直状态，用劲上下晃动几下，然后放开喷嘴

⑤右手抓住筒耳，左手抓住筒底边缘，把喷嘴朝向燃烧区，站在离火源 8～10 米的地方喷射，并不断前进，对着火焰喷射，直至把火扑灭

⑥灭火后，把灭火器卧放在地上，喷嘴朝下

图 2-8　化学泡沫灭火器使用图解

b. 空气泡沫灭火器　使用时可手提或肩扛迅速奔到火场，在距燃烧物 6 米左右处，拔出保险销，一手握住开启压把，另一手紧握喷枪；用力捏紧开启压把，打开密封或刺穿储气瓶密封片，空气泡沫即可从喷枪口喷出。灭火方法与手提式化学泡沫灭火器相同。但使用空气泡沫灭火器时，应使灭火器始终保持直立状态，切勿颠

倒或横卧使用，否则会中断喷射。同时应一直紧握开启压把，不能松手，否则也会中断喷射。

④ 1211 灭火器（1301 灭火器）　适用于扑救易燃、可燃液体、气体以及带电设备的火灾，也能对固体物质表面火灾进行扑救（如竹、纸、织物等），尤其适用于扑救精密仪表、电脑、珍贵文物以及贵重物资仓库的火灾，还能扑救飞机、汽车、轮船、宾馆等的初起火灾。

1211 灭火器的使用方法与干粉灭火器一样。使用时，手提或肩扛灭火器到火场。在距燃烧物 5 米左右处，放下灭火器，先拔出保险销，一手握住开启把，另一手握在喷射软管前端的喷嘴处。如灭火器无喷射软管，可一手握住开启压把，另一手扶住灭火器底部的底圈部分。先将喷嘴对准燃烧处，用力握紧开启压把，使灭火器喷射。当被扑救可燃烧液体呈现流淌状燃烧时，使用者应对准火焰根部由近而远并左右扫射，向前快速推进，直至火焰全部被扑灭。如果可燃液体在容器中燃烧，应对准火焰左右晃动扫射，当火焰被赶出容器时，喷射流跟着火焰扫射，直至把火焰全部扑灭。但应注意不能将喷流直接喷射在燃烧液面上，防止灭火剂的冲力将可燃液体冲出容器而扩大火势，造成灭火困难。如果是扑救可燃性固体物质的初起火灾，则将喷流对准燃烧最猛烈处喷射，当火焰被扑灭后，应及时采取措施，不让其复燃。1211 灭火器使用时不能颠倒，也不能横卧，否则灭火剂不会喷出。另外在室外使用时，应选择在上风方向喷射；因 1211 灭火剂有一定的毒性，在窄小的室内灭火时，灭火后操作者应迅速撤离，以防造成伤害。

1301 灭火器的使用方法和适用范围与 1211 灭火器相同。但由于 1301 灭火剂喷出成雾状，在室外有风状态下使用时，其灭火能力没有 1211 灭火器好，因此更应在上风方向喷射。

⑤ 酸碱灭火器　是利用装在筒内的两种药液混合产生一定量的气体，气体产生压力将水溶液喷出灭火。它主要适用于扑救木材、纺织品、棉麻、纸张、粮草等一般固体物质的初起火灾，不适于扑救油类、电气、轻金属和可燃气体的火灾。

酸碱灭火器的构造主要由筒身、硫酸瓶、瓶夹和喷嘴等组成。硫酸瓶由瓶夹固定，瓶内装的是浓硫酸，瓶口用铅塞塞住，以防硫酸吸水稀释与瓶外的药液混合。筒体内装有碳酸氢钠的水溶液，没有发泡剂。

使用酸碱灭火器时，颠倒筒体，上下摇晃几次，不能将筒盖或筒底部分对向人体，以防爆破伤人。在液体喷完前，切记不可旋转筒盖，以免伤人。

⑥ 推车式灭火器　一种量大且移动十分方便的灭火器。

操作机械泡沫灭火器、1211 灭火器、二氧化碳灭火器、干粉灭火器这四种推车式灭火器时，一般需有两个人配合操作。发生火灾时，快速将灭火器推至距燃烧处 10 米左右的地方，一人迅速展开软管并握紧喷枪对准燃烧物做好喷射准备。另一人开启灭火器，并将手轮开至最大部位。灭火方式也是由近而远，左右扫射。首先对准燃烧最猛烈处，并根据火情调整位置，确保将火焰彻底扑灭，使其不能复燃。

操作化学泡沫推车式灭火器时，两人将灭火器迅速拉到或推到火场，在离起火点 10 米处停下，一人逆时针方向转动手轮，使药液混合，产生化学泡沫，一人迅速展开喷射软管，双手握住喷枪，喷嘴对准燃烧场，扑灭火灾。

图 2-9 所示为推车式干粉灭火器使用图解。

使用各种灭火器时，可以根据火情采用如下的喷射方法。

a. 连续喷射　常用的手提式灭火器的喷射时间仅有 10 秒左右，推车式灭火器也仅有 30 秒左右，为充分发挥其效能，一般应集中灭火剂连续喷射。

b. 点射　除二氧化碳灭火器外，其他灭火器都可用点射的方法清理零星余火，以节约灭火剂。在寒冷季节使用二氧化碳灭火器时，阀门（开关）开启后，不得时启时闭，以防冻结堵塞。

c. 平射　这是大部分灭火器的喷射方法。如用干粉扑救地面油火时，要平射，左右摆动，由近及远，快速推进；使用 1211 灭火器时，将喷嘴对准火焰根部，向火源边缘左右摆动，并快速向前

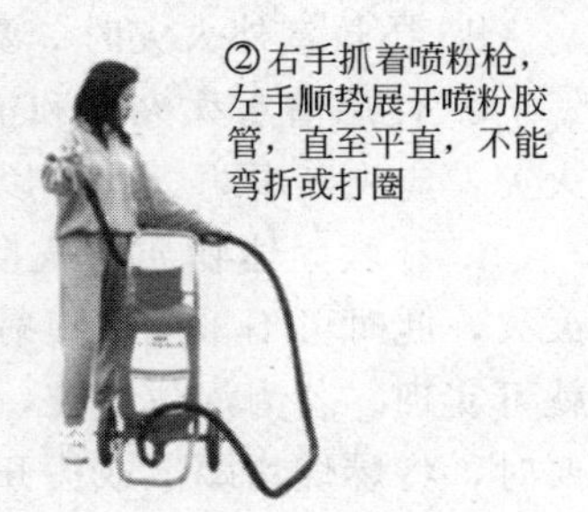

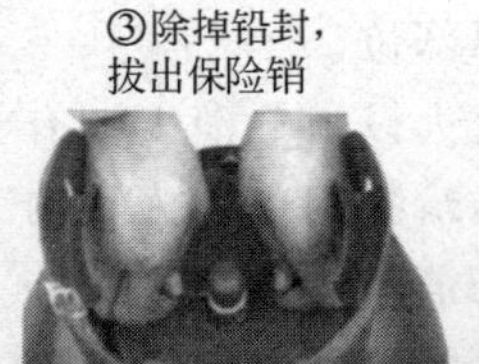

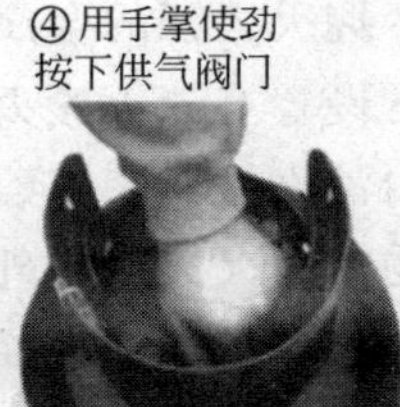

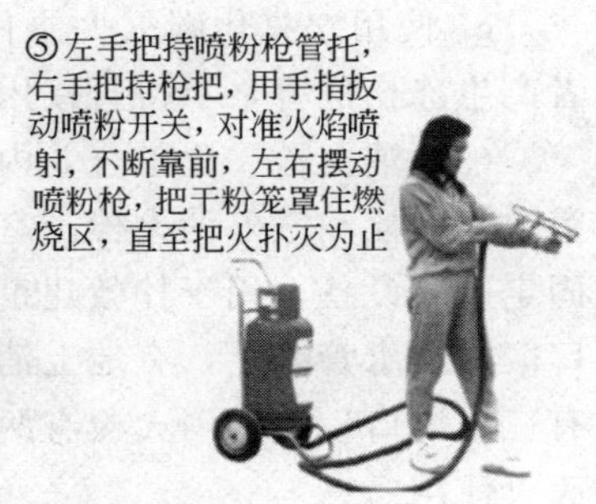

图 2-9　推车式干粉灭火器使用图解

推进。

d. 侧射　使用二氧化碳灭火器时，因二氧化碳灭火主要是隔绝空气，窒息灭火，所以喷筒要从侧面向火源上方往下喷射，喷射的方向要保持一定的角度，使二氧化碳能覆盖着火源。大量灭火试验证明，用这种灭火方法效果很好，如果按照向前平推扫射的方法，就很难达到规定的灭火效果。

在操作灭火器时，应注意以下几点。

a. 在携带灭火器奔跑时，化学泡沫灭火器不能横置，要保持其竖直，以免提前混合发生化学反应。

b. 清水灭火器、空气泡沫灭火器、干粉灭火器、卤代烷灭火器、二氧化碳灭火器等在灭火操作时，要保持竖直，不能横抱，否则不能将灭火剂充分喷出。

c. 扑救容器内的可燃液体火灾时，要注意不能直接对着液面喷射，以防止可燃液体飞溅，造成火势扩大，增加扑救难度。

d. 扑救室外火灾时．要站在上风方向。

e. 使用清水灭火器和泡沫灭火器时，不能直接扑灭带电设备火灾，应先断电再灭火，以防触电危险。

f. 扑救固体物质火灾时，随着火势减小，操作者可走到近处灭火，此时可不采用密集射流而改用喷洒，将手指放在喷嘴的端部就可实现。若为深位火灾，应将阻燃或炽热燃烧部分彻底浇湿，必要时，将燃烧物踢散或拨开，使水流入其内部。

g. 使用二氧化碳灭火器和1301灭火器时，要注意防止对操作者产生冻伤危害，不得直接用手握灭火器的金属部位。

(5) 消火栓　化工企业内常设置有消火栓灭火设备。消火栓有室内消火栓和室外消火栓。室内消火栓安装在建筑物内部，为室内固定灭火设备，用于扑救建筑物内的火灾；室外消火栓安装在室外厂区的给水管线上，有地上消火栓和地下消火栓两种。地上消火栓有三个出口，地下消火栓有两个（或一个）出口，供专业消防人员灭火使用。

① 室外消火栓　使用地上消火栓时，用扳手按逆时针方向旋转，把螺杆旋至最大位置，这时阀门被打开，同时排水弯头被排水阀皮堵住，排水口自行关闭，水不会从下部排水弯头泄漏。按顺时针方向旋转，阀门就会关闭，排水口自行开启，排除积水。当使用一个出水口时，应将其余出口关紧，以防漏水，影响正常供水。常见的室外消火栓如图2-10所示。

使用地下消火栓时，用扳手按逆时针方向旋转阀杆，阀门即可打开，排水口自行关闭。按顺时针方向旋转，阀门就会关闭，排水口自行打开，排除积水。

室外消火栓的维护管理应注意以下几点。

a. 清除阀塞启闭杆端部周围的杂物，将专用扳手套于杆头，检查是否合适，转动启闭杆，加注润滑油。

b. 用油纱头擦洗出水口螺纹上的锈渍，检查闷盖内橡胶垫圈是否完好。

c. 打开消火栓，检查供水情况，在放净锈水后将其关闭，观

(a) 地上消火栓

(b) 地下消火栓

(c) 室外墙壁式消火栓

图 2-10 常见的室外消火栓示意图

察有无漏水现象。

d. 外表油漆剥落后应及时修补。

e. 清除消火栓周围的障碍物。对地下消火栓，应及时清除消火栓井内积聚的杂物、砂土等。

f. 保证消防车可以随时停靠使用；及时掌握消火栓的改建、迁移、升高、增建等情况；建立检查保养制度。

② 室内消火栓 通常设置在具有玻璃门的消火栓箱内，箱内同时有水枪、水带。消火栓箱门应保证随时可以方便地打开，一般做成玻璃门，亦可为铁皮门或其他门。门上应有“消火栓”、“119火警电话”等明显标志。在消火栓箱内的侧壁上，一般配置有火警紧急按钮，可向消防控制中心报警以及直接启动消防水泵，并装有红色指示灯。常见的室内消火栓如图 2-11 所示。

遇有火警，迅速打开箱门，取下水带和水枪，并连接好，把室内消火栓手轮顺开启方向旋开，即能射水灭火，同时可启动火警紧急按钮。

室内消火栓的维护保养应注意以下几点。

a. 收存 灭火后，应将器材清洗晾干，水带要完全干燥后才能装入箱内，绕入水带盘中或折放在框架上。将水枪卡在弹簧夹

(a) 室内消火栓箱　　(b) 室内消火栓

(c) 水带和水枪

图 2-11　常见的室内消火栓示意图

内，做好箱体内的整理清洁工作，如果击破了箱体面板上的玻璃，则应安装好新玻璃，保持箱体的美观大方，以防箱内器材的遗失，保证设备完好备用。

b. 防潮防锈　箱体内和门面应经常保持干燥、清洁，防止发生碰伤损坏漆面，以及水带霉变和消火栓锈蚀等情况，以确保消防设施的安全可靠。

c. 检查和保养　每隔半年或按消防监督部门的规定对消火栓作定期检查和保养。检查保养要求如下：消火栓应无渗漏现象，定期进行放水检查；检查阀门的转动机构是否灵活自如；水枪、水带应完好无损，箱门玻璃应完好无破损，拉环铅封无脱落；箱内水带转盘或框架应转动 90°，水带盘轴转动自如；漆面光亮无剥落。

(6) 半固定式蒸汽灭火设备　半固定式蒸汽灭火系统用于扑救局部火灾，利用水蒸气的冲击力量吹散可燃气体，并瞬间在火焰周围形成蒸汽层扑灭火灾。例如用于露天装置区的高大炼制塔、地上式可燃液体储罐、车间内局部的油品设备等，对于扑救闪点大于45℃的未破裂的可燃液体储罐的火灾，有良好效果。因此，地上式可燃液体（不包括润滑油）储罐区，宜设置半固定式蒸汽灭火系统。

半固定式蒸汽灭火系统由蒸汽源、输气干管、支管、接口短管及蒸汽喷枪等组成。

接口短管上可设置简单的橡胶管，在条件许可时，宜在橡胶管的前端设置蒸汽喷枪。室内和露天生产装置区内的蒸汽灭火短管（即蒸汽施放管）的长度可为150～250毫米，管径可为20毫米。每个短管上应设有关闭的手阀。在短管上连接的橡胶管的长度应根据灭火需要确定，但不宜超过20米。接口短管的布置应保证有一股蒸汽射流到达室内或露天生产装置区油品设备、可燃气体设备的任何部位。半固定式蒸汽灭火系统短管上的开关阀，在室内时可设在接口短管口部的下方；在油罐区时，其位置离保护油罐的距离宜保持在15～30米范围内，且宜设在油罐的防护堤之外。

室内或露天生产装置区内的设备泄漏可燃气体或易燃、可燃液体时，应打开接口短管的开关，对着火源喷射蒸汽，进行灭火。

若露天生产装置起火，且有较大的风速时，灭火人员应站立在着火部位的上风进行灭火，以保证人身安全。

可燃液体储罐区内的储罐发生火灾时，应立即在短管上接上橡胶管，将橡胶管的另一端绑扎在蒸汽挂钩上，或绑扎在泡沫室的泡沫转送管上，然后打开接口短管上的阀门，向油罐液面上施放蒸汽，进行灭火。必须指出的是，在使用蒸汽扑灭油罐火灾的同时，应积极准备泡沫灭火设备。当蒸汽不能扑灭可燃液体油罐火灾时，应停止喷射蒸汽，采用泡沫灭火设备扑灭火灾。

2.3.3 发生火警后的对策

火灾的发展都有一个过程，一般初起时火苗都比较小，若发现及时，对策得当，往往会将其及时扑灭或限制在一定的范围内，不至于造成大的灾害。只有平时训练有素的人员，才能在火警时拿出最佳对策。下面就化工生产中发生火警后各类人员应有的对策进行简单介绍。

（1）生产车间人员的对策　指火警发生在生产车间内，车间生产人员的对策。

① 发生火警所在岗位人员对策　岗位发生火警时，在岗操作人员必须立即采取应急措施。具体如下。

a. 本岗位义务消防员或受过灭火技能训练的人员立即采用适当的方式进行灭火扑救。当火势较大，不能立即扑灭时，应在先行扑救的同时，立即报警。

b. 本岗位操作经验丰富的人员，应立即采取工艺操作方面的应急措施：首先关闭与火警有关的管道、阀门，停止加料，停止一切易燃、易爆物料的输送；然后关闭蒸汽阀门，停止加热，开冷却水，使物料降温；停止机械通风设备运行；协助上、下岗位做好应急措施；协助移出火警周围易燃易爆物品。

c. 岗位当班副班长应先报警，然后听从专业灭火人员的指挥，协助灭火。

d. 岗位其他人员，应视情况分头协助各方面应急处理和协助灭火，迁移火警周围易燃易爆物品，疏通道路，为专业灭火人员顺利到达现场做好各种准备。

② 发生火警时相邻岗位的对策　发生火警时，相邻岗位应根据不同情况，采取相应的对策。

a. 相邻无易燃物品　距离火警较近的岗位，若停产损失小，应立即停产，留一人看管现场，其余人支援火警岗位；如停产损失大，可留部分人员继续生产，灭火技术熟练的人员支援火警岗位。距离火警较远的岗位，照常生产，抽调部分灭火技术熟练的人员支援火警岗位。

b. 相邻有易燃物品　距离火警较近的岗位，应立即停产，并采取工艺应急措施，关闭阀门，准备灭火器具，移出易燃物品，同时抽调部分人员支援火警岗位。距离火警较远的岗位，若停产损失小，应立即停产，并采取工艺应急措施，关闭阀门，准备灭火器具，移出易燃物品，同时抽调部分人员支援火警岗位；如停产损失大，暂不停产，6分钟左右火警不消除，应立即停产，并采取工艺应急措施，关闭阀门，准备灭火器具，移出易燃物品，同时抽调部分人员支援火警岗位。

（2）仓库人员的对策

① 一般仓库火警对策　仓库发生火警应立即按响火警警铃，同时向厂消防队和总调度室或总值班室报告。若发现火势已经较大，应直接拨119报警。报警的同时，其他所有人员应立即停止其他一切工作，迅速投入灭火作业。往往开始几分钟最关键，行动越快，扑救的成功率就越高，损失也越小。在灭火过程中，应选用合适的灭火器具，不要贸然喷水，否则容易出现水冲、水泡，造成较大的物资损失。

② 危险品仓库火警对策　发生火警应立即按响火警警铃，同时向厂消防队、总调度室或总值班室和119报警。报警的同时，根据着火危险品的性质，对症下药，采取有针对性的灭火措施。在灭火过程中，严禁无关人员进入。在消防人员赶到后，要清楚地向消防人员介绍起火品种和适用的灭火器材，指导消防人员进行灭火作业。危险品仓库发生火警，如不及时扑灭，危害往往很大，所以一旦出现火情，一定要做到行动迅速、灭火器材对路、集中力量奋力扑救。

（3）一般职工的对策

① 专职消防人员　接听报警电话时，应问清火警部位和着火物品名称，立即携带适用的灭火器具赶赴火警现场。

② 义务消防人员　做好准备，随时听从上级调遣，赶赴火警现场进行灭火。

③ 职能部门科室人员　车间人员除留人外，其余均应赶赴现场协助灭火；厂部值班人员应做好火警后的统一指挥和调度工作；保卫科室人员应做好组织灭火和纠察工作；其他科室人员应服从统一安排，做好灭火配合工作。

④ 储运部门　迅速做好物资疏散和撤离准备，随时听从统一指挥进行物资搬运和撤离。

⑤ 机修部门人员　是义务消防的主力军，应随时做好灭火战斗准备，听从统一指挥。

⑥ 分析室、实验室人员　具有较高的技术素质，除少数坚守岗位的人员外，其余应听从统一调度，赴现场进行灭火工作。

⑦ 楼下发生火警，楼上人员的对策　楼下初起小火，楼上有灭火技能的人员应尽快下楼参加灭火，其余人员携带贵重资料和物品下楼撤退，不要惊慌，绝对不能闻警跳楼；如果已有大量烟雾和焦味，有灭火技能的人员应尽快下楼进行扑救，同时报警，其余人员下楼撤退，若撤退通道火势已大，可将毛巾淋湿，以湿手帕捂住口鼻，然后沉着突围，迅速撤退，不可拥挤。

在火警扑救过程中，各部门应该在统一指挥和调度下协同作战，互相配合，有序地进行。

2.3.4　初起火灾的扑救

实践证明，大多数火灾都是从小到大，由弱到强。在生产中，能及时地发现和扑救初起火灾，对安全生产有着重要意义。

(1) 生产装置的初起火灾的扑救　当生产装置发生火灾事故时，在场操作者应迅速采取如下措施。

① 迅速查清着火部位、着火物及来源；准确关闭有关阀门，切断物料来源及加热源；开启消防设施，进行冷却或隔离；关闭通风装置防止火势蔓延。

② 压力容器内物料泄漏引起的火灾，应切断进料并及时开启泄压阀门，进行紧急排空。为了便于灭火，可将物料排入火炬系统或其他安全部位。

③ 现场当班人员要及时做出是否停车的决定，并及时向厂调度室报告情况以及向消防部门报警。

④ 发生火灾后，应迅速组织人员对装置采取准确的工艺措施，利用现有的消防设施及灭火器材进行灭火。若大火一时难以扑灭，要采取防止火势蔓延的措施，保护要害部位，转移危险物质。

⑤ 专业消防人员到达火场时，负责人应主动及时地向消防指

挥人员介绍情况。

(2) 易燃、可燃液体储罐和设备的初起火灾的扑救　化工企业火灾的着火部位，通常在储存、输送易燃、可燃液体或可燃气体的容器、设备、管道以及管道的法兰盘处。对易燃、可燃液体储罐和设备的初起火灾应采取如下措施。

① 报警　储罐起火，马上就会有引起爆炸的危险，一旦发现火情，应迅速向消防部门报警，并向厂调度室报告。报警和报告时必须说明罐区的位置、罐的位号及储存物料的情况，以便消防部门及时迅速地赶到火场进行扑救。

② 断绝可燃物　没有可燃物，燃烧会终止，可将火灾消灭在初起状态。

a. 将燃烧点附近可能导致火势蔓延的可燃物移走。

b. 关阀断料。关阀断料就是关闭有关阀门，切断流向火源处的可燃物质，使燃烧终止。由于化工生产的连续性，易燃、可燃液体或可燃气体的不断输送，会使着火部位不间断地得到燃料而持续燃烧。当关闭进料阀门或关闭阻火闸门后，切断了燃料的来源，就能从根本上控制火势。这样，设备或管道中剩余的燃料燃尽后便会自行终止燃烧。

实施关阀断料灭火措施，一定要明确关阀后是否会造成前一道工序的高温高压设备出现超温超压而爆炸，导致设备由正压变为负压，导致加热设备温度失控等事故。因此，在关阀断料的同时，应依据具体情况采取相应的断电、停泵、断输送、断热以及泄压、导流、放空等措施。

关阀断料时，应注意以下几点：应检查阀门是否完好，关闭的阀门是否为有关的进、出料阀门，防止因错关而导致意外事故；在关阀断料的同时，要不间断地冷却着火部位，火被扑灭以后还要按规定的时间持续冷却；当火焰威胁进出料阀门而难以接近时，可在落实堵漏措施的前提下，先灭火，后关阀；对于密集装置群中的某一部位着火的情况，除关闭着火处的进料阀门外，还应关闭邻近（前道工序的）设备的进出料阀门，防止出现倒流现象。

c. 开阀导流。开阀导流是将着火储罐、设备中的可燃物料导出，以缩短燃绝时间或使燃烧终止的灭火措施。

（a）易燃、可燃液体储罐、设备火灾的导流灭火　由于储罐、设备的着火位置，一般均在上部，因此可关闭进料阀门，打开出料阀门，将着火储罐、设备内的可燃物料导向其他的储罐、设备，随着着火储罐、设备内残留物料的减少，燃尽后火将自然熄灭。

对有安全水封装置的储罐、设备，可采取临时措施，用泵抽出储罐、设备中的可燃、易燃液体，装入空桶中，并疏散到安全地点。

（b）可燃气体的导流灭火　储存可燃气体的压力储罐、设备着火时，关闭进气阀，打开出气阀，将气体导入安全储罐、设备。导流后，压力储罐、设备的压力降低，可以防止爆炸。残余气体燃尽后，火势即可自行熄灭。

对有压力的设备采取导流灭火时，要防止造成负压，产生回火爆炸。导流时应注意观察设备的压力，当压力接近表压（10^5 Pa）时，应立即关闭导流阀门，停止倒流。

d. 筑堤。采用泥土、黄砂土筑堤等方法，阻止流淌的可燃液体流向燃烧点。

③ 冷却与窒息　发生火灾后，要及时利用灭火器材、设备进行扑救。

a. 冷却。冷却的主要方法是喷水或喷射其他灭火剂。

b. 窒息。使用泡沫灭火器喷射泡沫覆盖燃烧物表面；利用容器、设备的顶盖盖没燃烧区；用砂土覆盖燃烧物。对忌水物质则必须采用干燥砂土扑救。

④ 排除爆炸危险　当发生火灾时，还需观察周围情况，排除发生爆炸的危险。

a. 将受到火势威胁的易燃易爆物质、压力容器、槽车等疏散到安全地区。

b. 对受到火势威胁的压力容器、设备应立即停止向内输送物料，并将容器内物料设法导走。

c. 停止对压力容器加温，打开冷却系统阀门，对压力容器设备进行冷却。

d. 有手动放空泄压装置的，应立即打开有关阀门放空泄压。

⑤ 配合消防队灭火　在火场的人员，还应积极与消防队配合，尽快扑灭大火，保障人员与财产的安全。

a. 在场人员如已将初起火灾扑灭，应注意保护现场，以便调查火灾原因和损失情况。

b. 如火势已经扩大，在场人员无力将火扑灭时，一方面要采取措施制止火势蔓延，同时要积极配合消防部门灭火。要求在消防车可能驶来的方向派人守候，迎接消防车，开道引路；消防人员到场后，应及时向消防人员介绍火场情况，如燃烧物质、有无人员被火围困、灭火中要注意什么问题等；同时维持好火场秩序，禁止无关人员入内，以便于消防人员灭火。

另外，在灭火时需注意如下几点。

(a) 对忌水物质不可用水进行扑救。同样，对其他灭火剂也要慎重使用。因为在化工企业火灾中，燃烧的物品大多是化学危险品，要根据不同的燃烧对象、燃烧状态采用相应的灭火剂。如果灭火剂使用不当，不仅不能将火扑灭，反而会使火势扩大，甚至发生爆炸。

(b) 防止中毒。化学危险品燃烧时，常会产生大量的有毒气体，直接影响灭火行动，以及威胁在场人员的安全。应采取措施，预防人员中毒；灭火时要防止毒气产生和扩散。

(c) 化工企业火灾发展速度快，引起爆炸危险性大。在场人员要迅速准确地判断火势发展情况及发生爆炸的可能性。在无法控制的情况下，应及时撤离，以免爆炸危及人员的生命。

(3) 电气火灾的扑救

① 电气火灾特点　电气设备着火时，现场很多设备可能是带电的，这时应注意现场周围可能存在的较高的接触电压和跨步电

压。同时还有一些设备着火时是绝缘油在燃烧，如电力变压器、多油开关等，受热后易引起喷油和爆炸事故，使火势扩大。

② 扑救时的安全措施　扑救电气火灾时，应首先切断电源。为正确切断电源，应按如下规程进行。

a. 火灾发生后，电气设备已失去绝缘性，应用绝缘良好的工具进行操作。

b. 选好切断点。非同相电源应在不同部位剪断，以免造成短路。剪断部位应选有支撑物的地方，以免电线落地造成短路或触电事故。

c. 切断电源时，如需电力等部门配合，应迅速取得联系，及时报告，提出要求。

③ 带电扑救的特殊措施　有时因生产需要或为争取灭火时间，没切断电源扑救时，要注意以下几点。

a. 带电体与人体保持一定的安全距离，一般室内应大于 4 米，室外不应小于 8 米。

b. 选用不导电灭火剂灭火。同时灭火器喷嘴与带电体的最小距离应满足：10kV 以下，大于 0.4 米；35kV 以下，大于 0.6 米。

c. 对架空线路及空中设备灭火时，人体位置与带电体之间的仰角不能超过 45°，以防导线断落伤人。如遇带电导体断落地面时，要划清警戒区，防止跨步电压伤人。

④ 充油电气设备着火　充油电气设备的油品闪点多在 130～140℃之间，一旦着火，其危险性较大。应按下列要求进行灭火。

a. 如果在设备外部着火，可用二氧化碳、干粉等灭火器带电灭火；如油箱破坏，出现油燃烧，除切断电源外，有事故油坑的，应设法将油导入事故油坑，油坑中和地面上的油火可用泡沫灭火，同时要防止油火进入电缆沟。

b. 充油设备灭火时，应先喷射边缘，后喷射中心，以免油火蔓延扩大。

(4) 人身着火的扑救　人身着火多是由于工作场所发生火灾、爆炸事故或扑救火灾引起的。也有对易燃物使用不当由明火引起的。当人身着火时，可采取以下措施进行扑救。

① 如衣服着火不能及时扑灭，应迅速脱去衣服，防止烧伤皮肤。若来不及或无法脱去着火的衣服，应采用立即就地打滚的方法，用身体将着火部分压灭。此时，受害人应保持清醒的头脑，切不可跑动，否则风助火势，会造成更严重的后果。衣服局部着火，可采取脱衣，局部裹压的方法灭火。明火被扑灭后，应进一步采取措施清理棉毛织品的阴火，防止死灰复燃。有条件的用水灭火效果更好。

② 纤织品比棉布织品有更大的火灾危险性，这类织品燃烧速度快，容易粘在皮肤上。扑救化纤织品人身火灾时，应注意扑救中或扑灭后，不能轻易撕扯受害人的烧残衣物，否则容易造成皮肤大面积创伤，使裸露的创伤表面加重感染。

③ 如果是身上溅上易燃、可燃液体着火，这种情况一般发生突然，燃烧面积大，受害人不能进行自救。此时，在场人员应迅速采取灭火措施，如立即将受害人搂倒或拖离现场，用衣服、毛毡、棉布、青草、棉衣、棉被等物品覆盖灭火，用水浸湿后效果更好。或使用灭火器压制火势，转移受害人后，再采取人身灭火方法。使用灭火器扑灭人身火灾，应特别注意不能将干粉、二氧化碳等灭火剂直接对受害人面部喷射，防止造成窒息。也不能用二氧化碳灭火器对人身进行灭火，以免造成冻伤。

在现场抢救烧伤患者时，应特别注意保护烧伤部位，尽可能不要碰破皮肤，以防感染。对烧伤部位应用绷带或干净的床单进行简单的包扎后，尽快送医院治疗。对大面积烧伤并已休克的伤患者，舌头易收缩堵塞咽喉造成窒息，在场人员应将伤者嘴撬开，将舌头拉出，保证呼吸畅通。同时用被褥将伤者轻轻裹起来，送往医院治疗。

事故案例

【案例1】 1978年1月，山东省某化工厂银粉车间发生爆炸，并形成大火，死亡17人，重伤11人，轻伤33人，设备被烧毁，直接经济损失15万元，全厂停产32天。

事故的主要原因 由于银粉筛分干燥工序皮带轮与螺丝互相摩擦产生火花，引起地面散落的银粉发生燃烧。此时由于车间狭窄人多，慌乱扑救中致使银粉粉尘飞扬起来，与空气形成了爆炸混合物，引起粉尘爆炸，并形成大火，酿成惨案。

【案例2】 1981年5月，浙江省某合成氨厂发生一起重大化学爆炸事故，死亡3人，重伤3人，轻伤16人，直接经济损失110万元，抢修费60万元，利润损失230万元。

事故的主要原因 油气化炉开车时，由于检查不严格，气化炉顶部两个充氮阀门忘记关闭，造成氧气进入氮气管道，开车过程中，合成工段打开氮气管阀门准备配料，大量氧气进入水洗气总管，与易燃气体混合，引起爆炸。

【案例3】 1982年5月，河北省某化肥厂发生着火，死亡1人。

事故的主要原因 被烧死的工人在大修期间，用清洗零件的汽油擦洗衣服上的油污，接着又去休息室吸烟，用打火机点火时，衣服着火，因火势很猛，伤势过重抢救无效死亡。

【案例4】 1983年3月，云南省某化工厂停车检修期间，汽油储罐发生爆炸，死亡7人（5名操作工人，2名周围儿童），伤3人（周围儿童）。

事故的主要原因 5名操作工在将运回的汽油灌入储罐时，没有采取安全的方法，而是采用直接打开油桶往罐内倒的方式，倒完前5桶后，由于汽油挥发，在周围和空气形成的混合物已达到爆炸极限范围内，当用铁扳手打开第6桶铁盖时，产生火花，引起爆炸。周围围墙被炸塌，殃及在外玩耍的儿童。

【案例5】 1998年2月，广州市某化妆品厂发生特大火灾。火灾中有11名工人（8女3男）被烧死，一名女工被烧伤。

事故的主要原因 该厂管理人员在发油车间检修丁烷-空气压缩机时，铁质工具撞击的微弱火花引燃充气机泄漏的丁烷气体，从而酿成的火灾。

【案例 6】 2001 年 11 月，重庆某化工厂一车间二苯甲酮工段 2 号光化釜发生爆炸火灾，事故造成 3 人死亡，7 人受伤，1599 平方米的厂房倒塌，部分设备和原料、半成品损坏，直接经济损失 70 余万元。

事故的主要原因 由于工作人员在 2 号光化釜检修后恢复生产时未按工艺要求加光气，而是在温度偏低时加入光气过量，反应不够充分，导致反应釜内积聚过多的光气，当釜内温度升高后，光气与苯发生剧烈反应，釜内压力升高，使尾气管超压破裂漏气，含苯物料与管壁摩擦产生静电，引燃已达到爆炸浓度极限的苯蒸气，发生爆炸燃烧。

【案例 7】 2003 年 9 月，浙江省某化工厂发生爆炸事故，造成 3 名当班职工被炸身亡，另有 8 人受伤。

事故的主要原因 厂里突然停电，造成对硝基苯胺车间设备集聚高压，由于操作人员没有及时采取减压措施，引起设备爆炸。

【案例 8】 2004 年 4 月，浙江省某制药厂发生甲苯反应釜爆炸事故，造成 2 人死亡，1 人受伤。

事故的主要原因 初步认定是某车间的液氨、甲苯等化工原料泄漏遇高温而引发爆炸。

1. 什么是燃烧？燃烧的条件有哪些？

2. 燃烧过程的温度如何变化？人为控制燃烧的关键在什么时期？

3. 什么是闪燃、自燃和着火？三者的区别是什么？

4. 什么是爆炸？爆炸的危害有哪些？

5. 防止化工火灾与爆炸的控制内容主要有哪些？

6. 灭火的方法有哪些？

7. 发生火警后的基本对策有哪些？

8. 生产装置的初起火灾如何扑救？

9. 如何扑救电气火灾？

10. 如何扑救人身着火？

11. 如何拨打 119 火警电话？

第3章

电气及静电安全技术

培训目标

1. 了解电气防火防爆技术的基本内容；了解触电事故的基本规律；了解静电产生的途径与危害；了解雷电的主要危害。

2. 明确触电防护基本措施；明确防静电的主要措施；明确防雷电的主要措施。

3. 学会触电急救的基本方法；学会人体防静电的基本方法；学会个人防雷电的基本常识。

随着电力的广泛应用，电气设备在各行各业的应用相当普遍。电气设备安装不恰当，使用不合理，维修不及时以及电气工作人员缺乏必要的电气安全知识，不仅会造成电能浪费，而且会发生电气事故，危及人身安全，给国家、家庭和个人都带来重大损失。事实上，在化工、冶金、机械等工矿事业中存在大量电气不安全现象，电气事故已成为引起人身伤亡、爆炸、火灾事故的重要原因。因此，电气安全已日益得到人们的关注和重视。

除了电气安全之外，生产中的静电及大气中雷电的影响和危害，也随着生产和生活的发展日渐突出，同样需要得到高度的重视，并采取相应的防护措施。

3.1 电气安全

电气安全是指电气产品质量，以及安装、使用、维修过程中不发生任何事故。电气安全主要包括人身安全与设备安全两个方面。人身安全是指人在从事电气工作过程中的安全；设备安全是指电气设备以及相关设备、建筑的安全。电气事故是电能失控造成的事故。人身触电伤残、死亡，设备、建筑损坏，电气火灾、电气爆炸等事故都属于电气事故。为了搞好电气安全工作，必须采取包括技术和组织管理等多方面的措施。随着科技的进步，各国都在积极研究并不断推出先进的电气安全技术，完善和修订电气安全技术标准和规程，这对于保护劳动者的安全与健康，保护电气设备的安全都是十分重要的。

3.1.1 触电事故

每个人都有自我保护意识，以及躲避能够感知到的危险的行为，如躲避靠近的汽车，远离烧红的金属等。但是，人体在触电之前，电不是立即作用于人体的感觉器官的，在绝大多数情况下，人是不会预感到即将出现的触电危险的。因此，与其他危险相比，电对人体的伤害非常突然。对电气工作者而言，触电事故发生的突然性与难以预先感知性是最危险的。

（1）电击与电伤　触电事故是电流直接或间接对人体造成的伤害，包括电击和电伤。

电击是电流通过人体造成人体内部的伤害，通常不会在人体表面留下大面积的明显伤痕。其主要伤害部位是中枢神经系统、肺部和心脏。人体受到电流电击时，会出现痉挛、呼吸窒息、心颤、心跳骤停等症状，严重时会造成死亡。因此，电击事故是最危险的触电事故。

电击通常有以下几种情况。

① 高压电击　发生在1000V以上的高压电气设备上的电击事故。当人体即将接触高压带电体时，高电压将空气击穿，使空气成为导体，进而使电流通过人体形成电击。这种电击不仅对人体造成内部伤害，其产生的高温电弧还会烧伤人体。

② 单线电击　又称低压单相电击，是当人体站立于地面与带电体意外接触时造成的电击，如图3-1(a)所示。它是最常出现的触电事故，主要发生在220V（对地电压）和380V（两相间电压）的低压设备上。这类事故在潮湿的环境中更容易出现。

③ 双线电击　又称低压两相电击，是当人体不同部位同时触及对地电压不同的两相带电体造成的电击，如图3-1(b)所示。这类事故不易发生，一旦发生，其危险性比单线电击大。常出现于工作中操作不甚的场合。

④ 跨步电压电击　当带电设备发生某项接地时，接地电流流入大地，在距离接地位置不同的地表面各点上呈现不同电位，距离接地点愈远电位愈低。当人的双脚同时踩在带有不同电位的地表面两点时，会引起跨步电压电击，如图3-1(c)所示。

此外，电击还可以分为直接接触电击和间接接触电击。当设备和线路正常运行时，人体触及带电体造成的电击属于直接接触电击。当设备和线路发生故障时，人体触及正常时不带电而故障时意外带电的导体造成的电击属于间接接触电击。

电伤主要是电流对人体外部造成的局部伤害，并且在人体表面留有明显的伤痕，如电烧伤、电烙印、皮肤电气金属化（人体触电

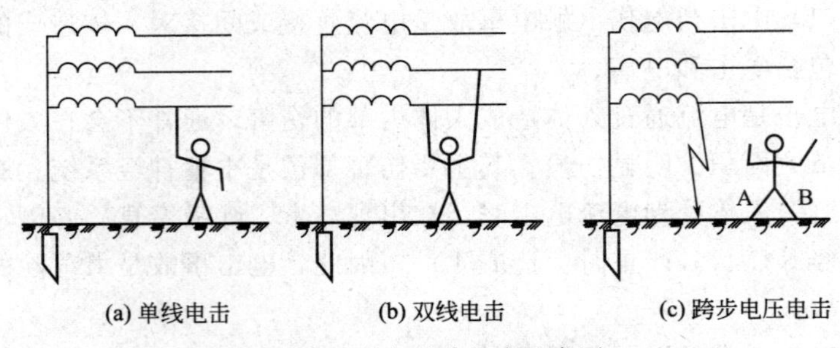

图 3-1　电击形成方式示意图

部位受到金属微粒的浸润而形成金属化的皮肤）、机械损伤（皮肤、血管、神经组织的破裂等症状）等。电烧伤是电流热作用与形成电弧而引起的一种常见的电创伤。它包括电流烧伤、电弧烧伤和混合烧伤。电流烧伤是电流穿过人体造成的烧伤。电弧烧伤是电流不穿过人体，电弧作用于人体造成的烧伤。混合烧伤是电流与电弧同时作用于人体造成的烧伤。电烙印是人体皮肤表面受电流作用而产生的特殊损伤，通常不会产生疼痛感，但是，电烙印面积过大会造成人体组织的深度损伤，能够破坏人体内部器官的功能。

（2）电流对人体的作用　触电事故发生时，对人体致命的因素是通过人体的电流，而不是电压。电流对人体的作用受电流强度、通电时间、电流种类、电流途径以及人体状况等因素的影响。

① 电流强度　电流强度是指作用于人体电流强度的大小。电流强度越大，人体在电流作用下受到的伤害越大。

人体在电流的作用下，会有麻、针刺、打击、疼痛、痉挛、呼吸困难、血压升高、心跳不规则、心室颤动等感觉或症状。引起上述生理反应的电流并非某一确定值，而是一个确定的范围。人体受到不同的电流阈值，将引起不同的生理反应。一般而言，通过人体的电流越大，人体的生理反应越明显、越强烈，生命危险越大。通常，将电流对人体的伤害程度划分为无感应区 O、感知电流区 A_1、非致命病生理效应区 A_2 与 A_3、可致命的心室颤动和严重烧伤的危险区 B_1 与 B_2。电流对人体的作用区段见表 3-1。

表 3-1　电流对人体的作用区段

作用区段	电流范围	电流/mA	通电时间	人体生理反应
无感应区	O	0～0.5	连续通电	无感觉
感知电流区	A_1	0.5～5	连续通电	有感觉，无痉挛，可以摆脱带电体
非致命病生理效应区	A_2	5～30	数分钟以内	痉挛，不能摆脱带电体，呼吸困难，血压升高，是可以忍受的极限
	A_3	30～50	数秒钟到数分钟	心脏跳动不规则，昏迷，血压升高，强烈痉挛，时间过长会引起心室颤动
可致命的心室颤动和严重烧伤的危险区	B_1	50至数百	小于心脏搏动周期	受强烈冲击，但未发生心室颤动
			超过心脏搏动周期	昏迷，心室颤动，接触部位留有电伤痕迹
	B_2	数百以上	小于心脏搏动周期	在心脏搏动周期的特定时刻触电时，发生心室颤动，昏迷，接触部位留有电伤痕迹
			超过心脏搏动周期	心脏停止跳动，昏迷，可能致命的电灼伤

用手握住电源时，手心感觉发热的直流电流，或因神经受刺激而感觉轻微刺痛的交流电流，称为感知电流。感知电流是引起人体感觉的最小电流。男性平均工频感知电流是1.1mA，女性是0.7mA。触电后能自行摆脱的电流，称为摆脱电流。它是人体自行摆脱带电体的最大电流。由测定结果得知，男性的平均工频摆脱电流是16mA，女性是10.5mA。在较短的时间内危及生命的最小电流称为致命电流。在电流不超过百毫安的情况下，电击致命的主要原因是电流引起心室颤动或窒息。心室颤动是指心室每秒400～600次以上的纤维性颤动。心室颤动时，血液停止循环。因此，可以认为引起心室颤动的电流即为致命电流。

② 通电时间　通电时间是指电流通过人体的持续时间。通电时间是影响电击伤害程度的又一重要因素。人体通过电流的时间越长，人体电阻就越降低，电击的危险性越大。

人的心脏每收缩、扩张一次所需的时间称为心脏搏动周期。人的心脏搏动周期约 0.75 毫秒。当通电时间短于 0.75 毫秒时，一般不至于发生有生命危险的心室颤动。如果电流在这一瞬间通过心脏，即使电流很小（不到 1mA），也会引起心室颤动。如果电流持续时间超过 0.75 毫秒，则必然与心脏最敏感的间隙（心脏周期的易损伤期）相重合而造成很大的危险。

③ 电流种类　电流种类对电击伤害程度有很大影响。在各种不同的电流频率中，工频电流对人体的伤害高于直流电流和高频电流。50Hz 的工频交流电，对设计电气设备比较合理，但是这种频率的电流对人体触电的伤害程度也最严重。电流对人体作用的比较见表 3-2。

表 3-2　电流对人体作用的比较

种　类		工频电流	直流	10^4Hz 高频电流
平均感知阈值/mA	男	1.1	5.2	12
	女	0.7	3.5	8
平均摆脱阈值/mA	男	16	76	75
	女	10.5	51	50
室颤阈值(通电时间 1s)			50	200

注：工频电流是指 50～60Hz 的电流。

20～400Hz 交流电的危险性最大；低于此频段时，危险性相对减小；2000Hz 以上时，死亡的危险性降低，但是高频电流更易造成皮肤的灼伤。直流电的安全程度是 50Hz 工频交流电的 4～5 倍。但是，电压超过 300V 的直流电同样会有很大的危险性。

④ 电流途径　电流通过人体的途径不同，对人体的伤害也不同。电流纵向通过人体比横向通过人体对人体的危险性大。从左手到前胸、左手到右手、手到脚都是非常危险的电流途径。从脚到脚及局部肢体的电流途径危险性较小。但是人体遭到电击后，由于失去自我控制能力，可能会出现新的电流途径。

电流通过人体头部，会使人立即昏迷，甚至死亡；通过呼吸系统、中枢神经系统，会引起呼吸困难、精神失常，导致死亡；通过心脏，会引起心室颤动，中断全身血液循环，造成死亡；通过脊髓会使人截瘫。

⑤ 人体状况　人体电阻对电击伤害程度有很大影响。人体皮肤的电阻越小，电流作用于人体的危害越大。人体是导电体，人体不同部分具有不同的电阻。人体的皮肤、骨骼、脂肪组织比血液、脊髓及脑髓、肌肉组织具有更大的电阻，皮肤的电阻最大并且决定了整个人体的电阻。在电压15～20V范围内对人体电阻进行测量，结果表明：在皮肤干燥、清洁、无损伤的情况下，人体电阻范围在$3\sim10^5\Omega$；去掉皮肤表层后，人体电阻降至$0.5\sim1000\Omega$。可见，受到伤害（切口、擦伤等）的人体皮肤电阻大大降低。实际上，皮肤的其他状态，如潮湿的皮肤，沾污化学物质（大多数的化学物质导电）、金属粉末等导电物质的皮肤，同样会大大降低人体的电阻。人体皮肤的不同部位具有不同的电阻。脸、颈、手背的皮肤电阻最小，厚皮肤和长茧的皮肤电阻大，如有茧的手掌。

一般来讲，女性对电的敏感程度比男性高，儿童对电的敏感程度较成人高。因此，电击对女性及儿童造成的危害更大。心脏病、神经系统疾病、结核病等严重疾病患者或者体弱多病者，受电击伤害程度更严重。

3.1.2　触电防护技术

触电事故既可能由局部原因造成，也可能由系统性原因造成。触电事故发生后必须进行详细调查，必须仔细分析事故发生的原因。对触电事故要进行分类和统计，找出事故规律；对触电人员必须及时采取相应的急救措施。我国触电事故发生的一般规律如表3-3所列。

表3-3　我国触电事故发生的一般规律

类型	规　　律
季节	夏天触电事故较多
电压	普通工人低压触电事故多,专业电工高压触电事故多
人员	中、青年普通工人易发生触电事故
设备	便携式与移动式设备上的触电事故多
行业	冶金、矿业、建筑、机械等行业触电事故多
部位	插销、开关、熔断器、接头、末端支线等部位,易发生触电事故
操作	操作失误或违章操作造成的触电事故多

（1）防止触电的措施

① 提高电气设备完好率　加强电气设备的维修、维护和检查测定工作，保证电气设备完好，发现不安全因素及时消除，确保电气设备的正常运行，是防止触电事故发生的有效措施。

② 采用漏电保护装置　当设备漏电时，漏电保护装置可以切断电流，防止漏电引起的触电事故。漏电保护器可以用于低压线路和移动电具等方面。一般情况下，漏电保护装置只用作附加保护，不能单独使用。

③ 绝缘　为了避免发生短路、触电等事故，需用绝缘材料将带电体封闭起来，以避免与其他带电体或人体等接触。绝缘方法一般有三种：气体绝缘、液体绝缘、固体绝缘。通常，气体绝缘与液体绝缘不能阻挡人体的接触，因而只在特殊场合使用。固体绝缘是最常使用的绝缘方法。

绝缘材料又称电介质。通俗讲绝缘材料就是能够阻止电流在其中通过的材料，即不导电材料。常用的绝缘材料有：

a. 气体　如空气、六氟化硫等；

b. 液体　如变压器油、电缆油、电容器油等；

c. 固体　包括两类，一是无机绝缘材料，如云母、石棉、大理石、瓷器、玻璃等；另一类是有机物质，如虫胶、树脂、橡胶、纸、棉纱、木材、塑料等。

绝缘材料在强电场等外加因素作用下，完全失去绝缘性能的现象称为击穿。固体绝缘物击穿后，绝缘材料多发生质变而不能恢复其原有的绝缘性能。另外，绝缘物在腐蚀性气体、蒸气、潮气、粉尘及机械等因素作用下，绝缘性能会降低，严重时会导致绝缘材料的损坏，甚至失去绝缘性能。绝缘物长期使用后，会在热、电等因素作用下逐渐老化。

④ 使用安全电压　安全电压（安全低电压）指人体与电接触时，对人体各部位组织（如皮肤、心脏、呼吸器官和神经系统）不会造成任何损害的电压。安全电压值等于人体允许电流与人体电阻的乘积。我国规定在电源装置及回路配置均符合安全要求的前提

下，安全电压的工频有效值不超过 50V，直流不超过 120V。我国规定工频有效值 42V、36V、24V、12V、6V 为安全电压的额定值。

为了防止发生触电事故，在某些危险性较大的场所使用移动或手持电气设备（如电钻等）时，应采用 42V 或 36V 安全电压作电源。塔、罐等设备容器内行灯照明应采用 24V 或 12V 安全电压。安全电压回路的带电部分必须与较高电压的回路保持电气隔离，并且不得与大地、保护零（地）线或其他电气回路连接。安全电压插销座不应带有接零（地）插头或插孔。

⑤ 采用屏护　屏护是借助屏障物防止触及带电体的措施。屏护装置包括遮拦和障碍，主要用于电气设备不便绝缘或绝缘不足以保证安全的情况。常用的屏护装置有遮拦、护罩、护盖、箱匣等。对屏护装置的一般要求是：屏护装置不能与带电体接触；屏护装置所用材料应有足够的机械强度和良好的耐火性能；金属材料制成的屏护装置必须接地或接零；必须用钥匙或工具才能打开或移动屏护装置；屏护装置应悬挂警示牌；屏护装置应采用必要的信号装置和联锁装置。

⑥ 保证安全间距　间距是在带电体与地面之间、带电体与带电体之间、带电体与其他设施和设备之间保持一定的安全距离。间距的大小与电压的高低、设备类型、环境条件和安装方式等因素有关。

a. 线路间距　线路间距包括架空线路、接户线和进户线、户内低压线路、电缆线路。

架空线路与地面或水面之间的安全距离、架空线路与建筑物之间的安全距离、架空线路与街道树木或厂区树木之间的安全距离分别见表 3-4～表 3-6。

接户线是从配电线路至用户进线处第一个支持点的一段架空导线；进户线是从接户线引入室内的一段导线。

10kV 高压接户线对地距离不应小于 4.0 米；低压接户线对地距离不应小于 2.5 米；跨越通车街道的低压接户线对地距离不应小

于6.0米；跨越通车困难的街道或者人行道时，对地距离不应小于3.5米；跨越胡同（里、弄、巷）时，对地距离不应小于3.0米。

表 3-4　架空线路与地面或水面之间的安全距离　m

线路经过地区	线路电压/kV		
	1以下	1～10	35
居民区	6	6.5	7
非居民区	5	5.5	6
不能通航或浮运的河、湖(冬季水面)	5	5	—
不能通航或浮运的河、湖(50年一遇的洪水水面)	3	3	—
交通困难地区	4	4.5	5
步行可以达到的山坡	3	4.5	5.0
步行不能达到的山坡、峭壁和岩石	1.0	1.5	3.0

表 3-5　架空线路与建筑物之间的安全距离　m

线路电压/kV	1以下	10	35
垂直距离	2.5	3.0	4.0
水平距离	1.0	1.5	3.0

表 3-6　架空线路与街道树木或厂区树木之间的安全距离　m

线路电压/kV	1以下	10	35
垂直距离	1.0	1.5	3.0
水平距离	1.0	2.0	—

低压接户线与建筑物有关部位的安全距离见表3-7。

表 3-7　低压接户线与建筑物有关部位的安全距离

建筑物部位	与接户线下方窗户的垂直距离	与接户线上方阳台或窗户的垂直距离	与阳台或窗户的水平距离	与墙壁、构架的距离	进户线的进户管口与接户线端头之间的垂直距离
安全距离	≥30cm	≥80cm	75cm	5cm	≤0.5m

b. 变、配电设备间距　低压配电装置的维护通道（背面通道）宽度应符合下列要求：通道净宽度不应小于1米，确实困难的可减小为0.8米；通道内无遮拦的裸导电体高度低于2.3米时，与对面

墙或设备的距离不应小于1米，与对面其他裸导电体的距离不应小于1.5米；通道上方裸导电体的高度低于2.3米时，应加遮拦，遮拦与地面的垂直距离不应小于1.9米。

c. 用电设备间距　常用开关设备的安装高度为1.3～1.5米，为了便于操作，开关手柄与建筑物之间的距离应保持150毫米。扳把开关离地面的高度可取1.4米，拉线开关离地面的高度可取3米，明装插座离地面的高度可取1.3～1.5米，暗装插座离地面的高度可取0.2～0.3米。

室内吊灯与地面的垂直距离：正常干燥场所不应小于1.8米，危险及潮湿场所不应小于2.5米；屋外照明不得小于3米。

d. 检修间距　在低压操作中，人体及其所携带的工具等与带电体的距离不应小于0.1米。

⑦ 保证安全载流量　载流量是指在规定条件下，导电体能够连续承载而不致使其稳定温度超过规定值的最大电流。一旦电流强度超过了安全载流量，会导致绝缘损坏而引起漏电，甚至引起火灾。

⑧ 接地与接零　接地与接零是防止触电的重要安全措施。

接地是将设备或者线路的某一部分通过接地装置与大地连接。它包括临时接地与固定接地。临时接地是在检修设备或者线路时，切断电源后，临时将检修的设备或者线路的导电部分与大地连接，以防止误合闸等意外情况发生时造成触电事故。故障接地（带电体与大地之间发生了意外的连接）也属于临时接地。固定接地包括工作接地与安全接地。

安全接地是为了防止触电、雷击、爆炸、辐射等危害而实施的接地措施，它包括保护接地、防雷接地、防静电接地、屏蔽接地。

保护接地就是将故障情况下可能存在危险电压的导电部分通过接地装置与大地连接。通常就是将电气设备的金属外壳与接地装置连接，以防止因电气设备绝缘损坏而使外壳带电时，操作人员接触设备外壳而触电。在中性点不接地的低压系统中，在正常情况下各种电力装置的不带电的金属外露部分，如电机、变压器、电器、携带式及移动式用电器具的外壳，电力设备的传动装置，配电屏与控制屏的框架，电缆外皮及电力电缆接线盒、终端盒的外壳，电力线路的金属保护管、敷设的钢索及起重机轨道等，除有规定外都应接地。

保护接地效果的好坏在很大程度上取决于接地装置的安全可靠性，因此，接地装置应符合下列要求：足够的机械强度，足够的埋设深度，防腐蚀，连接可靠，接地线的装设既便于检查又不易被人触碰，接地装置与建筑物的距离不应小于 1.5 米，接地装置与独立避雷针的接地装置之间的地下距离不应小于 3 米。

接零是将电气设备正常时不带电的部分（如金属机壳）与电网的零线（中性线）连接，即保护接零。保护接零一般用于低压中性点直接接地（工作接地）、电压 380/220V 的三相四线制电网中。例如，将电气设备的金属外壳与供电变压器的中性点相连接。保护接零措施需要与其他安全措施（如采用熔断器、断路器等）配合使用，方能起保护作用。对接零装置的安全要求是：接零装置所用材料要有良好的机械强度，要耐腐蚀，要连接可靠，保护零线的导电能力不应低于相线的 1/2，支线部分的工作零线与保护零线不得共用等。

采用保护接地或保护接零时，应注意：在低压中性点接地的三相四线制电网中，不宜单纯采用保护接地措施，也不可以有个别设备只接地而不接零；各电气设备应单独与接地体或接零干线连接，接地支线或接零支线不应经过设备串联连接；考虑到零线断开时，接零设备可能会产生危险的对地电压，因此不允许在零线回路上装设开关与熔断器；为防止零线断开，对连接不可靠之处，应加跨接线，要焊接良好，可拆卸处要连接紧密。同时，为了降低漏电设备的对地电压，减小零线断线时的触电危险性，缩短故障持续时间，常采用重复接地的措施。重复接地是将零线上的一处或多处通过接地装置与大地再次连接的措施。

⑨ 正确使用安全用具　电工安全用具包括绝缘安全用具（绝缘杆与绝缘夹钳、绝缘手套与绝缘靴、绝缘垫与绝缘站台）、登高

作业安全用具（脚扣、安全带、梯子、高凳等）、携带式电压和电流指示器、临时接地线、遮拦、标志牌（颜色标志和图形标志）等。

绝缘杆主要用于操作高压绝缘开关、跌落式保险器，安装和拆卸临时接地线等。绝缘夹钳主要用于拆卸和安装熔断器等。绝缘手套与绝缘靴一般作辅助安全用具使用，绝缘手套可作为低压工作的基本安全用具，绝缘靴可作为防止跨步电压的基本安全用具。绝缘垫用橡胶制成，绝缘站台用木材制成，两者均作为辅助安全用具使用。携带式电压指示器，又称验电器或试电笔，用于验明导体是否带电。携带式电流指示器，又称为钳形电流表，用于不断开导线测量线路电流，两者均有高压、低压之分。临时接地线用于防止突然来电的危险。遮拦用于将带电体与操作人员隔离。标志牌用于告诫相关人员须注意的关键问题。标志包括颜色标志和图形标志，它们用途不同，如表 3-8 所列。颜色标志用以区分不同性质、不同用途的导线，或者用于表示某处的安全程度。图形标志一般作警告用途，如告诫人们当心触电的三角形图形标志牌。

表 3-8　电作业标示牌的应用

名称	悬挂位置	参考样式		
		尺寸/mm	底色	字色
禁止合闸有人工作	一经合闸即可送电到施工设备的开关和刀闸操作手柄上	200×100 和 80×50	白底	红字
禁止合闸线路有人工作	一经合闸即可送电到施工线路开关和刀闸操作手柄上	200×100 和 80×50	红底	白字
在此工作	室外和室内工作地点或施工设备上	250×250	绿底、中有直径 210mm 的白圆圈	黑字、写于白圆圈中
止步高压危险	工作地点邻近带电设备的遮拦上；室外工作地点临近带电设备的构架横梁上；禁止通行的过道上；高压试验地点	250×200	白底红边	黑字、有红箭头
从此上下	工作人员上下的铁架、梯子上	250×250	绿底、中有直径 210mm 的白圆圈	黑字、写于白圆圈中

续表

名称	悬挂位置	参考样式		
		尺寸/mm	底色	字色
禁止攀登高压危险	工作地点邻近可能上下的铁架上	250×200	白底红边	黑字
已接地	看不到接地线的工作设备上	200×100	绿底	黑字

⑩ 建立健全电气安全制度　安全制度是保护操作人员安全健康的重要措施。主要安全制度有工作票制度、工作监护制度、停电安全技术措施、低压带电检修等。

(2) 触电急救　发生触电事故后，如果触电者不能自行摆脱带电体，现场其他人员必须尽快在保证自身安全的条件下帮助触电者迅速脱离电源。迅速脱离电源是实施其他急救措施的前提。注意：在帮助触电者脱离电源时，需要防止触电者可能出现的坠落摔伤，要保护触电者的安全。

对于低压触电事故，可采用拉开开关或拔出插销、用绝缘工具切断或挑开电线、用绝缘物拉开触电者等方法使触电者脱离电源。常用的绝缘物有干燥的木把利器（刀、斧、锹等）、木棍、木板、竹竿等。

对于高压触电事故，应尽快通知前级停电；佩戴安全用具，按要求拉开开关；强迫短路，造成掉闸停电。

人触电之后，外表呈现昏迷状态时，不能认为触电者已经死亡，而应该将其看作是“假死”状态。此时，必须对触电者进行迅速、持久、不间断的现场抢救。触电急救的要点是动作迅速、方法正确。为了做到及时急救，平时必须进行急救常识的宣传教育，对使用电气设备的相关人员进行必要的急救训练。

触电急救应尽可能就地进行，只有在条件不允许时，才可将触电者抬到可靠地方进行急救。现场抢救的主要方法是立即将触电者转移到空气新鲜、温度适宜、安静的场所，采用现场急救复苏术进行人工抢救（现场复苏术的具体方法见第 8 章“一般现场急救常识”中的相应内容)，同时打电话立即通知医院及有关部门。在运送医院的途中，抢救工作也不要停止，直到医生宣布可以停止时为止。

3.1.3 电气防火防爆

火灾和爆炸是电气灾害的主要形式之一。电气线路、电力变压器、开关设备、插座、电动机、电焊机、电炉等电气设备，若设计不合理，安装、运行、维修不当，均有可能造成电气火灾和爆炸。短路、过载、接触不良、电气设备铁芯过热、散热不良等因素，均有可能导致电气线路或者电气设备过热，从而可能产生危险温度。电火花具有很高的温度，更是非常危险的引燃源。

对化工企业而言，生产过程中的原料、中间产物、成品以及大量的辅助材料，大多具有高温、多尘、易燃、易爆、易挥发、有毒、有腐蚀性等特点，这些物质泄漏于空气中，对人体和环境都有很大的危害。化工企业一旦发生电气火灾和爆炸，不仅可能造成人员的伤亡，设备、设施的损坏和环境的污染，还可能造成停产、停电，产生重大经济损失，其严重后果难以估量。因此，防爆电气设备在化工企业中得到了广泛应用。

(1) 防爆电气设备　防爆电气设备根据结构和防爆性能不同分为8种类型。

① 隔爆型(标志d)　指将电气设备装在封闭的外壳内，设备内部发生爆炸时，不至于传播到周围的爆炸危险介质的电气设备。

② 安全型(标志i)　指在正常运行或指定试验条件下，产生的电火花或热效应，都不会点燃爆炸危险介质的电气设备。

③ 增安型(标志e)　指在正常运行时，不产生火花、电弧、危险温度等点火源的电气设备。

④ 充油型(标志o)　指将全部或部分带电部件浸在油中，使其不能点燃爆炸危险介质的电气设备。

⑤ 正压型(标志p)　又称通风充气型，指向外壳内通入新鲜空气或充入惰性气体，形成正压，以防外部爆炸危险介质进入壳内的电气设备。

⑥ 充砂型（标志 q） 指外壳内充填细沙材料，外壳内产生的电弧、火焰及高温为细沙吸收，不能点燃外部爆炸危险介质的电气设备。

⑦ 无火花型（标志 n） 指在正常运行条件下，不产生电弧、火花，也不能产生引燃周围爆炸危险介质的表面高温或灼热点的电气设备。

⑧ 特殊型（标志 s） 指采用其他防爆措施的电气设备。

防爆电气设备的类型、级别、组别在其外壳上有明显的标志。

（2）电气防火防爆安全技术 电气防火防爆安全技术是综合技术，包括电气设备和电气线路的选型、电气设备安全运行、接地与接零等内容。

① 电气设备的选型 防爆电气设备的选用，应从实际情况出发，根据爆炸危险场所的类别、等级和电火花形成的条件，结合爆炸性混合物的危险性，选择合适的电气设备，基本原则是安全可靠，经济合理。

电气设备选型的一般要求是：在爆炸危险场所，应尽量少用携带式电气设备，少用插座；电气设备和电气线路的配置要利于防潮、防腐、防风沙、防雷雨和防止机械损伤，并应位于爆炸危险性较小的部位；宜将有危险的电气设备和电气线路安装于危险场所之外；在粉尘和纤维爆炸危险场所，电气设备表面温度不得超过398K，或者低于爆炸混合物的引燃温度348K，或者低于爆炸混合物的引燃温度的2/3。在火灾危险场所，不应使用电热器；应使正常运行时有火花和温度较高的电气设备远离可燃物质。

② 防爆电气线路的选用 防爆电气线路的选用，应从实际情况出发，根据爆炸危险场所的等级选择合适的电气线路，基本原则是安全可靠，经济合理。

a. 在爆炸危险场所使用的电缆和导线的额定电压不得低于500V。1000V及以下者，电缆和导线的长期载流量不应小于电动机额定电流的125%，1000V以上者，须按短路电流校验。

应采用三相五线制和单相三线制线路，工作零线与相线均应绝缘，均应有短路保护，并装于同一护套或管内。禁止使用绝缘导线明设线路。引入防爆充油型设备的线路应采用耐油型导线。

除照明线路外，电气线路均不得有接头，照明线路的接头应采用钎焊、熔焊或压接，并使用防爆型接线盒。严禁电气线路跨越爆炸危险场所。其间水平距离不应小于杆塔高度的1.5倍，0区场所不应小于30米。

化工企业中使用电气设备还应注意以下问题：在火灾爆炸危险场所内，应尽量少用携带式电气设备。长期不用或很少接通的电气设备，应与电源完全切断。不允许在爆炸危险区修理带电的电气设备和线路。在没有查明和排除电气装置跳闸原因的情况下，不许开动自动切断的电气装置。电气设备不许超载使用。不许随便用非防爆电气设备代替防爆电气设备，防爆电气设备之间也不许随便代替。

b. 火灾危险场所使用的电缆和导线的额定电压同样不得低于500V。使用铝线时，铝线截面不得小于2.5平方毫米，并且应有可靠的连接和封端。露天裸线应有防雨、防雪措施。架空线路不得跨越火灾危险场所，其间水平距离不应小于杆塔高度的1.5倍。火灾危险场所可采用非铠装电缆或绝缘线穿钢管敷设。在21区和22区，500V以下者可采用硬塑料管配线。对于移动式和携带式设备，应采用中型橡胶套电缆。在23区，起重机可采用滑触线供电，其下方不得有可燃物。

③ 接地与接零　在爆炸危险场所，应根据低压配电网运行方式，采取接地或接零措施。工作零线不得用作专用接地线或接零线；1区、10区的各种电气设备和2区照明设备以外的电气设备应当专设接地线或接零线；穿线的金属管和电缆的金属包皮以及其他金属管道和建筑物的金属构架只能作为辅助接地线和接零线；与相线敷设在同一钢管内的接地线和接零线的额定电压应与相线相同。2区的照明设备和11区的各种电气设备采用配线钢管作接地线或接零线，电缆专用芯线可作接地线或接零线，但连接处应当是螺栓连接的。在爆炸危险场所如采用变压器低压中性点直接接地的保护

接零系统，单相短路电流应大于熔断器熔体额定电流的5倍，或大于自动开关瞬时或延时过电流脱扣器整定电流的1.5倍，并应装设单相接地故障的自动切断装置。

3.2　静电安全

3.2.1　静电的特性与危害

(1) 静电的形成

① 接触起电　当两种物质表面紧密接触，其间距达到或小于25×10^{-8}厘米时，就会产生电子转移，形成“双电层”。若两个接触的表面分离十分迅速，即使是导体也会带电。摩擦能增加物质的接触机会和分离速度，因此能够促进静电的产生。譬如，物质的撕裂、剥离、拉伸、压碾、撞击，以及生产过程中物料的粉碎、筛分、滚压，搅拌、喷涂和过滤等工序中，均存在着摩擦的因素，因此，在上述过程中要注意静电的产生与消除。

② 附着带电　某种极性离子或自由电子附着到对地绝缘的物体上，能使该物质带电或改变物质的带电状况。对液体而言，某种极性离子或自由电子附着于分界面上，并吸引极性相反的离子，因而在邻近表面形成一个电荷扩散层。当液体相对分界面流动时，将电荷扩散层带走，导致正负电荷分离，即产生静电。这种过程在液-固、液-液界面都会发生。

③ 破断带电　在材料破断前，无论其内电荷是否分布均匀，破断后均有可能在宏观范围内导致正负电荷分离。如固体粉碎、液体分裂过程的起电。

④ 感应起电　任何带电体周围都有电场。在电场作用下，电场内的导体将分离出极性相反的电荷。若导体与周围绝缘，导体将带电位，并发生静电放电。

⑤ 电荷迁移　当一个带电体与一个非带电体接触时，电荷将在它们之间重新分配，即电荷迁移。如带电雾滴或粉尘撞击固体、气体离子流射于初始不带电的物体上。

（2）静电的特性

① 电量小、电压高　静电的电压一般是较高的，例如人体在穿脱衣服时常可产生10000多伏的电压，但其总的能量是较小的，在生产和生活中产生的静电虽可使人受到电击，但不致直接危及人的生命。

② 持续时间长　在绝缘体上静电泄漏很慢，这样就使带电体保留危险状态的持续时间长，危险程度相应增加。

③ 一次性放电　绝缘的静电导体所带的电荷一有放电机会，全部的自由电荷将一次经放电点放掉，因此带有相同数量静电荷的绝缘导体要比非导体危险性大。

④ 远端放电　某处产生了静电，其周围与地绝缘的金属导体就会在感应下将静电扩散到远处，并可能在预想不到的地方放电，危险性很大。

⑤ 尖端放电　导体尖端部分电荷密度最大，电场最强，最容易放电。尖端放电所产生的火花非常危险，可导致火灾、爆炸事故的发生。

⑥ 静电屏蔽　静电场可以用导电的金属元件加以屏蔽。避免放电对外界产生的危害。相反，被屏蔽的物体也不受外电场感应起电。静电屏蔽在安全生产中被广为利用。

（3）静电的危害　静电的危害大体上有使人体受电击、影响产品质量和引起着火爆炸三个方面，其中以引起着火爆炸最为严重，可以导致人员伤亡和财产损失，如油罐车装油时爆炸、用汽油擦地时着火等。因此在有汽油、苯、氢气等易燃物质存在的场所，要特别注意防止静电危害。

① 静电使人体受电击　在化工生产中，经常与移动的带电材料接触者，会在体表产生静电积累。当其与接地设备接触时，会产生静电放电。不同等级的放电能量会对人体产生不同程度的刺激（见表3-9）。

静电虽不能直接致人于伤亡，但是会造成工作人员的精神紧张，并可能因此产生坠落、摔倒等二次事故，其产生的连带后果不可预知。

表 3-9 静电放电能量与人体反应试验值

静电电压/kV	静电能量/mJ	人体反应	静电电压/kV	静电能量/mJ	人体反应
1	0.37	无感觉	15	83.2	轻微痉挛
2	1.48	稍有感觉	20	148	轻微痉挛
5	9.25	刺痛	25	232	中度痉挛
10	37	剧烈刺痛			

注：本表为人对电容为 740pF 的带电体静电电击试验值。

② 静电影响产品质量　静电妨碍了生产工艺过程的正常运行，促使废品产生，降低操作速度，降低设备的生产效率，干扰自控设备和无线电设备的电子仪器的正常工作。如在人造纤维工业中，使纤维缠结；在印刷行业中，使纸张不易整齐等。

③ 静电引起火灾和爆炸　在化工生产中，高压气体的喷泄带电、液体摩擦搅拌带电、液体物料输送带电、粉体物料输送带电等，均有可能因产生静电而导致火灾爆炸事故的发生。另外，人体带电同样可以引起火灾爆炸事故。

3.2.2 静电控制措施

防止静电引起的火灾和爆炸事故是化工静电安全的主要内容。静电导致火灾爆炸的条件有五个方面：产生静电电荷；有足够的电压产生火花放电；有能引起火花放电的合适间隙；产生的电火花要有足够的能量；在放电间隙及周围环境中有易燃易爆混合物。上述条件缺一不可。因此，只要消除其中之一，就可达到防止静电引起燃烧爆炸危害的目的。

防止静电危害主要有控制并减少静电的产生，设法导走、消散静电，封闭静电，防止静电发生放电，改变生产环境等措施。具体的方法有工艺控制法、泄漏导走法、中和电荷法、封闭削尖法和防止人体带静电的方法等。

(1) 工艺控制法　工艺控制法即从工艺上，从材料选择、设备结构和操作管理等方面采取措施，控制静电的产生，使其不能达到危险程度。

利用静电序列表优选原料配方和使用材质，使相互摩擦或接触的两种物质在序列表中位置相近，减少静电产生。在有爆炸、火灾危险的场所，传动部分为金属体时，尽量不采用皮带传动；设备、管道要无棱角，光滑平整，管径不要有突变部分，物料在输送中要控制输送速度，并且要控制物料中杂质、水分等的含量，以防止静电的产生。

如输送固体物料所使用的皮带、托辊、料斗，倒运车辆和容器等应采用导电材料制造并接地，使用中要定期清扫，但不要使用刷子清扫。输送速度要合适、平稳，不要使物料震动、窜位等。

对于液体物料的输送，主要通过控制流速来限制静电的产生。如对于乙醚、二硫化碳等特别易燃、易爆的物质，前者用 $\phi 12$ 毫米管径，后者采用 $\phi 24$ 毫米管径时，其最大流速不得超过 1～1.5 米/秒。对于酯类、酮类和乙醇，最大安全流速可达 9～10 米/秒。此外，输送管路应尽量减少弯曲和变径。液体物料中不应混入空气、水、灰尘和氧化物等杂质，也不可混入可溶性物品。用油轮、罐车、汽车、槽车等进行输送，其输送速度不应急剧变化，同时应在罐内装设分室隔板将液体分隔开等。

对气体物料输送应注意，先用过滤器将其中的水雾、尘粒除去后再输送或喷出。在喷出过程中，要求喷出量小，压力低，管路应清扫，如二氧化碳喷出时尽量防止带出干冰。液化气瓶口及易喷出的法兰处，应定期清扫干净。

(2) 泄漏导走法　泄漏导走法即在工艺过程中，采用空气增湿、加抗静电添加剂、静电接地和规定静止时间的方法，使带电体上的电荷向大地泄漏消散，以期得到安全生产的保证。

① 空气增湿　空气增湿可以降低静电非导体的绝缘性，湿空气在物体表面覆盖一层导电的液膜，提高电荷经物体表面泄放的能力，即降低物体泄漏电阻，使所产生的静电被导入大地。在工艺条件允许的情况下，空气增湿取相对湿度 70% 为合适。增湿以表面可被水湿润的材料效果为好，如醋酸纤维素、硝酸纤维素、纸张和橡胶等。对表面很难为水所湿润的材料，如纯涤纶、聚四氟乙烯和聚氯乙烯等效果就差。移动带电体在需消电处，增湿水膜只需保持

1～2 秒即可。增湿的具体方法可采用通风系统进行调湿、地面洒水以及喷放水蒸气等方法。

② 加抗静电添加剂　抗静电添加剂的作用是使绝缘材料增加吸湿性或离子性，使其电阻率降低到 $10^6 \sim 10^8 \Omega \cdot cm$ 以下。如在航空煤油中加入百万分之一的抗静电添加剂后，可使油料中的静电迅速消散。

抗静电添加剂种类繁多，如无机盐表面活性剂、无机半导体、有机半导体、高聚物以及电解质高分子成膜物等。抗静电添加剂的使用应根据使用对象、目的、物料的工艺状态以及成本、毒性、腐蚀性和使用场合的有效性等具体情况进行选择。如橡胶行业除炭黑外，不能选择其他化学防静电表面活性剂，否则会使橡胶贴合不平和起泡。再如对于纤维纺织，只要加入 0.2%季铵盐型阳离子抗静电油剂，就可使静电电压降到 20V 以下。对于悬浮的粉状或雾状物质，则任何防静电添加剂都无效。

③ 静电接地连接　静电接地是消除静电的最简单最基本的方法，如无其他工艺条件配合，它只能消除导体上的静电而不能消除绝缘体上的静电，这是值得注意的地方。

带静电物体的接地线必须连接牢靠，并有足够的机械强度，否则在松断处可能发生火花。对于活动性或临时性的带静电部件，不能靠自然接触接地，而应另用接地连接线接地。加工、储存、运输能够产生静电的管道、设备，如各种储罐、混合器、物料输送设备、过滤器、反应器、粉碎机械等金属设备与管线，通常将其连成一个连续的导电整体并加以接地。不允许设备内部有与地绝缘的金属体。输送物料能产生静电危险的绝缘管道的金属屏蔽层也应接地。在火灾、爆炸危险场所或静电对产品质量、人身安全有影响的地方，所使用的金属用具、门把手、窗插销、移动式金属车辆、家具、金属梯子以及编有金属链的地毯等均应接地。金属构架、构架物与管道、金属设备间距小于 10 厘米者也应接地。此外人体静电也需接地。

④ 静止时间　经输油管注入容器、储罐的液体物料带入一定

量的静电荷，根据电导和同性相斥的原理，液体内的电荷将向器壁、液面集中泄漏消散。而液面电荷经液面导向器壁进而泄入大地，此过程需一定时间。如向燃料罐装液体，当装到90%时停泵，液面电压峰值常常出现在停泵后的5～10秒以内，然后电荷逐步衰减掉，该过程需70～80秒。因此，绝对不准在停泵后马上检尺、取样。小容积槽车装完1～2分钟后即可取样；对于大储罐则需要含水完全沉降后才能进行检尺工作。

(3) 中和电荷法　绝缘体上的静电不能用接地法消除，但可利用极性相反的电荷中和原理以减少带电体上的静电量，即中和电荷法。属于该法的有静电消除器消电、物质匹配消电和湿度消电等。

① 静电消除器　静电消除器有自感应式、外接电源式、放射线式和离子流式等。

自感应式静电消除器是最简单的静电消除器，具有结构简单、易制作、价格低廉、便于维修等特点，适用于静电消除要求不严格的场合。该静电消除器用一根或多极接地的金属尖针（钨）作为离子极，将针尖对准带电体并距其表面1～2厘米或将针尖置于带电液体内部。由于带电体的静电感应，针尖出现相反电荷，在附近形成很强的电场，并将气体（或其他介质）电离。所产生的正、负离子在电场作用下分别向带电体和针尖移动。与带电体电性相反的离子抵达表面时，即将静电中和，而移到针尖的离子通过接地线将电荷导入大地。自感应式静电消除器的原理如图3-2所示。

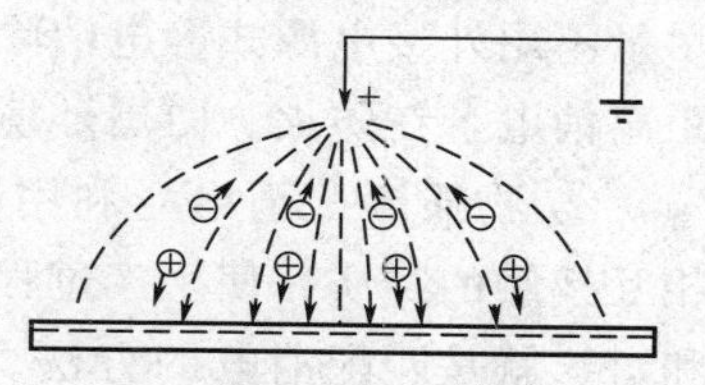

图3-2　自感应式静电消除器原理图

外接电源式静电消除器是利用外接电源的高电压，在消除器针尖（离子极）与接地极之间形成强电场，使空气电离。直流外接电源消电器，产生与带电体电荷极性相反的离子，直接中和带电体上的电荷。交流外接电源消电器在带电体周围形成等量的正、负离子导电层，使带电体表面电荷传导出去。比较而言，直流型较交流型消电能力高，工频次之。外接电源式静电消除器能彻底消电，其消电效果好于自感应式静电消除器。但是，这种静电消除器可能会使带电体载上相反的电荷。

放射线静电消除器是利用放射性同位素使空气电离，从而中和带电体上的静电荷。常用放射线有α、β、γ三种。用此法要注意防范射线对人体的伤害。

离子流式静电消除器与外接电源式静电消除器具有相同的工作原理。所不同的是，利用干净的压缩空气通过离子极喷向带电体。压缩空气将离子极产生的离子不断带到带电体表面，从而达到消电的效果（即离子风消电）。

静电消除器的选用应从适用出发。自感应式、放射线式静电清除器原则上适于任何级别的场合。但是放射线式静电消除器能产生危害时，不得使用。外接电源式静电消除器应按场合级别合理选择。如防爆场所应选用防爆型；相对湿度经常在80%以上的环境，尽量不用外接电源式静电消除器；离子流型静电消除器则适用于远距离消电，在防火、防爆环境内使用等。

② 物质匹配消电　利用静电摩擦序列表中的带电规律，匹配相互接触的物质，使生产过程中产生的不同极性的电荷得以相互中和，这就是匹配消电的方法。譬如，橡胶制品生产中，辊轴用塑料、钢铁两种材料制成，交叉安装，胶片先同钢辊接触分离得负电，然后胶片又与塑料辊相摩擦带正电，这样正、负电相抵消，保证了安全。

③ 湿度消电　增加空气湿度能降低某些绝缘材料的表面电阻，从而使静电容易导入大地。在带静电的绝缘材料表面的不同局部，其带电极性不同。增湿前，电荷不能相互串通中和，增湿后，绝缘材料的表面电阻下降，有利于这些电荷的转移中和。

（4）封闭削尖法　封闭削尖法是利用静电的屏蔽、尖端放电和电位随电容变化的特性，使带电体不致造成危害的方法。

用接地的金属板、网或导电线圈把带电体电荷对外的影响局限在屏蔽层内，屏蔽层内物质不会受到外电场的影响，从而消除了

“远方放电”等问题。这种封闭作用保证了系统的安全。

尖端放电可以引起事故，除利用静电电晕放电来消除静电的场合外，其他所有部件（包括邻近接地体）均要求表面光滑，无棱角和突起。设备、管道毛刺均要除掉。

带电体附近有接地金属体，所谓“有金属背景”者可使带电体电位大幅度下降，从而减少静电放电的可能。在不便消电，而又必须降低带电体电位的场合，在确保带电体不与金属体相碰的前提下，可以利用该法防范静电危害，这也是屏蔽的一种形式。

（5）人体防静电　人体在行走、穿脱衣服或从座椅上起立时都会产生静电。试验表明，其能量足以引燃石油类蒸气。因此，应引起足够的重视，加强规章制度的建立和安全技术教育。同时，通过接地、穿防静电鞋和防静电工作服等具体措施，也可减少静电在人体上的积累。

保证静电安全操作的具体措施如下。

① 人体接地措施　操作者在进行工作时，应穿防静电鞋，防静电鞋的电阻必须小于 $1\times10^8\Omega$；不要穿羊毛或化纤的厚袜子，应穿防静电工作服，戴手套和帽子，注意里面不要穿厚毛衣。在危险场所和静电产生严重的地点，不要穿一般化纤工作服，穿着以棉制品为好。在人体必须接地的场所应设金属接地棒，赤手接触即可导出人体静电。坐着工作的场合，可在手腕上佩戴接地腕带。

② 工作地面导电化　产生静电的工作地面应是导电性的，其泄漏电阻既要小到防止人体静电积累，又要防止误触动力电而致人体伤害。地面材料应采用电阻率在 $10^6\Omega\cdot cm$ 以下的材料制成的地面。各种地面材料通常状态下的泄漏电阻值如表 3-10 所列。

表 3-10　各种地面材料通常状态下的泄漏电阻值

材料名称	泄漏电阻/Ω	材料名称	泄漏电阻/Ω
导电性水磨石	$10^5\sim10^7$	一般涂刷地面	$10^9\sim10^{12}$
导电性橡胶	$10^4\sim10^8$	橡胶(粘面)	$10^9\sim10^{13}$
石	$10^4\sim10^9$	木,木胶合板	$10^{10}\sim10^{13}$
混凝土(干燥)	$10^5\sim10^{10}$	沥青	$10^{11}\sim10^{13}$
导电性聚氯乙烯	$10^7\sim10^{11}$	聚氯乙烯(粘面)	$10^{12}\sim10^{15}$

此外，用洒水的方法使混凝土地面、嵌木胶合板湿润，使橡皮、树脂和石板的黏合面以及涂刷地面能够形成水膜，增加其导电性。每日最少洒一次水，当相对湿度为30%以下时，应每隔几小时洒一次水。

③ 确保安全操作　在工作中，尽量不做与人体带电有关的事情。如接近或接触带电体，以及与地相绝缘的工作环境，在工作场所不要穿、脱工作服等。在有静电危险的场所操作、巡视、检查，不得携带与工作无关的金属物品，如钥匙、硬币、手表、戒指等。

3.2.3　防雷电

(1) 雷电危害　雷电是自然界中的一种静电放电现象。当带正、负电荷的雷云不断形成和积聚以后，若某处空间的电场强度达到足以击穿空气的程度，就能发生云间放电或对地放电。放电时发出闪光，且在放电通道中产生高温而使空气突然膨胀，发出霹雳雷声。

按照雷电的危害方式，雷电主要有直击雷、感应雷、球雷等。其中直击雷危害性最大。当雷电击中树木和没有防雷装置的建筑物时，雷电流的数值约在数百安至200kA范围，因而能使受击物体产生强烈的机械振动和热效应，进而使受击物内部水分蒸发或者分解出氢气和氧气而引起爆炸。

雷击的特点是电压高，电流大，频率高而时间短（约在50～100微秒）。

各种雷击除能引起直接损害外，还能引起易燃、易爆物品发生着火、爆炸，损坏设备、设施，造成事故停电等。

易受雷击的建筑物和构筑物有：旷野孤立的或高于20米的建筑物和构筑物；金属屋面、砖木结构的建筑物和构筑物；河边、湖畔、土山顶部的建筑物和构筑物；地下水露头处、特别潮湿处、地下有导电矿藏处以及土壤电阻率较小处的建筑物和构筑物；山谷风口处的建筑物和构筑物；建筑物群中25米以上高于其他建筑物和构筑物的建筑物和构筑物。

(2) 防雷措施

① 防雷装置　一套完整的防雷装置包括接闪器或避雷器，引

下线和接地装置，消雷装置。

避雷针、避雷线、避雷网、避雷带等均可作为接闪器。避雷针的作用是接受雷云中的放电电流并导之入地，其主要用于保护露天变配电设备、建筑物和构筑物；避雷针要求采取必要的防腐蚀措施或者使用能耐腐蚀的镀锌圆钢制成，其横截面不应小于100平方毫米，顶端可做成尖形、圆形和扁形，在腐蚀较强的地方用时，要适当加大横截面。对于金属烟囱可不必另装避雷针和引下线，而应将其下部焊接到接地装置上。对附属在其他金属构件上的金属烟囱，要设法防止雷击产生接触电压和跨步电压。避雷线主要用于保护电力线路，避雷网和避雷带主要用于保护建筑物，避雷器主要用于保护电力设备。

引下线是雷电电流进入大地前的通道，其截面主要从机械强度方面来考虑，通常采用圆钢、扁钢或截面积不小于25平方毫米的钢绞线。引下线应沿建筑物的外墙敷设，其路径应尽可能短而直。引下线应避开建筑物的出入口和行人容易接触到的地点，以防止接触电压电击事故发生。

防雷接地装置的作用是流散雷电电流，其性能是否符合要求，主要取决于它的流散电阻。流散电阻与接地装置的结构形式和土质等因素有关。接地电阻一般可认为就等于流散电阻，其数值通常不应大于10Ω。防雷接地装置若同时作为其他电气设备的接地装置时，应按防雷和其他电气设备要求的接地电阻中的最小值选用接地装置。防雷接地装置与电力设备接地装置的要求大致相同，只是其材料尺寸应大些。通常人工接地体和接地线的尺寸不应小于表3-11中所列的尺寸。

表3-11　防雷接地体和接地线的最小尺寸

材料名称	圆钢直径/mm	扁钢		角钢厚度/mm	钢管厚度/mm
		截面/mm^2	厚度/mm		
材料尺寸	10	100	4	4	3.5

消雷装置由顶部的电离装置、地下的地电荷收集装置以及两者

之间的连接线组成。消雷装置是利用积云的感应作用，在其顶部的电离装置附近产生强电场，通过尖端放电使空气电离，产生向积云流动的电子流，使积云受到屏蔽和得到中和，以保持空气不被击穿，从而消除落雷条件，抑制雷击的发生。

② 防雷措施　建筑物的雷击特点和一般防雷措施如下。

a. 利用建筑物钢筋混凝土构件中的钢筋作为接地装置是比较适宜的，最理想的是利用钢筋使建筑物成为一个防护笼，这样可以大大降低接地电阻和使各个局部位置上的电位均匀，但在钢筋的接头处不能有间隙，交接处应采用焊接或多点绑扎，并要求建筑物内部金属管道连接成统一的电气系统。

b. 金属屋面以及屋顶上部的金属天沟、旗杆、栏杆和室外疏散用安全梯等都要可靠接地。

c. 在高山地区的建筑物，其高度可能接近云层，这时可能从横向对建筑物发生雷电放电，因而避雷针已不能完全适用，需要采用避雷网等以防侧击。

③ 个人防雷击知识　在日常生活与工作中，具备必要的防雷击知识也是非常必要的。

a. 在旷野中遇雷雨时，要在屋顶下方稍有空间的房屋或金属车厢中躲避，一般的简易帐篷或小棚没有什么防雷作用。不要携带金属工具、物品，如锄头，铝盆等，最好将头上金属饰品除去。如临时没有躲避的场所，应该单个地蹲下，两脚合拢，尽可能站在不吸湿的材料上，不要站在高大单独的树木下。

b. 避免靠近或接触高处的金属物体或与其相连的金属物体，如栏杆、避雷引下线等。

c. 不要在河边、洼地停留，不要在露天场地游泳。

d. 在室内人体最好离开电线、灯头或无线电天线 1.5 米以外。

事故案例

【案例 1】 1979 年 4 月，江苏省某化工厂甲苯储槽发生着火爆炸，死亡 1 人。

事故的主要原因 当时正在向储槽内输送甲苯，采用的是一个临时泵出口接一根软塑料管，由储槽顶部的视孔送人，并用孔板盖上，由于孔板盖住时密封不严，加之值班长到顶部检查时又移动了孔板，甲苯逸出，并在孔口处与周围空气混合达到爆炸极限范围内，形成爆炸混合物，由于塑料软管受输送泵震动，在软管上产生静电，结果引起孔口着火，并引入储槽内导致爆炸。

【案例2】 1981年4月，河北省某油漆厂发生火灾事故，重伤7人，轻伤3人。

事故的主要原因 该厂输送苯和汽油等易燃物质的设备和管道没有设置防静电接地装置，致使物料在流动过程中由于摩擦产生的静电不能及时导出而积累，形成了很高的电位，放电火花导致油漆稀料着火。

【案例3】 1985年6月，原化工部某化建公司在为某钢厂氧气储罐作检测时，发生着火事故，死亡3人。

事故的主要原因 检测人员进入现场后，见设备人孔没有打开，就擅自拆开顶部人孔，并打开了底部排污阀，进行自然通风置换。约3小时后，在没有对罐内进行分析的情况下，3名检测人员进入罐内作业，由于罐内处于富氧状态且非常干燥，3人下去不久，就因为头部移动和衣物摩擦产生静电，结果引起头发和衣服着火，因处理抢救不力，3人因火烧和窒息全部死亡。

【案例4】 1986年11月，北京市某化工厂碳化车间发生爆炸，死亡1人。

事故的主要原因 碳化车间的一座碳化塔执行塔切换后进入卸压阶段，打开放空阀后发现有结晶堵塞现象，于是接入蒸汽蒸煮，蒸煮后塔内有水，于是又打开塔的物料取出阀，两处卸压致使取出间内充有大量变换气，卸压气体喷出产生静电，引起爆炸。

【案例5】 1989年6月，北京市某橡胶厂发生触电事故，死亡1人。

事故的主要原因 该厂二车间某班操作中发现冷却胶片的电风扇不转了，便向车间汇报，车间副主任安排非电工人员进行更换，由于接线时将线接反，合闸后一操作人员被电击，抢救无效死亡。

【案例6】 1989年8月，某公司一油库老罐区，2.3万立方米原油储量的5号混凝土油罐爆炸起火，大火前后共燃烧104个小时，烧掉原油4万多立方米，占地250亩（1亩＝666.67平方米）的老罐区和生产区的设施全部烧毁，这起事故造成直接经济损失3540万元。在灭火抢险中，10辆消防车被烧毁，19人牺牲，100多人受伤。

事故的主要原因 由于非金属油罐本身存在缺陷，遭受对地雷击产生感应火花而引爆油气。

1. 什么是电击、电伤？其危害有哪些？
2. 简述电流对人体的作用。
3. 化工生产防触电的措施有哪些？
4. 如何进行触电急救？
5. 静电有哪些特性？
6. 在化工生产中，静电有哪些危害？
7. 防静电的措施有哪些？
8. 雷电的危害有哪些？如何防雷电？

第4章

压力容器安全技术

培训目标

1. 了解化工压力容器的分类与特点；了解压力容器安全管理的主要内容。

2. 明确压力容器安全附件装置的作用与原理；明确压力容器检查、检验的重点内容；明确气瓶安全使用的基本注意事项；明确锅炉安全运行的基本要求。

4.1 概述

4.1.1 压力容器的分类

所有承受压力载荷的密闭容器都可称为压力容器。但是，并不是所有的压力容器都有很大的危险。事实上只有其中的一部分压力容器比较容易发生事故，并且事故的危害性较大。根据《压力容器安全技术监察规程》，凡是同时满足以下条件的压力容器均为较危险的压力容器：最高工作压力≥0.1MPa（不含液体静压力）；内径（非圆截面指断面最大尺寸）≥0.15 米，且容积≥0.025 立方米；介质为气体、液化气体或最高工作温度高于或等于标准沸点的液体。这些容易发生事故且事故的危害性较大的压力容器在化工生产过程中使用非常广泛。

根据不同的要求，压力容器可以有多种分类方法。按压力等级划分，依据设计压力的大小将其分为低压容器（代号 L）、中压容器（代号 M）、高压容器（代号 H）和超高压容器（代号 U）。按工艺用途分为反应容器、换热容器、储运容器、分立容器。按介质危险程度分为无毒介质、有毒介质、剧毒介质、非易燃介质、易燃介质等。压力容器分类如图 4-1 所示。

4.1.2 压力容器的特点

（1）压力容器是化工生产中的常用设备　化工生产中带压流体的储存、运输，传热、传质以及加压化学反应均使用密闭的压力容器。它们具有各式各样的结构和形状，小至几升容积的瓶或罐，大至上万立方米的球形容器或高达上百米的塔式容器。

压缩空气是一种使用得最为普遍的动力源，其主要来源于空气压缩机。压缩机的一整套辅助设备，如气体冷却器、油水分离器、储气罐等都是压力容器。有些对干燥度和清洁度要求比较高的压缩空气，还要有干燥和过滤装置，这些装置也是压力容器。

在化工生产中还经常使用各式各样的气体作为原料或辅助材料，如氮气、氧气、氢气、氯气、氨气、乙炔气等。这些气体从气

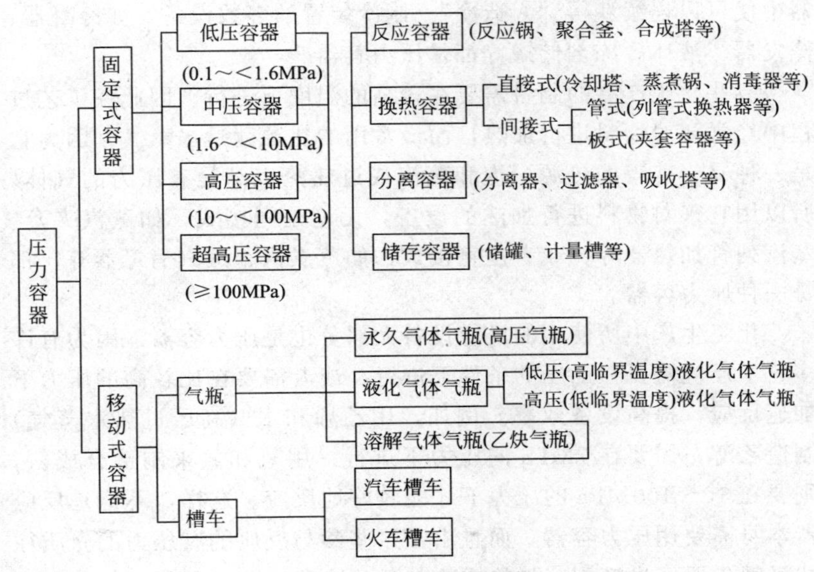

图 4-1 压力容器分类

体制造厂送到使用单位，除了相距较近的可用管道直接输送外，大部分都用容器装运。而为了提高运输效率和设备利用率，这些气体往往都要经过加压使其成为压缩气体（如氮气、氧气、氢气等）或液化气体（如液氯、液氨等）或溶解气体（如乙炔）。这样，储运这些压缩气体、液化气体和溶解气体的容器，如气瓶、液化气体储罐及槽（罐）车等，也都是压力容器。

某些化工产品或中间产物的制备、食品的冷藏运输等需要在较低的温度下进行，而要获得持续的低温就得采用制冷装置。制冷装置是化学工业、食品工业以及其他用以需要“人造冷”的一些工业的一种通用设备。它是利用制冷压缩机将气态的冷冻剂进行压缩，然后在冷凝器中用水将其冷凝为液体，再把这些液化了的冷冻剂通过调节阀节流降压使其进入蒸发器。由于液化冷冻剂的压力降低，因而在蒸发器内不断地蒸发并吸取大量的汽化热，使其周围的介质温度降低。蒸发后的冷冻剂再回到压缩机。如此继续循环，在蒸发器中便可以连续获得“人造冷”。制冷装置的多数设备，如冷凝器、蒸发器、液体冷冻剂储罐等都是压力容器。

有些化工产品的制备需要在较高的温度下进行。因此在工艺过程中经常要对物料进行加热，而最常用的热源就是水蒸气，因为它是一种易于获得的热源。饱和蒸汽或过热蒸汽都是有压力的气体，所以用它来对物料进行加热的设备，无论是间接式，如蒸汽夹套、蒸汽列管加热器等，或者是直接式，如蒸煮锅、蒸汽消毒器等，都是一种压力容器。

化工生产中所使用的反应设备大部分也是压力容器。因为有许多化学反应需要在加压的条件下进行，或者需要在比较高的压力下加速反应，提高设备效率。例如，用乙烯和水（高压过热水蒸气）制造乙醇，需要在 7MPa 的压力下进行；用氢和氮来制造合成氨，则要在 10～100MPa 的压力下才能较好地反应。这样，不但是反应器本身需要用压力容器，而且由于这些参与反应的有压力的介质往往又都先要经过精制、加热或冷却等，这些工艺过程所用的设备也都是压力容器。

可见，压力容器在化工生产中的应用是极为普遍的，几乎每一个工艺过程都离不开压力容器，而且它还常是生产中的主要设备。

(2) 压力容器是容易发生事故的特殊设备　压力容器作为一种特殊设备，要由国家设置专门机构进行安全监督，最主要的原因是它的事故率要比一般机械设备高，而且事故的危害往往又特别严重。

① 压力容器的事故率高　影响压力容器设备事故率大小的因素较多，也十分复杂。它不但与整个工业领域的各项技术水平有关，而且还与社会和人的因素有关。各国的情况也不尽相同。但从总的情况来看，在相同的条件下，压力容器的事故率显然要比其他的一般机械设备高得多。从技术条件方面分析，有以下一些主要原因。

a. 使用条件比较苛刻　压力容器不但承受着大小不同的压力载荷（在有些情况下还是脉动载荷）和其他载荷，而且有的还是在高温或深冷的条件下运行，工作介质又往往具有腐蚀性，工况环境比较恶劣。

b. 容易超负荷　容器内的压力常常会因操作失误或发生异常反应而迅速升高，而且往往在尚未被发现的情况下，容器即已破裂。

c. 局部应力比较复杂　例如在容器开孔周围及其他结构不连续处，常因过高的局部应力和反复地加载卸载而造成疲劳破裂。

d. 常隐藏有严重缺陷　焊接或锻制的容器，常会在制造时留下微小裂纹等严重缺陷，这些缺陷如在运行中不断扩展，或在适当的条件（如使用温度、工作介质特性等）下都会使容器突然破裂。

② 压力容器事故后果严重　压力容器一旦发生爆炸，不仅仅是设备本身遭到毁坏，而且常常会破坏周围的设备及建筑物，甚至产生连锁反应，酿成灾难性事故。

压力容器内的介质都是在有较高压力的气体或液化气容器爆破时，随即卸压膨胀，瞬时释放出很大的能量。这些能量产生空气冲击波，使周围的厂房、设备遭到严重的破坏。例如，1978 年 7 月，西班牙一台盛装液化丙烷的汽车槽车，由于充装过量，又在烈日下曝晒，使器内压力剧烈升高，槽车在途中爆炸，车体飞离原地 140 米，厚度为 16 毫米的壳体碎片飞出 300 米，大量的丙烷泄出后在空间爆炸燃烧，在半径为 200 米的地区内形成一片火海，火柱升高达 30 米。爆炸产生的冲击波摧毁公路旁的 14 座建筑物和正在路上行驶的 100 多辆汽车，死亡 150 多人，烧伤 120 多人。1984 年 11 月，墨西哥市培麦克斯公司所属的液化石油气供应中心，6 台球形储罐和 48 台卧式储罐接连爆炸，大火持续 36 小时，附近的民宅约 1509 栋被毁，造成 500 多人死亡，1000 余人下落不明，30000 余人流离失所。由于现场工作人员全部遇难死亡，事故原因一直没有查明。

压力容器的事故率虽然较高，事故危害性较大，但也并不是说它的事故完全是不可避免的。压力容器安全运行也有它的客观规律。有的容器之所以发生事故，造成严重后果，大多数是由于不重视或者不认识因而违反了它的客观规律而造成的。因此，为了防止压力容器发生事故，保证其安全运行，以保障生命和财产的安全，就必须加强对这种特殊设备的安全管理工作。

4.2 压力容器的安全使用

压力容器安装质量的好坏直接影响压力容器的使用安全，因而压力容器、锅炉的专业安装单位必须经劳动部门审核批准才可从事压力容器的安装工作。安装作业必须严格执行国家规范。安装过程中应对安装质量实行分段验收和总体验收。验收由使用单位和安装单位共同进行，总体验收时应有上级主管部门和劳动部门参加。有关安装质量的技术资料，如安装竣工图、质量检验数据、施工质量证明书等，在安装竣工后由施工单位移交给使用单位。设计中考虑的安全技术措施，安装中必须满足。支柱、平台，梯子等附件的制作和安装也应符合有关规定要求。在压力容器、锅炉的安装中还应考虑基础沉降对接管等带来的一系列可能危及安全的问题，事前要有相应的措施和方案。

4.2.1 压力容器安全附件装置

用于压力容器的安全附件装置包括安全阀、爆破片、紧急放空阀、液位计、压力表、单向阀、限流阀、温度计、喷淋冷却装置、紧急切断装置等。选用安全附件应满足两个基本要求，即安全附件的压力等级和使用温度范围必须满足压力容器工作状况的要求，制造安全附件的材质必须适应压力容器内介质的要求。

(1) 安全泄压装置　压力容器的安全泄压装置是一种超压保护装置。容器在正常的工作压力下运行时，安全泄压装置处于严密不漏状态；当压力容器内部压力超过规定值时，安全泄压装置能够自动、迅速、足够量地把压力容器内部的气体排出，使容器内的压力始终保持在最高许可压力范围以内。同时，它还有自动报警的作用，促使操作人员采取相应措施。

常用的安全泄压装置有安全阀、爆破片和防爆帽、易熔塞、组合装置等几种。

① 安全阀　这种安全泄压装置的特点是它仅仅排泄压力容器内高于规定部分的压力，而一旦容器内的压力降至正常操作压力时，它即自动关闭。它可避免容器因出现超压就得把全部气体排出而造成浪费和生产中断，因而被广泛应用。其缺点是：密封性能较差，由于弹簧等的惯性作用，阀的开放常有滞后作用；用于一些不洁净的气体时，阀口有被堵塞或阀瓣有被粘住的可能。安全阀的选用应根据压力容器的工作压力、温度、介质特性来确定。安全阀的安装应注意以下几点。

a. 新装安全阀应附有产品合格证。安装前，应由安装单位负责进行复校，加以铅封并出具安全阀校验报告。

b. 安全阀应铅直地安装，并应装设在容器或管道气相界面位置上。

c. 安全阀的出口应无阻力或避免产生背压现象。若装设排泄管，其内径应大于安全阀的出口通径，安全阀排出口应注意防冻，对充装易燃或有毒、剧毒介质的容器，排泄管应直通室外安全地点或进行妥善处理。排泄管上不准安装任何阀门。

d. 压力容器与安全阀之间不得装有任何阀门。对充装易燃、易爆、有毒或黏性介质的容器，为便于更换、清洗，可装截止阀，其结构和通径尺寸应不妨碍安全阀的正常运行。正常运行时，截止阀必须全开并加铅封。

e. 安全阀与锅炉压力容器之间的连接短管的截面积，不得小于安全阀流通截面。数个安全阀同时装在一个接管上，其接管截面积应不小于安全阀流通截面积总和的1.25倍。注意，选用安全阀及对其进行校验时，安全阀的排气压力不得超过容器设计压力。

安全阀应加强日常的维护保养，保持洁净，防止腐蚀和油垢、脏物的堵塞，经常检查铅封，防止他人随意移动杠杆式安全阀的重锤或拧动弹簧式安全阀的调节螺丝。为防止阀芯和阀座粘牢，根据压力容器的实际情况制定定期手拉（或手抬）排放制度，如蒸汽锅炉锅筒安全阀一般应每天人为排放一次，排放时的压力最好在规定最高工作压力的80%以上，发现泄漏时应及时调换或检修，严禁用加大载荷（如杠杆式安全阀将重锤外移或弹簧式安全阀过分拧紧调节螺丝）的办法来消除泄漏。

安全阀每年至少作一次定期检验。定期检验内容一般包括动态检查和解体检查。如果安全阀在运行中已发现泄漏等异常情况，或动态检查不合格，则应作解体检查。解体后，对阀芯、阀座、阀杆、弹簧、调节螺丝、锁紧螺母、阀体等逐一仔细检查，主要检查有无裂纹、伤痕、腐蚀、磨损、变形等缺陷。根据缺陷的大小、损坏程度，或修复，或更换零部件，然后组装进行动态检查。动态检查时使用的介质根据安全阀用于何种压力容器来决定。用于蒸汽系统的安全阀采用饱和蒸汽，用于其他压缩气体的则用空气，用于液体的选用水。用于蒸汽系统的安全阀因条件所限，用空气作动态检查后装到运行系统上仍需作热态的调压试验。动态检查结束应当场将合格的安全阀铅封，检验人员、监督人员填写检验记录并签字。

② 爆破片和防爆帽　其共同特点是密封性能较好，泄压反应较快以及气体内所含的污物对它的影响较小等；但是由于在完成泄压作用以后即不能继续使用，而且容器也得停止运行，所以一般只被用于超压可能性较小而且又不宜装设阀型安全泄压装置的容器中。

爆破片一般使用在以下几种场合：中、低压容器；存在爆燃或异常反应使压力瞬间急剧上升的场合，这种场合弹簧式安全阀由于惯性而不相适应；不允许介质有任何泄漏的场合，各种形式的安全阀一般总有微量的泄漏；运行产生大量沉淀或黏附物，妨碍安全阀正常动作的场合。爆破片的爆破压力的选定，一般为容器最高工作压力的1.15～1.3倍。压力波动幅度较大的容器，其比值还可增大。但任何情况下，爆破片的爆破压力均应小于压力容器的设计压力。爆破片安装、维护、检验要可靠，夹持器和垫片表面不得有油污，夹紧螺栓应上紧，防止膜片受压后滑脱，运行中应经常检查法兰连接处有无泄漏，由于特殊要求在爆破片和容器之间装设有切断阀者，要检查阀的开闭状态，并有措施保证在运行中此阀处于全开位置，爆破片排放管的要求可以参照安全阀。通常，爆破片满6个月或12个月更换一次。此外，容器超压后未破裂的爆破片以及正常运行中有明显变形的爆破片应立即更换。更换下来的爆破片应进行爆破试验，并记录、积累和分析、整理试验数据以供设计时参考。

防爆帽又称爆破帽，样式较多。其主要元件是一个一端封闭，中间具有一薄弱断面的厚壁短管。当容器内的压力超过规定，导致其薄弱断面上的拉伸应力达到材料的强度极限时，防爆帽即从此处断裂，气体即由管孔中排出。为了防止防爆帽断裂后飞出伤人，在它的外面常装有套管式保护装置。防爆帽适用于超高压容器，因超高压容器的安全泄压装置不需要很大的泄放面积，且爆破压力较高，防爆帽的薄弱断面可有较大的厚度，使它易于制造。并且防爆帽还具有结构简单、爆破压力误差较小、比较易于控制等特点。

③ 易熔塞　通过易熔合金的熔化使容器内的气体从原来填充有易熔合金的孔中排出，从而泄放压力。主要用于防止容器由于温度升高而发生的超压。一般多用于液化气体气瓶。

④ 组合装置　常见的有弹簧安全阀和爆破片的组合型。这种类型的安全泄压装置同时具有安全阀和爆破片的优点。它既可以防止安全阀的泄漏，又可以在排放过高的压力后使容器能继续运行。

(2) 压力表　测量容器内压力的压力表，普遍所用的是由无缝磷铜管（氨压表则用无缝钢管）制成的弹簧椭圆形弯管式。弯管一端连通介质，另一端是自由端，与连杆相接，再由扇形齿轮、小齿轮（上、下游丝）及指针显示。

压力表应装在照明充足、便于观察、没有震动、不受高温辐射和低温冰冻的地方。介质为高温或具有强腐蚀性时，应采用隔离装置。在压力表刻度盘上划以红线，作为警戒。但不准将红线划在表盘玻璃上，以免因玻璃位置的转动产生误判断而导致事故。运行中应保持压力表洁净，表面玻璃清晰，进行定期吹洗，以防堵塞，一般应半年进行一次校验，合格的应加封印。若无压时出现指针不到零位或表面玻璃破碎、表盘刻度模糊、封印损坏、超期未检验、表内漏气或指针跳动等，发生上述情况之一者，均应停用、修理或更换新表。

（3）液位计　液位计的分类与选用见表4-1。

表 4-1　液位计的分类与选用

类　别	适　用　范　围
玻璃管式	适宜装置高度在3m以上,不适宜易燃、有毒的液化气体容器
玻璃板式	适宜装置高度在3m以下的容器
浮子式	适宜低压容器,不适宜液面波动较大的容器
浮标式	适宜装置高度在3m以上,不适宜液面波动较大的容器
压差式	适宜液面波动较小的容器

锅炉水位计是锅炉的主要安全附件之一。在设计和安装中，每台锅炉至少应装两个独立的水位计（蒸发量≤0.2吨/小时的锅炉可装一个）。蒸发量大于2吨/小时的锅炉，必须装设高低水位警报器。水位计应装在便于观察的地方，并有足够的照明；用两个或两个以上水位计显示液位时，各水位计应上下交错足够的重叠部位以保证不间断地指示水位。冲洗水位计时应先做好暖管工作，防止受力不均或因急冷急热而碎裂，应定期冲洗等。

（4）气瓶安全附件　气瓶的安全附件主要有防震圈、带泄气孔的瓶帽、装液氯等钢瓶的易熔塞、氧气瓶和液化石油气瓶等的减压阀等。

① 气瓶安全泄压装置　气瓶的安全泄压装置主要是防止它在遇到火灾等特殊高温时瓶内气体受热膨胀而发生破裂爆炸。气瓶安全泄压装置有爆破片、易熔塞等。爆破片一般装在瓶阀上，一般只适用于某些种类的高压气瓶。易熔塞主要适用于低压液化气瓶。

必须注意，给易燃、助燃和有毒气体气瓶装设泄放装置后，在发生火灾时反而会扩大灾情，而且平时还容易泄漏。所以除了用于特殊场所（火车、轮船等）以及充装非可燃气体的气瓶以外，其他的气瓶不必要装设安全泄压装置。至于充装剧毒气体（如光气、氢氰酸、溴甲烷、四氧化二氮等气体）的气瓶，应禁止装设安全泄压装置，以免这些剧毒气体渗漏或意外排泄，引起工作人员中毒或污染环境。

② 瓶帽　瓶帽是为了防止气瓶瓶阀被碰坏的一种保护装置。如果没有保护装置，常会在气瓶搬运过程中被撞击而损坏，使有毒或易燃气体泄出造成危害。有时甚至会因瓶阀被撞断而使瓶内气体高速喷出，以致气瓶向与气流相反的方向飞动，造成伤亡事故。瓶帽一般用螺纹与瓶颈连接（高压气瓶），瓶帽上应开有孔，一旦瓶阀漏气，漏出的气体可从小孔中排出，以防瓶帽打飞伤人。

③ 防震圈　防震圈是为了防止气瓶瓶体受撞击的一种保护装置。目前普遍采用的是两个紧套在瓶体外面的、用塑料或橡胶制造的防震圈。气瓶的防震圈不但要求具有一定的厚度（一般不应小于25～30毫米），而且还应具有一定的弹性。

4.2.2　压力容器使用安全管理

使用管理是压力容器安全管理工作中最重要的方面。做好使用管理工作首先要实施好使用单位的压力容器安全管理责任制。做好压力容器使用管理的基础工作，如立卡建档，制定安全操作规程、维护检修规程和定期检验制度等，以及实施新工人的考核上岗等。在这些工作中，同时贯彻压力容器的分级管理原则，切实做到分工明确，各司其责。

（1）压力容器的验收　新压力容器在安装、投入使用前应按《规程》的规定，认真做好首次检验和办理申证手续的工作。

首次检验指使用单位审验制造厂的出厂资料，做外观检查和必要的复验工作。经过使用单位首次检验合格，或由使用单位委托压力容器检验单位检验合格，由使用单位填写表格，向当地劳动部门或授权发证的上级主管部门申请发证。由发证单位发给《压力容器登记使用证》的容器，方可投入使用。《压力容器登记使用证》在检验周期内有效，对容器使用超过检验期不予检验者，则自行失效。

（2）压力容器的管理与操作

① 立卡建档　所有压力容器均须立卡建档，做好基础管理工作。操作人员经过培训，考核上岗，做好维护检修等日常管理

工作。

② 正确操作　压力容器的操作人员应严格执行“岗位责任制”、“安全操作规程”，正确开、停车，按规定的操作参数（压力、温度、负荷等）进行工作。遇到下列异常现象之一时，操作人员有权立即采取紧急措施并及时报告有关部门。

a. 容器工作压力、介质温度或壁温超过许用值时，采取各种措施仍不能使之下降。

b. 容器的主要受压元件出现裂纹、鼓包、变形、泄漏等缺陷，危及安全。

c. 安全附件失效，接管端断裂，紧固件损坏，难以保证安全运行。

d. 发生火灾且直接威胁到容器安全运行。

③ 维护保养　压力容器类型、品种较多，日常保养的项目不尽相同，一般应进行以下维护保养工作：经常保持容器安全附件灵敏，可靠；定期擦拭安全附件、仪表和铭牌，使之保持洁净、指示清晰；根据介质特性，防止容器受到腐蚀；转动部件保持润滑，以保持运转正常；做好容器及其工作场所的清洁工作。

（3）压力容器的定期检修　压力容器应有定期检修计划，并予以实施，以保持容器的工作能力，延长使用寿命，确保安全使用。

压力容器的定期检修必须做到及时、正确地解决定期检验中发现的问题、缺陷；及时消除容器变形、泄漏和腐蚀，并做好敲铲油漆的工作；当发现裂纹缺陷时，应查明原因，予以修理；用焊接修理容器时，要由持有《锅炉压力容器焊工合格证》的焊工担任；修理焊接缺陷时，应挑去缺陷才予施焊，不得采用敷焊；容器在补焊修理、挖补、更换受压元件时，应制订技术计划和工艺要求，并经使用单位的压力容器专管部门同意后，方可进行；容器内部有压力时，不得对主要受压元件进行任何修理或紧固工作；进入容器内工作前，应做好相应的准备工作。

压力容器的定期检验，可分为外部检查、内外部检验和全面检验。定期检验周期应根据容器的技术状况和使用条件，由使用单位自行确定，但是至少做到外部检查1年1次，内外部检验3年1次，全面检验6年1次。因情况特殊不能按期进行全面检验的压力容器，经使用单位提出确切理由，报上级主管部门审查同意，同级劳动部门备案后，可适当延长其全面检验期限。

属于下列情况之一的压力容器，在投入使用前，应作内外部检验，必要时作全面检验：停用两年以上，需要恢复使用的；由外单位拆卸调入即将安装使用的；改变或修理容器主体结构，而影响强度的；更换容器衬里的。

容器进行内外部检验或全面检验前，应做好以下准备工作。

a. 排除内部介质，并用盲板隔离。

b. 充装易燃、有毒或窒息性介质的容器，必须经过置换、中和、清洗、消毒等处理，并取样分析，保证容器空间中易燃或有毒介质的含量符合《工业企业设计卫生标准》第32条规定和动火安全规定。

c. 必须切断与容器有关的电源。

d. 将容器人孔全部打开，拆除容器内件，清除内壁的污物。

e. 有关人员进入容器内检查时，必须有人监护并应使用电压小于12V的低压防爆灯。检验仪器和修理工具的电压若超过36V，则应采用绝缘良好的软线和可靠的接地线。

f. 有保温层的容器，外部检查和内外部检验时，一般可不拆除保温层。如怀疑壳体（焊缝）有缺陷时，应拆除检查。但全面检验时，应部分或全部拆除保温层。

压力容器检验内容包括外部检验、内部检验和全面检验。

外部检验项目列于表4-2中。

表4-2　外部检验项目

序号	项　　目	内　　容
1	容器的防腐层、保温层级设备铭牌	是否完整无损，有无撞落、送脱或变质
2	器壁表面	有无锈蚀、凹陷、鼓包、变形、裂纹及局部过热
3	焊缝、接管、法兰及其他可拆连接处	有无泄漏

续表

序号	项　　目	内　　容
4	外壁有保温层及其他覆盖层的容器	有无泄漏迹象
5	泄漏孔、信号孔、检查孔及受压元件	有无漏液漏气迹象
6	安全附件	选用、装设是否符合要求，维护是否良好，有无超期使用，是否齐全、灵敏、可靠，接地线是否良好
7	紧固螺栓及管件、附件	是否齐全正常，有无松动、腐蚀
8	设备基础及连接管道的支承	是否适当，有无倾斜、下沉、裂纹、振动摩擦以及不能自由胀缩等不良现象
9	容器运行情况	操作温度、压力、介质是否符合设计规定，有无异常

内外部检验项目见表4-3。

表4-3　内外部检验项目

序号	项　　目	内　　容
1	外部检查的全部项目	见表4-2
2	内外表面、开孔接管处	有无裂纹、介质腐蚀(包括腐蚀深度及分布情况)或磨损冲刷等缺陷
3	全部焊缝	有无裂纹
4	封头过渡区和其他应力集中部位	有无断裂和裂纹
5	容器的衬里	是否有凹凸、开裂、折叠、裂纹、腐蚀及其他损坏现象
6	高压、超高压容器的主要紧固螺栓	应逐个进行外形宏观检查(螺纹、圆角过渡部位、长度等)，并用磁粉或着色粉探伤检查有无裂纹

筒体、封头等通过上述检验后，发现内外表面有腐蚀等现象，应对有怀疑的部位进行多点壁厚测量。测量的壁厚如小于最小壁厚时，应重新进行强度核算，提出可否继续使用的意见并确定允许最高工作压力。对容器内、外壁的检查必须清洗至露出金属表面。高压容器主螺栓、螺栓密封元件等的检查，也要在清洗后进行。

全面检验项目包括：外部检查和内外部检验的全部项目；对主要焊缝（或壳体）甚至是整个设备进行无损探伤检查；容器内外部检验合格后应进行耐压试验。

经过定期检验的容器，由检验单位的人员对所检验的容器作出检验报告。检验报告应指明容器可否继续操作使用或需要采取降压操作、特殊监测等措施。检验报告应放入容器档案内。

外观检查方法见表4-4所示。

表4-4 外观检查方法

分类	方式	方法	适用范围
直观检查	肉眼检查	直接观察或借助放大镜(一般5～10倍)	容器外表面:有无局部磨损的沟槽或局部腐蚀的深坑、斑点 容器壳体:有无凹陷、鼓包等局部变形 防腐层和保温层:是否完好 金属表面:有无明显重皮、折叠或裂纹等缺陷
	灯光检查	借助灯光照射。长度较大的管式容器,可以用内壁反光仪;装有手孔的容器,可用手伸入触摸	容器内表面:有无腐蚀的深坑、斑点,有无凹陷或鼓包等局部变形
	锤击检查	一般用0.5kg左右的手锤轻敲容器或其部件的金属表面。根据声响、弹跳(手感)判断是否存在缺陷	判断金属部位缺陷:一般声音清脆、弹跳好者无重大缺陷;声音闷浊、弹跳失常,可能是被击部位及其附近有重皮、折叠或晶间腐蚀、断裂腐蚀造成的裂纹等缺陷 检查铆接容器:铆钉是否有松动、腐蚀、断裂等
量具检查	量具检查	利用各种不同的量具(平直尺、弧形样板、游标深度卡尺等)对容器内、外表面进行直接测量	测量容器部件的平直度、弧度,以检查轴向或周向变形 测量对接偏差、棱角度、椭圆度或磨损沟槽、腐蚀深坑的深度,以确定磨损或腐蚀程度等
	钻孔检查(少用)	用手钻或电钻在容器表面腐蚀最严重的地方钻出$\phi 6$～10mm的穿透孔,清除毛刺后,用简易量具测量器壁剩余厚度	测定剩余壁厚及腐蚀深度或裂纹、金属重皮、折叠等缺陷
	超声波测厚	常用共振式和脉冲式 清理待测表面后,打磨到一定光洁度,再按仪器使用说明标定,然后将探头与待测表面涂上偶合剂,再紧贴表面稍移动,直接读数	测定壁厚
	硬度计测硬	见有关规定	测定容器金属焊缝及其热影响区的硬度,以判断材料、焊缝是否有裂纹、氢脆等缺陷

表面探伤包括液体渗透检查和磁粉探伤。液体渗透检查又称渗透探伤、着色探伤。渗透探伤是检查焊缝及工件表面有裂纹、折叠、分层和气孔等缺陷的方法，包括着色法和荧光法。每种方法都有3种渗透剂可供使用，即水洗型（又称自乳化型）、后乳化型和溶剂除去型。磁粉探伤又称电磁探伤、磁力探伤。磁粉探伤应按国家标准《钢制压力容器磁粉探伤》进行。对其探伤设备、探伤人员、磁粉材料、工件准备、操作方法及其技术要求、试块的使用均有明确规定。

4.2.3 气瓶的安全使用

气瓶是一种移动式压力容器。上述对压力容器的安全要求，对气瓶而言，在原则上同样适用。为了保证气瓶的安全使用，还应遵循《气瓶安全监察规程》等规定。

（1）气瓶分类　按充装介质的性质不同，气瓶可以分为压缩气体气瓶、液化气体气瓶和溶解气体气瓶三类。

① 压缩气体气瓶　一般指临界温度低于−10℃、常温下呈气态的物质，如氢、氧、氮、空气、煤气以及氩、氦、氖、氪等。为提高气瓶利用率，一般压缩气体气瓶的充装压力为15～30MPa。

② 液化气体气瓶　液化气体气瓶充装时以低温液态灌装。有些液化气体的临界温度较低，装入瓶内后受环境温度的影响而全部气化。有些液化气体的临界温度较高，装瓶后在瓶内始终保持气液平衡状态，因此可分为高压液化气体和低压液化气体。

a. 高压液化气体　−109℃≤临界温度≤70℃。常见的有乙烯、乙烷、二氧化碳、氯化氢等。一般充装压力为15MPa和12.5MPa等。

b. 低压液化气体　临界温度≥70℃。如溴化氢、硫化氢、氨、丙烷、丙烯、异丁烯、环氧乙烷、液化石油气等。《气瓶安全监察规程》规定，液化气体气瓶的最高工作温度为60℃。低压液化气体在60℃时的饱和蒸气压都在10MPa以下，所以这类气体的充装压力都不高于10MPa。

③ 溶解气体气瓶　是专门用于盛装乙炔的气瓶。由于乙炔气

体极不稳定，故必须把它溶解在溶剂（常见的为丙酮）中。气瓶内装满多孔性材料，以吸收溶剂。乙炔瓶充装乙炔气，一般要求分两次进行，第一次充气后静置8小时以上，再进行第二次充气。

（2）气瓶的颜色区分　国家有关标准《气瓶颜色标记》对气瓶的颜色、字样和色环作了严格的规定。常见气瓶的颜色、字样和色环见表4-5。

表4-5　常见气瓶的颜色、字样和色环

气瓶名称	外表颜色	字　样	字样颜色	色　环
氢气	深绿	氢	红	p=14.7MPa　无色环 p=19.6MPa　黄色环一道 p=29.4MPa　黄色环二道
氧气	天蓝	氧	黑	p=14.7MPa　无色环 p=19.6MPa　白色环一道 p=29.4MPa　白色环二道
氨气	黄	液氨	黑	
氯气	草绿	液氯	白	
空气	黑	空气	黄	
氮气	黑	氮	黑	p=14.7MPa　无色环 p=19.6MPa　白色环一道 p=29.4MPa　白色环二道
二氧化碳	白	液化二氧化碳		p=14.7MPa　无色环 p=19.6MPa　黑色环一道
乙烯				p=14.7MPa　无色环 p=19.6MPa　白色环一道 p=29.4MPa　白色环二道

（3）气瓶的安全使用　压力容器的安全要求，对气瓶而言，在原则上同样适用。为了保证气瓶的安全使用，还应遵循《气瓶安全监察规程》等规定，并注意以下安全方面的要求。

① 防止气瓶混装、超装　气瓶的正确充装是保证气瓶安全使用的关键之一。充装不当，如气体混装、超量充装都是最危险的。

气体混装是指同一气瓶装入两种气体或液化气体。若此两种介质在适宜的条件下发生化学反应，将会造成严重的爆炸事故。最常见的混装现象是氧气等助燃气体与可燃气体混装，如原来充装可燃气（如氢气、甲烷等）的气瓶，未经过置换、清洗等处理，并且瓶内还有余气，又用来充装氧气。因此，绝不允许气体混装。

超装也是气瓶破裂爆炸的常见原因。充装过量的气瓶受到周围环境温度的影响，尤其是在夏天，会使气瓶内液化气体因升温致使体积迅速膨胀，进而瓶内压力急剧增大，造成气瓶破裂爆炸。为防止气瓶超装应做好以下几个方面工作。

a. 充装工作应由专人负责，充装人员应定期进行安全教育和考核，认真操作，不得擅自离岗。

b. 抽空余液，核实瓶重。

c. 用于液化气体罐装的称量器具至少每 3 个月校验 1 次，所用称量器具的最大称量值为常用量值的 1.5～3 倍。

d. 按瓶立卡，认真记录。

e. 灌装钢瓶应有专人负责，重复过磅。

f. 装置自动计量设备，超量能自动报警并切断阀门。

② 安全使用　气瓶在使用中应遵守下列规定。

a. 充装可燃气体的气瓶，注意防止产生静电；开、关瓶阀时不得用铁扳手等敲击。高压气瓶开阀时应缓慢开启。氧气瓶严禁沾染油脂。

b. 气瓶与明火的距离一般应保持在 10 厘米以上；气瓶要防止太阳曝晒，远离热源；冬天瓶阀冻结，不得用火烘烤或用蒸汽直接加热，可采用温水等办法解冻。

c. 气瓶应专瓶专用，不要擅自改装他类气体；气瓶内气体不得用尽，必须留有余压。

d. 做好气瓶的维护保养工作，防止腐蚀，保持漆色、字样清晰、完整。按规定（充装腐蚀性介质的气瓶每 2 年定期检验，充装一般性气体的气瓶每 3 年定期检验，充装惰性气体的气瓶每 5 年定期检验）到期送经劳动部门批准的验瓶单位检验。

e. 充装易起聚合反应气体的气瓶，严格控制气体的成分，并不得将其置于有放射性线的场所。

③ 安全运输　运输气瓶时，应严格遵守公安和交通部门颁发的危险品运输规则、条例及符合表4-6所列的要求。

表4-6　气瓶的安全运输要求

名　称	安　全　要　求
装车固定	横向放置，头朝一方，旋紧瓶帽。备齐防震圈，瓶下用三角形木块等卡牢，装车不超高
分类装运	氧气、强氧化剂气瓶不得与易燃品、油脂和带油污的物品同车混装；所装介质相互接触，能引起燃烧、爆炸的气瓶不得混装
轻装轻卸	不抛、不滑、不碰、不撞，不得用电磁起重机搬运
禁止烟火	禁止吸烟，不得接触明火
遮阳防晒	夏季要有遮阳防雨设施，以防曝晒和雨淋
灭火防毒	车上应备有灭火器材或防毒用具
安全标志	车前应悬挂黄底黑字"危险品"字样的三角旗

④ 安全储存　储存气瓶，应符合下列规定。

a. 旋紧瓶帽，放置整齐，留有通道，妥善固定。气瓶卧放应防止滚动，头部朝向一方，高压气瓶堆放不应超过5层。

b. 充装有毒气体的气瓶，或所装介质互相接触后能引起燃烧、爆炸的气瓶，必须分室储存，并在附近设有防毒用具或灭火器材。

c. 充装乙炔、四氟乙烯等化学性质活泼气体的钢瓶，必须规定储存期限，到期及时处理。

d. 空瓶、满瓶要分开堆放，防止混淆。储存气瓶应定期检查，防止泄漏，防止腐蚀。

e. 储存气瓶的仓库建筑，应符合国家相关部门《建筑设计防火规范》的规定。

4.3　工业锅炉安全技术

锅炉是直接接触火的压力容器，其介质是水和水蒸气，它是与前节所述的压力容器大不相同的特殊设备。锅炉承受高温、高压，具有爆炸危险，一旦在使用中爆炸，便是一场灾难性的事故。所以对锅炉的设计、制造和运行管理，都必须严格按照安全的要求进行。国家对锅炉的材料、结构、强度和制造、安装以及运行操作、检验修理都有严格的规定。

4.3.1 工业锅炉安全运行

（1）点火升压的安全事项 锅炉点火前必须进行汽水系统、风烟系统、燃烧系统、锅炉本体和辅机的全面检查，确认完好。各阀门处在点火前位置正确，风机和水泵的冷却水畅流、润滑正常，安全附件齐全、灵敏、可靠，才可开始进行点火准备工作。

为使锅炉各部件冷热均匀、胀缩一致，进水、点火升压和停炉都要求缓慢进行。例如，夏季进水时间应不小于 1 小时，冬季不小于 2 小时；从点火到并炉投入运行的时间，火管式锅炉应在 5～6 小时，水管式为 2～4 小时，快装锅炉不得少于 0.5 小时。夏季可取较小值，冬季或长期停用及修理改造后的锅炉则应适当延长；正常停炉一般要求在停炉后 12 小时以上才准打开炉门、灰门等以冷却炉膛。

油炉、燃气炉、煤粉炉以及炉膛内可能积聚可燃气体的锅炉，点火前务必先行通风。通风时要求燃烧室负压维持－5～－10 毫米水柱，时间不少于 5 分钟，以防点火时发生炉膛爆炸。上述锅炉若点火不着或着火后熄火需重新点火时，按同样要求通风后方可引入火种。

新装或检修后的锅炉，点火升压后汽压在 0.1～0.2MPa 下允许对拆动过的螺栓紧一次。紧螺栓时应保持汽压稳定，逐只对称上紧；用力均匀，不准用加长手柄的方法拧螺栓；站位得当，防止万一蒸汽外泄而烫伤。

送汽前应当校验安全阀、水位报警器，然后进行蒸汽管系统暖管，以防水击和产生过大的温度应力造成管道损坏。冷态蒸汽管道的暖管时间一般不少于 2 小时，高压蒸汽管道的暖管尤应缓慢，升温宜控制在 2～3℃/min。

并炉时锅炉应具备燃烧稳定、运行正常、蒸汽品质合格以及压力低于蒸汽母管汽压 0.05～0.1MPa 的条件。

（2）正常运行的安全要求

①水位　锅炉水位波动范围不得超过正常水位±50毫米。水位过高，蒸汽带水，蒸汽品质恶化，易造成过热器结垢烧坏并影响汽机的安全；水位过低，下降管易产生汽柱或汽塞，恶化自然循环，易造成水冷壁管过热变形或爆破。此外，过高或过低还可能发生满水或缺水事故。水位计应每班冲洗一次，运行中必须经常核对两只独立水位计或低地位水位和锅筒水位计的液位指示。

②压力　供汽机用汽锅炉的汽压允许波动范围为±0.5kgf/cm²❶，对其他设备供汽锅炉的要求则为±1kgf/cm²。汽压低将降低发电机组发电周波，甚至影响发电量；对蒸汽加热设备，大多用饱和蒸汽，汽压低汽温也低，影响传热效果，从而影响到产量、热效率。汽压过高，轻者使安全阀动作，浪费能源，又带来噪声；重者则引起超压爆炸。此外，压力变化力求平缓，压力陡升、陡降都要恶化自然循环，造成水冷壁管过热损坏。

③燃烧调节　燃烧室内力求火焰分布均匀，充满整个炉膛，以利水的自然循环，保证炉膛传热效果。火焰不能直接冲刷水冷壁管。煤粉炉、油炉、燃气炉当负荷增加时，应先加大引风，后加大送风，最后增加燃料；反之，先减少燃料，后送风，最后减少引风，以防发生燃烧不完全，使受热面上积留可燃物而发生尾部燃烧事故。炉膛负压不宜过大，过大引起脱火或不完全燃烧；也不宜过小，过小出现正压，导致喷火伤人，一般控制在－1～－5毫米水柱。

④排污操作　锅炉上锅筒连续排污应考虑炉水碱度和含盐量，通过调节连续排污阀开度进行调节。定期排污一班一次，排污量以下降水位25～50毫米为宜。排污一般应在锅炉负荷较低时进行，以免影响汽压，并取得较好的排污效果。排污时应一人操作，一人监视水位；串联的两只排污阀，必须遵循先开者后关、后开者先关的原则进行操作；排污开始时应先暖管以防水击，如果两台或数台锅炉同用一根排污总管（应该每台锅炉有独立排污管）时，禁止两

---

❶ $1kgf/cm^2=98.0665kPa$。

台锅炉同时排污。

⑤ 吹灰、清焦　吹灰、清焦、清炉工作宜放在锅炉负荷较低时进行，并调节好炉膛负压，防止喷火伤人。蒸汽吹灰前必须做好暖管疏水工作，然后再吹汽，以防受热面腐蚀，一般是每班吹灰一次，炉膛结焦应及时清焦，以免结成大块在清焦时坠落砸坏管子。清炉时水位可维持稍高一点，以免汽压下降太大。

（3）停炉保养

① 锅炉的紧急停炉　锅炉运行中发生严重缺水、严重满水，水位计、压力表和安全阀三大安全附件之一失效，给水装置全部失效以及受热而爆裂、严重变形、泄漏无法维持正常运行等情况时，应紧急停炉。

紧急停炉的主要步骤是首先停止供给燃料和送风，减弱引风。接着熄灭和清除炉膛内的燃料（指火床燃烧的锅炉），注意不能用往炉膛浇水的方法来灭火，应用黄砂或湿煤灰将红火压灭，为防链条炉排烧坏，炉墙未变黑前应保持其运转；然后打开炉门、灰门、烟风道闸门等以冷却炉子，最后切断锅炉同蒸汽总管的联系，打开锅筒上放空排放阀或安全阀以及过热器出口集箱的疏水阀。为了加速锅炉的冷却，除严重缺水事故外（严重缺水事故严禁向锅炉进水），可向锅炉进水、放水。

② 锅炉的停炉保养　停用锅炉为防腐蚀必须保养。常用的保养方法有干法、湿法和热法三种。

a. 干法保养　干法保养用于长期停用的锅炉。正常停炉后，水放净，清除锅炉受热面、锅筒内外部的水垢、铁锈和烟灰，用微火将锅炉烘干，然后放入干燥剂。用生石灰作干燥剂时，每立方米容积放 2～3 千克，用无水氯化钙为 1～2 千克。将装有干燥剂的木盆，放入锅筒、集箱等内部，然后关闭所有的门、孔，保持严密。1 个月之后打开人孔、手孔检查，若干燥剂已成粉状，失去吸湿能力，则换入新干燥剂。根据检查情况以缩短或延长下次检查时间。若停用时间超过 3 个月，则在内外部清扫后，受热面内部涂以防锈漆，锅炉附件也应检修校对，涂油保护，再按上述方法保养。

b. 湿法保养　湿法保养也用于长期停用的锅炉。停炉后清扫内、外表面，然后进水（最好用软水），将氢氧化钠（5～10千克/吨水）或磷酸三钠（20千克/吨水）化为溶液后加入锅炉，生小火加热使锅炉外壁面干燥，内部由于对流使各部位碱浓度均匀，锅内水温达80～100℃即可熄火。湿法保养时水应保持充满，防止空气漏入。每隔5天对锅内水作一次化验，其碱度应在5～12mg/L范围，碱度低了应补充药剂。寒冷地区不宜采用湿法保养，以免锅炉冻裂。

c. 热法保养　停用时间在10天左右的锅炉宜用热法保养。停炉后关闭所有风、烟道闸门，使炉温下降缓慢，保持锅炉汽压在大气压以上（即炉水温度＞100℃）即可。若汽压不能保证，或生小火或用运行中锅炉的蒸汽加热，以满足上述要求。

4.3.2　锅炉给水

江、河、湖、井之水含有氧气、二氧化碳等气体，泥砂之类悬浮物，动物和植物腐烂分解的有机质，溶解于水中的各种矿物质以及微生物。未经软化处理的水称为生水，是不能直接作为锅炉给水的。为了防止锅炉腐蚀、结垢，确保锅炉安全、经济运行，锅炉给水和炉水应严格控制指标。由于水质不良而造成的重大锅炉事故在锅炉事故中所占比例不小，应予以重视。

(1) 水中杂质对锅炉安全的影响

① 氧　存在于水中的氧对金属具有腐蚀作用，特别水温在60～80℃之间，这个温度不足以使水中的氧析出，而氧腐蚀速度却大大增加。水的pH值对氧腐蚀有影响，pH＜7促进溶解氧的腐蚀，pH＞9氧腐蚀基本停止。水中溶解氧是锅炉腐蚀的主要原因。

② 二氧化碳　大多数天然水中都有游离二氧化碳，水中二氧化碳含量较高时则呈酸性反应，对金属有强烈的腐蚀。水中的二氧化碳还是使氧腐蚀加剧的催化剂。

③ 硫化氢　少数流经石膏地层的天然水偶尔含有硫化氢，也有的是由水中有机质而来的，因为水中腐烂植物能使硫酸盐产生硫化氢。水中若含0.5mg/L硫化氢就能察觉，若达1mg/L即有显著

臭蛋味。水中硫化氢会引起锅炉的严重腐蚀。

④ 钙、镁　水中的钙、镁均以不同化合物［如 $Ca(HCO_3)_2$、$CaCl_2$、$MgCl_2$、$MgSO_4$ 等］的形式存在，是造成锅炉受热面结垢的原因。

⑤ 氯离子　一般天然水中的平均氯含量为15～55mg/L。而氯离子超过150～250mg/L的天然水不宜作锅炉用水。因为给水氯离子浓度高，炉水氯离子浓度也高，而炉水中氯离子浓度超过800～1200mg/L时，可造成锅炉腐蚀。

⑥ 二氧化硅　二氧化硅能和钙、镁离子形成非常坚硬、不易清除的水垢。此外，当锅炉工作压力＞80kgf/cm^2 时，二氧化硅在蒸汽中的溶解度较大，而压力＜80 kgf/cm^2 时，其溶解度很小。高压蒸汽中的二氧化硅随着在汽机中做功，使蒸汽压力下降、溶解度减小而析出，沉积在汽机叶片和通道上，严重影响汽机的安全。

⑦ 硫酸根　天然水中硫酸盐平均含量在30～75mg/L，给水中的硫酸根进入锅炉后与钙、镁结合，在受热面上生成石膏质水垢。

⑧ 其他杂质　碳酸氢钠、碳酸钠进入锅炉，受热分解，产生氢氧化钠，使炉水碱度增高，分解产物中的二氧化碳又是一种腐蚀气体。炉水碱度过高会引起汽水共腾，也可能在高应力部位发生苛性脆化，有机质进入锅炉也会造成汽水共腾，并产生腐蚀。

(2) 水垢及其危害　锅炉水垢按其主要组分可分为碳酸盐水垢、硫酸盐水垢、硅酸盐水垢和混合水垢。水垢中碳酸钙和碳酸镁含量＞50％时，称为碳酸盐水垢，它主要沉积在温度和蒸发率不高的部位及省煤器、给水加热器、给水管道中，其相对密度约为2.37。硫酸钙含量＞50％的称硫酸盐水垢（又称石膏质水垢），它主要积结在温度和蒸发率最高的受热面上（如炉膛水冷壁），其密度约为2.6。含二氧化硅在20％～25％的水垢，称为硅酸盐水垢，主要沉积在受热强度较大的受热面上。这种水垢很坚硬，难清除，热导率很小，对锅炉危害最大。由硫酸钙、碳酸钙、硅酸钙和碳酸镁、硅酸镁、铁的氧化物等组成的水垢，称为混合水垢，根据其组分不同，水垢性质差异较大。

水垢不仅浪费能源，而且严重危及锅炉的安全。由于水垢的热导率与钢材相比小得多，一般是钢的1/40～1/550，所以它使传热效率明显下降，排烟温度上升，锅炉热效率降低。由于结垢，需要定期拷铲或化学除垢。结垢是锅炉受热面过热变形或爆裂的主要原因，也是威胁汽机安全运行的一个因素。

为了保证锅炉给水品质，锅炉用水一定要经过软化处理。水处理方法甚多，采用何种方法应该因炉制宜、因水制宜。水处理的任务是防止炉内水垢和泥渣的生成和沉积，防止腐蚀，保证蒸汽品质及在保证蒸汽品质的前提下尽可能减少排污热损失。所以，应通过技术经济对比分析，确定合理的水处理系统。

4.3.3 锅炉常见事故及预防措施

(1) 事故分类　锅炉事故分为爆炸事故、重大事故和一般事故三类。

① 爆炸事故　爆炸事故是指锅炉受压元件在承压状态下瞬时破裂，使锅炉压力突然降至当地大气压力的事故。当锅炉爆炸时，内部介质与大气相通，由于突然降压，锅内的饱和水便剧烈沸腾而生成大量的蒸汽，发生体积的急剧膨胀，造成强大的冲击力。这类事故是最危险的锅炉事故。

② 重大事故　锅炉受压元件烧塌，严重变形、爆管、炉膛爆炸引起炉墙倒塌、钢架严重变形等，造成被迫停炉大修的事故属于重大事故。

这类事故所造成的损失没有锅筒爆炸事故严重，但已使锅炉受压元件或其他重要部件遭到破坏而被迫停炉大修，导致给某些要求连续供汽的部门带来很大损失，有时甚至造成人员伤亡。

③ 一般事故　没有引起锅炉重大损坏的事故，称为一般事故。

爆炸事故与重大事故又称为破坏性事故。爆炸事故与重大事故中虽然都可能有某一受压元件破裂，但两者有个最重要的区别，就是锅炉的压力是否在瞬间降至当地大气压力，是则为爆炸事故，否则为重大事故。

重大事故与一般事故最重要的区别，在于锅炉受压元件或其他主要部件是否损坏，是否必须大修。不必停炉大修的，就可定为一般事故。如果因供汽停止而对别的生产环节或单位产生重大影响，这样的事故也可定为重大事故。

锅炉是受国家监督的特种设备，一旦发生破坏性事故，应当立即向上级有关部门如实报告。

发生锅炉爆炸事故的单位，应立即将事故情况简要报告上级主管部门和当地劳动部门。当地劳动部门在接到锅炉爆炸事故的报告后，应迅速将锅炉事故的情况逐级上报给上级劳动部门。发生锅炉爆炸事故的单位，应根据上级主管部门、当地劳动部门和其他有关部门共同调查的结果，填写“蒸汽锅炉设备事故调查报告书”，于发生事故后15日内报送上级主管部门、当地劳动部门和抄送至其他参加事故调查的单位，对重大的事故和被迫停炉时间在72小时以上的事故，也应按上述规定进行报告。当地劳动部门应将“蒸汽锅炉设备事故调查报告书”及时地逐级上报给上级劳动部门。

发生破坏性事故的单位应立即采取组织抢救、保护现场、报告上级、组织调查等应急措施。

组织抢救包括两方面的工作，一是立即抢救受伤人员，二是采取各种措施防止事故蔓延扩大，如切断火源、防止火灾、切断电源等。倘若邻近有其他锅炉、压力容器在使用，还应防止引起连续爆炸事故。

保护现场十分重要，因为这是查清事故原因的主要依据。除非破坏性事故有蔓延扩大的可能，有伤员需紧急抢救，或严重堵塞交通，严重影响其他正常活动，必须及时清理以外，均不得变动现场。倘有上述情况之一，经本单位主要负责人批准后，方可变动现场，但应尽量缩小变动范围。尽可能保持现场原样是为了给事故调查创造条件。

事故发生后，应以最快的方式按规定报告上级主管部门和当地劳动部门。在上级主管部门、劳动部门到现场勘察后，应由发生事故的单位负责人和设备管理部门、安全部门、设备使用部门的有关人员，同时邀请上级主管部门、当地劳动部门以及其他有关单位的人员参加调查。

(2) 锅炉常见事故及预防措施

① 水位异常　水位事故主要是缺水和满水。

缺水事故是锅炉事故中最常见的事故。若处理不当、不及时，则会烧坏锅炉甚至发生爆炸，是比较危险的事故之一。如果锅炉水位低于最低许可水位，则锅炉缺水。当水位从水位计内消失，经“叫水”后水位能重新出现的情况属于轻微缺水。经“叫水”而水位仍不能出现的情况则属于严重缺水。严重缺水时，锅炉水位已低于锅筒上的水位计水连管的开孔位置，这时应采取紧急停炉措施，严禁再向锅内进水。

如果锅炉水位超过最高许可水位，则说明锅炉满水。当锅炉水位在最高可见水位以上，冲洗水位表并减弱燃烧，停止给水并开启锅炉排污阀进行放水后水位下降，且能出现正常水位时，则锅炉仍可继续运行。若采取上述措施后，仍不能恢复正常水位，则属于严重满水事故，应紧急停炉。锅炉满水时，蒸汽品质恶化。严重时，会使蒸汽管道充满大量炉水，从而使用汽单位的设备和产品受到不同程度的影响，甚至损坏。装有过热器的锅炉满水时，将出现蒸汽温度降低，蒸汽品质恶化，过热器结垢，过热器管壁温度上升，甚至引起过热器爆管。

原因：运行人员监视不严，工作疏忽，判断错误或误操作；水位警报器失灵；水位表不准确；自动给水控制设备或给水阀失灵；排污不当或排污阀泄漏；受损坏；负荷骤变；炉水含盐量过大。

预防措施：严密监视水位，定期校对水位计和水位警报器，发现缺陷应及时消除，经常保持水位计动作灵敏，指示正确，加强和用汽部门的联系；缺水时水位表玻璃管（板）上呈白色，满水时则颜色发暗；应采用“叫水法”，当严重缺水时，严禁向锅炉内给水；应注意监视给水压力和给水流量，使给水流量与蒸汽流量相适应；排污应按规程规定，每次开一组排污阀，时间不超过 30 秒，排污后将门关严，并检查排污是否泄漏；出现假水位时，应正确操作，注意不使之严重缺水或满水；监督汽水品质，控制炉水含量不超过规定数值。

② 汽水共腾与水击　当水位计内水位剧烈波动，甚至看不清水位位置时，即表示发生汽水共腾。汽水共腾是锅炉内水位波动的幅度异常，水面翻腾的程度非常激烈的现象。其后果是蒸汽大量带水发生水冲击，使过热器内积盐，甚至烧坏管子。

原因：一般是由于水质不良、没有进行必要的排污、负荷增加过急等引起的。发生汽水共腾时，司炉很难准确地判断水位的真实位置，很容易误操作而发生事故。

处理办法：降低负荷，开启表面连续排污阀，降低锅水含盐量，适当增加下部排污量，增加给水，不断调换锅炉水。

③ 燃烧异常　燃烧异常主要表现在烟道尾部发生二次燃烧和烟气爆炸。多发生在燃油锅炉及煤粉锅炉内。往往造成烟道内爆炸或燃烧，以致损坏烟道尾部受热面而影响安全运行。

当出现锅炉烟道排烟温度剧升，严重时发生轰鸣；炉内负压变正压；烟囱冒浓黑烟；烟气爆炸并有巨大响声，防爆门被打开并冲出大量烟尘这些现象时，即表明发生了锅炉燃烧异常现象。

原因：燃油设备雾化不良，燃油、燃煤粉与配风不当；炉膛温度不足，燃料在炉膛内未完全燃烧，进入尾部烟道后，条件适合时发生烟气爆炸或尾部燃烧。

处理办法：停止供应燃料，停止鼓风、引风，关紧烟道门。有条件时向烟道内通入蒸汽或二氧化碳灭火；待火灭后，检查确认可继续运行时，先开引风±(10～15) 分钟，再重新点火；若有炉墙倒塌或其他损坏时，应紧急停炉。

预防措施：正确调整燃烧，保持炉膛温度；保持火焰中心位置，不让中心后移；定期清除烟道内的积灰或油垢；保持防爆门良好。

④ 承压部件损坏　承压部件损坏主要指锅炉炉管及水冷壁管爆破事故、过热器管爆破事故、省煤器管损坏事故等。

a. 锅炉炉管及水冷壁管爆破　锅炉炉管及水冷壁管爆破事故是较常见的事故之一，属锅炉严重事故，需停炉检修，甚至造成伤亡。炉管爆破后，水、汽大量喷出，甚至造成锅炉缺水，所以要紧急停炉。

现象：爆破时有显著的响声，爆破后有喷汽声；水位迅速下降，汽压和给水压力下降，排烟温度下降；火焰发暗，燃烧不稳定或火焰被熄灭。

原因：水质不符合标准，管壁积垢或管壁受腐蚀或受飞灰磨损减薄，导致爆管；升火过猛，停炉太快，使管子受热不匀，造成焊口破裂；下集箱积泥垢未排除，堵塞管子水循环，管子得不到冷却而过热爆破。

处理办法：如能维持正常水位，应在紧急通知有关部门后再行停炉；如水位、汽压均无法保持正常时，必须按程序紧急停炉。

预防措施：加强水质监督，定期检验管子，按规定升火、停炉和防止超负荷运行。

b. 过热器管爆破　一般把过热器管布置得很密，如果其中有一根破裂，高压蒸汽很容易把邻近的管子吹坏，故应及时处理。

现象：过热器附近有蒸汽喷出的响声，蒸汽流量不正常，给水量明显增加，燃烧室负压变正压，排烟温度显著下降。

原因：水质不好，或水位经常较高，或汽水共腾，以致过热器结垢；引风量过大，使炉膛出口烟温升高，过热器长期超温使用，也可能因烟气偏流而使过热器局部超温；检修不良，使焊口损坏，或水压试验后管内积水等。

处理办法：如损坏不严重，又因生产需要，应待备用炉启用后再停炉，但必须密切注意，勿使损坏恶化，损坏严重时则立即停炉。

预防措施：控制水、汽品质，防止热偏差，注意疏水，注意安装检修质量。

c. 省煤器管损坏　沸腾式省煤器的管道出现裂纹和非沸腾式省煤器的弯头法兰处泄漏是比较常见的省煤器事故。省煤器的损坏最易引起锅炉缺水，故应及时处理。

现象：水位不正常下降，省煤器的泄漏声，省煤器下部灰斗有湿灰，严重时有水流出，省煤器出口处烟温下降。

原因：给水质量差，水中有溶解氧和二氧化碳发生内腐蚀，经常积灰，因潮湿而发生外腐蚀，给水温度变化大，引起管子裂缝，材质不好。

处理办法：沸腾式省煤器——加大给水，降低负荷，待备用炉启用后再停炉，若不能维持正常水位则紧急停炉，并尽力维持水位。如利用旁路给水系统，则不允许打开省煤器再循环系统的阀门。非沸腾式省煤器——开启省煤器旁路风门，关闭出入口的风门，使省煤器与高温烟气隔绝，开启省煤器旁路给水阀门。

预防措施：给水控制质量，必要时装设除氧器，经常吹铲积灰，定期检查，做好维护保养工作。

除上述锅炉事故外，锅炉常见事故还有水位计玻璃管爆破，锅炉及管道内的水冲击，炉墙损坏、结焦等，生产操作时也应注意避免发生。

事故案例

【案例 1】 1979 年 3 月，江西省某化工厂氯乙烯车间聚合工段发生爆炸事故，死亡 2 人，重伤 1 人，轻伤 6 人，三层楼房、仪表室与部分设备、管道被炸毁，损失 42 万余元。

事故的主要原因 聚合岗位有操作工 2 人，当时 1 人在岗位睡觉，1 人去厕所。操作工违反劳动纪律，致使 2 号聚合釜蒸汽加热超过工艺规定时间，造成聚合釜超压。又因安全阀选型不当，定压偏高，没有起到安全阀的作用，所造成的过高压力将聚合釜人孔垫冲开，大量氯乙烯喷出并产生静电火花，导致氯乙烯车间爆炸，造成全厂停水停电，并影响其他聚合釜。因釜内停止搅拌，无冷却水，压力急剧上升，也使氯乙烯从人孔盖法兰处喷出着火。

【案例 2】 1980 年 11 月，上海某染化厂道生炉发生爆炸，死亡 3 人，重伤 1 人，轻伤 1 人。

事故的主要原因 用道生液加热的高压釜，釜底下封头与筒体环向焊缝有漏眼，而且没有严格执行压力容器管理制度，焊缝缺陷未及时发现，在洗釜时水渗漏进夹套。加热时水随道生液进入285℃道生炉内，瞬间汽化生成高压，使道生炉发生爆炸。

【案例3】 1984年5月，河南省某化肥厂球型液氨储罐（直径2.62米，容积9立方米）发生爆炸，造成2人重伤，7人轻伤。

事故的主要原因 该球罐在选材及设计、制造上都存在缺陷。人孔处钢板有夹层，球焊缝存在着未焊透的部分；人孔开口处没有补强，边缘应力较大，在压力的波动下，材质容易疲劳。该球罐长期超负荷运转。

【案例4】 1985年4月，山东省某化工厂液氯钢瓶在灌装时发生爆炸，当场炸死3人。

事故的主要原因 该厂爆炸的液氯钢瓶是1984年从天津某厂购进的旧钢瓶。所购的108只旧钢瓶到厂后未经认真验瓶就送入包装岗位，经包装岗位检查已发现3瓶有异物（瓶嘴有芳香泡沫），但只在台账上注明而未去现场采取措施，致使这3瓶仍与待装钢瓶放在一起，当被推上包装台灌装时又未抽空，未验瓶，刚一装液氯即发生爆炸。经分析查证这3只钢瓶曾装过环氧丙烷。

【案例5】 2003年1月，黑龙江省某市发生氯气泄漏事件，60余人被毒倒。

事故的主要原因 该市某废旧闲置物资有限责任公司交易市场一业主在几年前通过收废铁的方式收购了两个氯气罐，事故当天早晨，该业主觉得氯气罐上面的3颗铜螺丝比较值钱，就雇人把铜螺丝拧下来准备卖钱。结果在短短的几分钟内，罐中残余氯气泄漏扩散到市场各个角落，造成多人中毒事故。

1. 简述压力容器的特点。
2. 如何进行压力容器的安全管理？

3. 压力容器为什么要定期进行检验？检验的主要内容有哪些？
4. 压力容器上的安全附件有哪些？各起什么作用？
5. 气瓶的安全使用有哪些需注意的要点？
6. 工业锅炉在点火升压时应注意哪些事项？
7. 工业锅炉在正常运行中有哪些安全要求？
8. 工业锅炉常见的事故有哪些？如何避免？

第5章

化学危险物质

培训目标

1. 了解化学危险物质的分类和特性；了解化学危险物质储存的基本原则。

2. 明确化学危险物质事故应急处理步骤；明确化学危险物质泄漏处理处置方法；明确化学危险物质火灾扑救基本对策。

3. 学会化学危险物质事故现场急救；学会化学危险物质事故发生后的紧急疏散。

5.1 化学危险物的分类和特性

凡具有易燃、易爆、腐蚀、毒害等危险特性，受到外界因素的影响能引起燃烧、爆炸、灼伤、中毒等人身伤亡或财产损失的物质，都属于化学危险物质。按其危险的性质可划分为10类。化学危险物质的分类及特性见表5-1。

表5-1 化学危险物质的分类及特性

类别	含义	分类分级	特性
爆炸品	凡是受摩擦、撞击、震动、热量或其他因素的影响，能发生爆炸的物品，称为爆炸品。按其性质、用途和安全要求可分为四类	(1)点火器材 用于点火和引爆雷管或黑火药，对火焰作用极为敏感。如导火索、点火绳、点火棒、拉火管等	(1)化学反应速度极快 (2)产生大量热 (3)产生大量气体，造成高压 (4)无需外界供氧
		(2)起爆器材 用来引爆炸药，对外界作用极为敏感。如导火索、雷管等	
		(3)炸药和爆炸药品 指在工农业生产或军事上利用化学能的物品。又分为起爆药，如雷汞、叠氮铅等；爆破药，如黑索金、TNT等；火药，如硝酸盐类、烟花剂等	
		(4)其他爆炸性物品 指含有火炸药的制品。如发令纸、信号弹、爆竹等	
压缩气体和液化气体	常温下是气体，经加压或降温后变成液体的称为液化气体，未变成液体的气体称为压缩气体。按气体性质可分为四类	(1)剧毒气体 毒性极强，侵入人体引起中毒甚至死亡。如氯、光气、二氧化硫、氨、硫化氢、氰、溴甲烷等	(1)气体受热或撞击后，体积会随之膨胀，产生巨大压力。可能引起物理爆炸 (2)气体泄漏逸散到空气中，易引起燃烧、爆炸和中毒事故
		(2)易燃气体 极易燃烧，与空气能形成爆炸混合物，有些还有毒性，如一氧化碳、氢、甲烷、乙炔、丙烯、石油气等	
		(3)助燃气体 本身不会燃烧，但有助燃能力，有扩大火灾的危险。如压缩空气、氧、一氧化二氮等	
		(4)不燃气体 性质稳定，不易与其他物质发生反应，不会引起燃烧，无毒但对人体有窒息性。如氮、二氧化碳等	

续表

类别	含　义	分类分级	特　性
易燃液体	凡常温下以液体状态存在，其闪点在45℃以下的物质，称为易燃液体。根据闪点不同分为两级	(1)一级易燃液体　指闪点在28℃以下的液体。如乙醛(－17℃)、乙醇(14℃)、甲苯(1℃)、乙苯(15℃)等 (2)二级易燃液体　指闪点在28℃以上，45℃以下的液体。如松节油(32℃)、丁醇(35℃)、醋酸(38℃)等	(1)发生火灾的危险性较大 (2)蒸气与空气易形成爆炸混合物 (3)易流动、有扩散性，增加了爆炸的危险性 (4)受热膨胀，易造成“胀桶” (5)易产生静电火花，引起火灾事故 (6)毒性
易燃固体[①]	凡是燃点较低，遇明火受热撞击或与某些物质接触时，会引起强烈燃烧的固体物质称为易燃固体。按其危险性分为两级	(1)一级易燃固体　燃点低、易燃烧，燃烧时极为猛烈。多数还具有毒性。如赤磷及含磷化合物、硝基化合物、闪光粉、重氮氨基苯等 (2)二级易燃固体　燃点较高，燃烧速度较慢，燃烧产物毒性较小。如镁粉、铝粉、萘及其衍生物、硫黄、硝化纤维制品等	(1)与氧化剂接触能发生剧烈反应而引起燃烧 (2)与氧化性酸作用，有些易燃固体会发生爆炸 (3)对明火、热源、摩擦、撞击比较敏感 (4)很多易燃固体或燃烧产物有毒
自燃物质[①]	凡不需外界火源作用，由于本身受空气氧化而放出热量，或受外界温度影响而积热不散，达到自燃点而引起自行燃烧的物质，称为自燃物质。按其反应速率及危险性分为两级	(1)一级自燃物质　在空气中能剧烈氧化，反应速率极快，自燃点低，极易产生自燃且燃烧猛烈，危害性大。如黄磷、三乙基铅等 (2)二级自燃物质　在空气中氧化速度比较缓慢，在积热不散的条件下能产生自燃。如含油脂的制品	(1)自燃点较低，易氧化，氧化产生的热使温度上升，温度升高又促使氧化速度加快，产生热量更多，如此反复，导致自燃 (2)在潮湿、热等影响下会分解放热，促使温度升高引起自燃 (3)接触氧化剂和金属粉末均能增大自燃危险 (4)助燃物的存在会增大自燃危险
遇水燃烧物质[①]	凡是遇水能发生剧烈反应，放出可燃气体，同时产生热量，从而引起燃烧的物质，称为遇水燃烧物质。按其危险程度分为两级	(1)一级遇水燃烧物质　遇水或酸反应速率快，放出易燃气体量多，放热量多，容易引起燃烧爆炸。如活泼金属、金属氢化物、硼氢化合物、硫的金属化合物、磷化物等 (2)二级遇水燃烧物质　遇水发生反应的速度较慢，放出的热量较少，产生的可燃气体在遇火源时才发生燃烧。如石灰氮、锌粉、保险粉(低亚硫酸钠)	(1)遇水或空气中的水分会发生剧烈反应，放出易燃气体和热量，即使当时不发生燃烧爆炸，放出的易燃气体也可能在一定空间形成爆炸混合物 (2)遇酸或氧化剂反应更剧烈，极易引起燃烧和爆炸 (3)对人体皮肤有强烈的腐蚀性，有的遇水还会产生毒性

续表

类别	含义	分类分级	特性
氧化剂	凡能氧化其他物质而自身被还原,也就是在氧化还原反应中得到电子的物质,称为氧化剂。按氧化性强弱分为两级;按组成特点分为有机和无机两类	(1)一级无机氧化剂　主要有碱金属或碱土金属的过氧化物和盐类。它们中含有过氧基(—O—O—)或高价态元素,性质不稳定,易分解,具有极强的氧化性。如氯酸钾、高锰酸钾、过氧化钠、硝酸钠等	(1)化学性质活泼,具有强烈的氧化性。遇酸、碱、潮湿、高热、还原剂,与易燃物品接触或经摩擦、撞击均能迅速分解,并放出氧和大量热,引起燃烧和爆炸 (2)有些氧化剂,特别是活泼金属的过氧化物,遇水或吸收空气中的二氧化碳和水蒸气能分解出助燃气体,导致可燃物燃烧、爆炸
		(2)二级无机氧化剂　比一级无机氧化剂相对稳定一些,但也具有较强的氧化性,也能引起燃烧。如硝酸铅、亚硝酸钠、氧化银等	
		(3)一级有机氧化剂　主要包括有机过氧化物和硝酸化合物。如过氧化苯甲酰、过氧化二叔丁醇、硝酸胍等	
		(4)二级有机氧化剂　主要指有机过氧化物,与一级有机过氧化物相比,氧化性稍弱一些。如过氧环己酮、过氧醋酸等	
毒害物质	凡少量进入人畜体内或与机体组织发生作用,就能破坏正常生理机能,引起机体暂时性或永久性病变,甚至死亡的物质,称为毒害物质	(1)无机剧毒物　主要有氰、砷、硒及其化合物。如氰化钾、三氧化二砷、氧化硒等	(1)毒物不仅毒性大,还有易燃、易爆、腐蚀等特性 (2)毒物在水中溶解度越大,毒性越大 (3)固体毒物粒子越细,越易吸入而中毒 (4)液体毒物沸点越低,挥发性越大,越易中毒 (5)毒物越无臭无味,越易中毒
		(2)无机有毒物　汞、锑、铍、铊、铅、钡、氟、磷、碲及其化合物。如氯化汞、氧化铍、氯化铊、铬酸铅、磷化锌等	
		(3)有机剧毒物　各种有机氰化物,生物碱,有机汞、铅、砷和磷的化合物。如丁腈、西力散、甲基汞、四乙基铅、对硫磷等	
		(4)有机有毒物　主要有卤代烃类,有机金属化合物类,某些芳香烃、稠环及杂环化合物类。如氯乙醇、二氯甲烷、硝基苯、菲醌、吗啡、咖啡因等	

续表

类别	含义	分类分级	特性
腐蚀性物质	凡是与人体、动植物体、纤维制品、金属等能发生化学反应并造成明显损坏现象的物质，称为腐蚀性物质。腐蚀性物质按腐蚀性强弱可分为两级，按其酸、碱性及有机物、无机物则分为八类	(1)一级无机酸性腐蚀物　具有强烈的腐蚀性和酸性的无机物。如硝酸、硫酸、氯磺酸等 (2)一级有机酸性腐蚀物　指具有强腐蚀性和酸性的有机物。如甲酸、三氯乙醛等 (3)二级无机酸性腐蚀物　主要指氧化性较差的强酸。如盐酸、磷酸等 (4)二级有机酸性腐蚀物　主要指较弱的有机酸。如冰醋酸、醋酸酐等 (5)无机碱性腐蚀物　指具有碱性的无机腐蚀物，主要是强碱以及与水能生成碱性溶液的物质。如氢氧化钠、硫化钠、氧化钙等 (6)有机碱性腐蚀物　指具有碱性有机腐蚀物，主要是有机碱金属化合物和胺类。如甲醇钠、二乙醇胺等 (7)其他无机腐蚀物　如次氯酸钙、次氯酸钠、三氯化锑等 (8)其他有机腐蚀物　如苯酚、甲醛等	(1)对人体、物品都有腐蚀作用，能造成人体化学灼伤，能与金属、布匹、木材、建筑物等发生化学反应而使之腐蚀损坏 (2)大多有毒，有的还是剧毒 (3)易燃性，有机腐蚀物遇明火极易燃烧 (4)有些腐蚀物还具有极强的氧化性
放射性物质	凡具有自发的放出射线特征的物质，称为放射性物质。射线种类很多，主要有α射线、β射线、γ射线三种	(1)α射线 (2)β射线 (3)γ射线	射线主要是通过对机体产生电离，造成损伤 (1)α射线的穿透力较弱，但电离作用很强 (2)β射线的穿透力较强，但电离作用较弱 (3)γ射线的穿透力很强，对生物组织损伤很大

① GB 13690—92《常用危险化学品的分类及标志》和GB 6944—86《危险货物分类和品名编号》两个国家标准将化学危险物质分为八类，即将易燃固体、自燃物质和遇水燃烧物质归为一类。为了培训教学方便，我们将其分为三类。

5.2 化学危险物质的储存

化学危险品仓库是易燃易爆等化学危险物品储存的场所，库址必须选择适当，布局合理，建筑物符合“规范”要求，科学规范管理，确保其储存保管安全。其储存保管安全的具体要求如下。

① 化学危险物质必须储存在专用仓库、专用场地或专用储存室（柜）内，并设专人管理。

② 化学危险物质的储存限量，由当地主管部门与公安部门规定。

③ 交通运输部门的车站、码头等地，应当修建专用仓库储存化学危险物质。

④ 储存地点及建筑结构，应根据国家的有关规定设置，并考虑对周围居民区的影响。

⑤ 化学危险物质露天堆放，应符合防火防爆的安全要求。

⑥ 化学危险物质专用仓库，应当符合有关安全、防火规定，并根据物质的种类、性质，设置相应的通风、防爆、泄压、防火、防雷、报警、灭火、防晒、调温、消除静电、防护围堤等安全设施。

⑦ 必须加强入库验收，防止发料差错，特别是爆炸物质、剧毒物质以及物理危险品（如放射性物质），应采取双人收发、双人记账、双人双锁、双人运输和双人使用“五双制”的方法进行管理。

⑧ 应经常检查，发现问题及时处理，并严格制定危险物质库房的出入制度。

⑨ 储存化学危险品的仓库，应当根据消防条例，配备相应的消防力量和灭火设施以及通信、报警装置。

⑩ 化学危险品仓库区域内严禁吸烟和使用明火。对进入区域内的机动车辆必须采取防火措施。

化学危险物质的储存，根据其危险性及灭火方法不同，应严格按表 5-2 执行。

表 5-2　化学危险品分类储存原则

组别	物质名称	储存原则	其他要求
一	爆炸性物质　如叠氮铅、雷汞、三硝基甲苯、硝铵炸药等	不准和其他任何种类的物质共同储存，起爆器材不能和炸药存放在一起	为了通风、装卸和便于出入检查，堆放得不应过高过密。对仓库的温度、湿度应加强控制和调节
二	易燃和可燃液体　如汽油、苯、丙酮、乙醇、乙醚、乙醛、松节油等	不准和其他种类物质共同储存 储存于通风阴凉的处所，并与明火保持一定的距离，在一定区域内禁止烟火	闪点较低的易燃液体，应注意控制库温。受冻易凝结成块的易燃液体，受冻后易使容器破裂，故应注意防冻
三	压缩气体和液化气体 (1)可燃气体　如氢、甲烷、乙烯、丙烯、乙炔、一氧化碳、硫化氢等	除不燃气体外，不准和其他种类的物质共同储存 气瓶的头尾方向在堆放时应取一致。气瓶堆放不宜过高。气瓶应远离热源并旋紧安全帽	气瓶搬运和堆放时不得敲击、碰撞、抛掷、滚滑。搬运时不准把瓶阀对准人身
	(2)不燃气体　如氮、二氧化碳、氖、氩等	除可燃气体、助燃气体、氧化剂和有毒物质外，不准和其他种类的物质共同储存	
	(3)助燃气体　如氧、压缩空气、氯等	除不燃气体和有毒物质外，不准和其他种类的物质共同储存	
四	遇水或空气能自燃的物质　如钾、钠、黄磷、锌粉、铝粉等	不准和其他种类的物质共同储存 钾、钠须浸入煤油或石蜡中储存，黄磷浸入水中储存	储存遇水燃烧物质的库房，应选用地势较高的地方，以保证暴雨季节不致进水，堆垛时要用干燥的枕木或垫板 自燃物质在储存中，要严格控制温湿度，注意保持阴凉、干燥的环境。不宜采取密集堆放，并保持通风，以利于及时散热。并注意做好防火防毒工作
五	易燃固体　如赤磷、萘、硫黄、三硝基苯等	不准和其他种类的物质共同储存	储存仓库要求阴凉、干燥，要有隔热措施，忌阳光照晒，要求严格防潮。易挥发、易燃固体宜密封堆放

续表

组别	物质名称	储存原则	其他要求
六	氧化剂　能形成爆炸混合物的氧化剂(如氯酸钾、硝酸钾、次氯酸钙、过氧化钠等)和能引起燃烧的氧化剂(如溴、硝酸、硫酸、高锰酸钾等)	除惰性气体外,不准和其他种类的物质共同储存	过氧化物有分解爆炸危险的,应单储存。能引起爆炸的氧化剂与能引起燃烧的氧化剂应隔离储存
七	毒害物质　如光气、氰化钾、氰化钠等	除不燃气体和助燃气体外,不准和其他种类的物质共同储存,不能与酸类接触	储存在阴凉通风的干燥场所,要避免在露天存放,包装封口必须严密,无论任何包装,外面必须贴(印)有明显名称和标志
八	腐蚀性物质　如硝酸、硫酸、盐酸等	不能与易燃物混合储存。不同的腐蚀物同库储存时,应用墙分隔	应储存在有良好通风的干燥场所,避免受热受潮 储存中应注意控制温度,防止受热或受冻造成容器胀裂
九	放射性物质	严格遵守国家关于放射性物品管理规定,必须储存在专门的设备及库房中	必须要有良好的通风装备,保证正常和充分的通风换气

5.3 化学危险物质事故的应急处理

5.3.1 报警

当发生突发性危险化学品泄漏或火灾爆炸事故时，事故单位或现场人员，除了积极组织自救外，必须及时将事故向有关部门报告。

报警内容包括：①事故时间、地点及单位；②化学品名称和泄漏量；③事故性质（外溢、爆炸、火灾）；④危险程度及有无人员伤亡；⑤报警人姓名及联系电话。

各主管单位在接到事故报警后，应迅速组织一个应急救援专业队，救援队伍在做好自身防护的基础上，快速实施救援，控制事故发展，并将伤员救出危险区域和组织群众撤离、疏散，做好危险化学品的清除工作。

等待急救队或外界的援助会使微小事故变成大灾难，因此每个工人都应按应急计划接受基本培训，使其能在发生化学品事故时采取正确的行动。

5.3.2 紧急疏散

应根据事故情况，建立警戒区域，并迅速将警戒区内与事故处理无关的人员紧急疏散。事故发生后，应根据化学品泄漏的扩散情况或火焰辐射热所涉及到的范围建立警戒区，并在通往事故现场的主要干道上实行交通管制。建立警戒区域时应注意：警戒区域的边界应设警示标志并有专人警戒；除消防及应急处理人员外，其他人员禁止进入警戒区；泄漏溢出的化学品为易燃品时，区域内应严禁有火种。

迅速将警戒区内与事故应急处理无关的人员撤离，以减少不必要的人员伤亡。紧急疏散时应注意：如事故物质有毒时，需要佩戴个体防护用品，并有相应的监护措施；应向上风方向转移，明确专人引导和护送疏散人员到安全区，并在疏散或撤离的路线上设立哨位，指明方向；不要在低洼处滞留；要查清是否有人留在污染区与着火区。

为使疏散工作顺利进行，每个车间应至少有两个畅通无阻的紧急出口，并有明显标志。

5.3.3 现场急救

在事故现场，化学品对人体可能造成的伤害为中毒、窒息、化学灼伤、烧伤、冻伤等。必须对受伤人员进行紧急救护，减少伤害。

现场急救注意事项如下。

① 进行急救时，不论患者还是救援人员都需要进行适当的防护。这一点非常重要，特别是把患者从严重污染的场所救出时，救援人员必须加以预防，避免成为新的受害者。

② 应将受伤人员小心地从危险的环境转移到安全的地点。

③ 应至少以2～3人为一组集体行动，以便互相监护照应，所用的救援器材必须是防爆的。

④ 急救处理程序化，可采取如下步骤：先除去伤病员污染衣物—然后冲洗—共性处理—个性处理—转送医院。

⑤ 处理污染物。要注意对伤员污染衣物的处理，防止发生继发性损害。

一般急救原则：对受到化学伤害的人员进行急救时，首先要做的几项紧急处理如下。

① 置神志不清的病员于侧位，防止气道梗阻，呼吸困难时给予氧气吸入；呼吸停止时立即进行人工呼吸；心脏停止者立即进行胸外心脏挤压（具体方法见第8章“一般现场急救常识”一节）。

② 皮肤受污染时，脱去污染的衣服，用流动清水冲洗；头面部灼伤时，要注意眼、耳、鼻、口腔的清洗。

③ 眼睛污染时，立即提起眼睑，用大量流动清水彻底冲洗至少15分钟。

④ 当人员发生冻伤时，应迅速复温。复温的方法是采用40～42℃恒温热水浸泡，使其在15～30分钟内温度提高至接近正常。在对冻伤的部位进行轻揉按摩时，应注意不要将伤处的皮肤擦破，以防感染。

⑤ 当人员发生烧伤时，应迅速将患者衣服脱去，用水冲洗降温，用清洁布覆盖创伤面，避免伤面污染；不要任意把水疱弄破。患者口渴时，可适量饮水或含盐饮料。

⑥ 口服者，可根据物料性质对症处理；有必要时进行洗胃。

经现场处理后，应迅速将伤员护送至医院救治。

5.3.4 化学危险物质泄漏处理

危险化学品的泄漏，容易发生中毒或转化为火灾爆炸事故，因此泄漏处理要及时、得当，避免重大事故的发生。要成功地控制化学品的泄漏，必须事先进行计划，并且对化学品的化学性质和反应特性有充分的了解。

进入泄漏现场进行处理时，应注意以下几项：进入现场人员必须配备必要的个人防护器具；如果泄漏物化学品是易燃易爆的，应严禁出现火种，扑灭任何明火及任何其他形式的热源和火源，以降低发生火灾爆炸的危险性；应急处理时严禁单独行动，要有监护人，必要时用水枪、水炮掩护；应从上风、上坡处接近现场，严禁盲目进入。

（1）爆炸物质泄漏处理　精心扫集，送至指定地点处置。有污染的爆炸物质泄漏时，要戴好防毒面具和手套，将泄漏物用水湿润，再精心扫集后送至指定地点处置（爆炸物处置方法见下一节内容）。

（2）压缩气体和液化气体泄漏处理　主要是易燃气体的泄漏处理。首先切断所有火源，关闭泄漏阀门，制止渗漏，用水喷淋关阀人员；打开通风设备，将泄漏气体送至空旷处排放或装配适当煤气喷头将其烧掉。处理易燃气体的泄漏时，必要时要穿戴防毒面具与手套，如处理一氧化碳、硫化氢等的泄漏。

（3）易燃液体泄漏处理　首先切断一切火源，戴好防毒面具与手套，及时将渗漏部位朝上，并送至安全通风场所，进行修补或更换包装。泄漏物用沙土混合，扫集后送至空旷地点任其蒸发或掩埋。被污染的地面用洗涤剂刷洗，经稀释后放入废水系统。如果是在温度较高的情况下，注意用凉水冷却容器。

（4）易燃固体泄漏处理　戴好防毒面具与手套，用湿沙土覆盖，扫集后送至空旷地点，掩埋或烧掉，或经稀碱水稀释后放入废水系统。

（5）自燃物质泄漏处理　戴好防毒面具与手套，用湿沙土覆盖，扫集后送至空旷地点，任其干燥，自行烧掉；或扫集后倒入水中，稀释后放入废水系统；或扫集后送至空旷地点掩埋。

（6）遇水燃烧物泄漏处理　戴好防毒面具与手套，用干燥沙土覆盖混合，扫集后送至空旷地点掩埋，或倒入大量水中稀释后放入废水系统。对污染的地面洒上污水碳酸钠，用水冲洗。

(7) 氧化剂泄漏处理　穿戴全身防护用具，用沙土混合，扫集后送至空旷地点，倒入大量水中；或用不燃材料吸收，送至空旷地点焚烧处理。

(8) 毒害物质泄漏处理　首先切断一切火源，戴好防毒面具与手套，用沙土或锯末混合，扫集后送至空旷地点深埋；或倒入大量水中，稀释后放掉。处理过程中注意保持环境的良好通风。

对于有感染性的物质，一旦发现泄漏，一定要避免或减少接触毒物的包装物件，迅速通知公共卫生部门或防疫部门。

(9) 腐蚀性物质泄漏处理　戴好防毒面具与手套，对酸性腐蚀物，用碳酸钠溶液中和，并用大量水冲洗，或直接用大量水冲洗；对碱性腐蚀物，用大量水冲洗，或用沙土吸收，送至空旷地点掩埋。

(10) 放射性物质泄漏处理　一旦发现放射性物质泄漏，应立即通知公共卫生部门和公安部门。

5.3.5 火灾控制

危险化学品容易发生火灾、爆炸事故，但不同的化学品以及在不同情况下发生火灾时，其扑救方法差异很大，若处置不当，不仅不能有效扑灭火灾，反而会使灾情进一步扩大。此外，由于化学品本身及其燃烧产物大多具有较强的毒害性和腐蚀性，极易造成人员中毒、灼伤。因此，扑救化学危险品火灾是一项极其重要又非常危险的工作。

化学危险物质发生火灾与一般火灾不同，如不及时扑救，其危害往往更大。对于化学危险物质火灾的扑救，灭火剂的合理配备和选用十分重要。扑救化学危险物质火灾时应注意：灭火人员不应单独灭火；出口应始终保持清洁和畅通；要选择正确的灭火剂，若选择不当，不但不能灭火，反而会发生更多的危险；灭火时还应考虑人员的安全。

表 5-3 列出了几类常见化学危险物质适用和禁用的灭火剂，供大家参考。

表 5-3　常见化学危险物质适用和禁用的灭火剂

类别	品　　种	适用灭火剂	禁用灭火剂
氧化剂	金属过氧化物	干粉灭火剂、干沙 二氧化碳灭火剂效果不佳	水、酸碱灭火剂、泡沫灭火剂、卤代烷灭火剂
	高氯酸盐类、氯酸盐类、高锰酸盐类、硝酸盐类、亚硝酸盐类等	水、干粉灭火剂、干沙 二氧化碳灭火剂、卤代烷灭火剂效果不佳	酸碱灭火剂、泡沫灭火剂
易燃气体	乙炔、乙烯等不饱和烃以及氢	水(雾状)、二氧化碳灭火剂 酸碱灭火剂、泡沫灭火剂、干粉灭火剂效果不佳	卤代烷灭火剂
	石油气等	水(雾状)、二氧化碳灭火剂、卤代烷灭火剂 酸碱灭火剂、泡沫灭火剂、干粉灭火剂效果不佳	
	沸点较高(10℃以上)的易燃气体	水(雾状)、泡沫灭火剂、二氧化碳灭火剂、卤代烷灭火剂 酸碱灭火剂、干粉灭火剂效果不佳	
易燃液体	比水重且不与水反应的，如氯苯、溴丙烷等	水、泡沫灭火剂、二氧化碳灭火剂、卤代烷灭火剂、酸碱灭火剂、干粉灭火剂、干沙	
液体	与水反应的，如乙酰氯、有机硅烷等	二氧化碳灭火剂、卤代烷灭火剂、干粉灭火剂、干沙	水、泡沫灭火剂、酸碱灭火剂
	四碳以下的醇类	二氧化碳灭火剂、卤代烷灭火剂、干粉灭火剂、干沙 水、泡沫灭火剂、酸碱灭火剂效果不佳	
	其他比水轻的，如苯、醚等	泡沫灭火剂、干沙	水、酸碱灭火剂
易燃固体	二硝基化合物类	水、泡沫灭火剂、二氧化碳灭火剂、卤代烷灭火剂、干粉灭火剂 酸碱灭火剂效果不佳	干沙大量覆盖可能导致爆炸
	与水反应的，如三硫化四磷、氨基钠等	二氧化碳灭火剂、干粉灭火剂、干沙	水、泡沫灭火剂、卤代烷灭火剂、酸碱灭火剂

续表

类别	品种	适用灭火剂	禁用灭火剂
易燃固体	金属粉末	干沙	水、泡沫灭火剂、卤代烷灭火剂、酸碱灭火剂、二氧化碳灭火剂 干粉灭火剂慎用，金属粉末量大时禁用
	硫黄粉	水、泡沫灭火剂、酸碱灭火剂、干沙、卤代烷灭火剂	二氧化碳灭火剂、干粉灭火剂
自燃物	金属烷基化合物，如三乙基铝等	二氧化碳灭火剂、干粉灭火剂、干沙慎用	水、泡沫灭火剂、酸碱灭火剂
	黄磷	水(雾状)、泡沫灭火剂、干沙	酸碱灭火剂、二氧化碳灭火剂、卤代烷灭火剂
遇水燃烧物	活泼金属，如钠、钾等	干粉灭火剂、干沙	水、泡沫灭火剂、酸碱灭火剂、二氧化碳灭火剂、卤代烷灭火剂
	金属氢化物，如氢化钾、氢化钠等	二氧化碳灭火剂、干粉灭火剂、干沙	水、泡沫灭火剂、酸碱灭火剂、卤代烷灭火剂
	电石	二氧化碳灭火剂、干粉灭火剂、干沙	水、泡沫灭火剂、酸碱灭火剂、卤代烷灭火剂
毒害物	腈类，如丙烯腈	水、二氧化碳灭火剂、卤代烷灭火剂、干粉灭火剂、干沙	酸碱灭火剂
	有机磷农药	水、泡沫灭火剂、二氧化碳灭火剂、干粉灭火剂、干沙	酸碱灭火剂
	与水不反应的毒物，如胺类、硝基苯类、苯胺类等	水、泡沫灭火剂、二氧化碳灭火剂、干粉灭火剂、卤代烷灭火剂、干沙	酸碱灭火剂
腐蚀物	忌水腐蚀物，如五氯化磷、四氯化硅、酰氯类、酸酐类等	二氧化碳灭火剂、干粉灭火剂、卤代烷灭火剂、干沙	水、泡沫灭火剂、酸碱灭火剂
	有机酸类，如冰醋酸、甲酸等	水(雾状)、泡沫灭火剂、二氧化碳灭火剂、卤代烷灭火剂、干沙	酸碱灭火剂
	碱性腐蚀物，如硫化钠、漂白粉等	水(雾状)、泡沫灭火剂、二氧化碳灭火剂、干粉灭火剂、干沙	酸碱灭火剂

(1) 扑灭爆炸品火灾的基本对策　爆炸物品一般都有专门或临时的储存仓库。这类物品由于内部结构含有爆炸性基因，受摩擦、撞击、震动、高温等外界因素激发，极易发生爆炸，遇明火则更危

险。遇爆炸物品火灾时，一般应采取以下基本对策。

① 迅速判断和查明再次发生爆炸的可能性和危险性，紧紧抓住爆炸后和再次发生爆炸之前的有利时机，采取一切可能的措施，全力制止再次发生爆炸。

② 切忌用沙土盖压，以免增强爆炸物品爆炸时的威力。

③ 如果有疏散可能，人身安全上确有可靠保障，应迅即组织力量及时疏散着火区域周围的爆炸物品，使着火区周围形成一个隔离带。

④ 扑救爆炸物品堆垛时，水流应采用吊射，避免强力水流直接冲击堆垛，以免堆垛倒塌引起再次爆炸。

⑤ 灭火人员应尽量利用现场现成的掩蔽体或尽量采用卧姿等低姿射水，尽可能地采取自我保护措施。消防车辆不要停靠在离爆炸物品太近的水源处。

⑥ 灭火人员发现有发生再次爆炸的危险时，应立即向现场指挥报告，现场指挥应迅即作出准确判断，确有发生再次爆炸征兆或危险时，应立即下达撤退命令。灭火人员看到或听到撤退信号后，应迅速撤至安全地带，来不及撤退时，应就地卧倒。

(2) 扑灭压缩或液化气体火灾的基本对策　压缩或液化气体总是被储存在不同的容器内，或通过管道输送。其中储存在较小钢瓶内的气体压力较高，受热或受火焰熏烤容易发生爆裂。气体泄漏后遇火源已形成稳定燃烧时，其发生爆炸或再次爆炸的危险性与可燃气体泄漏未燃时相比要小得多。遇压缩或液化气体火灾一般应采取以下基本对策。

① 扑救气体火灾切忌盲目扑灭火势，在没有采取堵漏措施的情况下，必须保持稳定燃烧。否则，大量可燃气体泄漏出来与空气混合，遇着火源就会发生爆炸，后果将不堪设想。

② 首先应扑灭外围被火源引燃的可燃物火势，切断火势蔓延途径，控制燃烧范围，并积极抢救受伤和被困人员。

③ 如果火势中有压力容器或有受到火焰辐射热威胁的压力容器，能疏散的应尽量在水枪的掩护下疏散到安全地带，不能疏散的

应部署足够的水枪进行冷却保护。为防止容器爆裂伤人，进行冷却的人员应尽量采用低姿射水或利用现场坚实的掩蔽体防护。对卧式储罐，冷却人员应选择储罐四侧角作为射水阵地。

④ 如果是输气管道泄漏着火，应设法找到气源阀门。阀门完好时，只要关闭气体的进出阀门，火势就会自动熄灭。

⑤ 储罐或管道泄漏关阀无效时，应根据火势判断气体压力和泄漏口的大小及其形状，准备好相应的堵漏材料（如软木塞、橡皮塞、气囊塞、黏合剂、弯管工具等）。

⑥ 堵漏工作准备就绪后，即可用水扑救火势，也可用干粉、二氧化碳、卤代烷灭火，但仍需用水冷却烧烫的罐或管壁。火扑灭后，应立即用堵漏材料堵漏，同时用雾状水稀释和驱散泄漏出来的气体。如果确认泄漏口非常大，根本无法堵漏，只需冷却着火容器及其周围容器和可燃物品，控制着火范围，直到燃气燃尽，火自动熄灭。

⑦ 现场指挥应密切注意各种危险征兆，遇有火势熄灭后较长时间未能恢复稳定燃烧或受热辐射的容器安全阀有火焰变亮耀眼、尖叫、晃动等爆裂征兆时，指挥员必须适时作出准确判断，及时下达撤退命令。现场人员看到或听到事先规定的撤退信号后，应迅速撤退至安全地带。

（3）扑灭易燃液体火灾的基本对策　易燃液体通常也是储存在容器内或用管道输送的。与气体不同的是，液体容器有的密闭，有的敞开，一般都是常压，只有反应锅（炉、釜）及输送管道内的液体压力较高。液体不管是否着火，如果发生泄漏或溢出，都将顺着地面（或水面）漂散流淌，而且易燃液体还有相对密度和水溶性等涉及能否用水和普通泡沫扑救的问题以及危险性很大的沸溢和喷溅问题。因此，扑救易燃液体火灾往往也是一场艰难的战斗。遇易燃液体火灾时，一般应采用以下基本对策。

① 首先应切断火势蔓延的途径，冷却和疏散受火势威胁的压力及密闭容器和可燃物，控制燃烧范围，并积极抢救受伤和被困人员。如有液体流淌时，应筑堤（或用围油栏）拦截漂散流淌的易燃

液体或挖沟导流。

② 及时了解和掌握着火液体的品名、相对密度、水溶性，以及有无毒害、腐蚀、沸溢、喷溅等危险性，以便采取相应的灭火和防护措施。

③ 对较大的储罐或流淌火灾，应准确判断着火面积。

小面积（一般50平方米以内）液体火灾，一般可用雾状水扑灭。用泡沫、干粉、二氧化碳、卤代烷（1211，1301）灭火一般更有效。

大面积液体火灾则必须根据其相对密度、水溶性和燃烧面积，选择正确的灭火剂扑救。

比水轻又不溶于水的液体（如汽油、苯等），用直流水、雾状水灭火往往无效。可用普通蛋白泡沫或轻水泡沫灭火。用干粉、卤代烷扑救时灭火效果要视燃烧面积大小和燃烧条件而定，最好用水冷却罐壁。

比水重又不溶于水的液体（如二氧化碳）起火时可用水扑救。水能覆盖在液面上灭火。用泡沫也有效。用干粉、卤代烷扑救，灭火效果要视燃烧面积大小和燃烧条件而定，最好用水冷却罐壁。

具有水溶性的液体（如醇类、酮类等），虽然从理论上讲能用水稀释扑救，但用此法要使液体闪点消失，水必须在溶液中占很大的比例。这不仅需要大量的水，也容易使液体溢出流淌，而普通泡沫又会受到水溶性液体的破坏（如果普通泡沫强度加大，可以减弱火势），因此，最好用抗溶性泡沫扑救。用干粉或卤代烷扑救时，灭火效果要视燃烧面积大小和燃烧条件而定，也需用水冷却罐壁。

④ 扑救毒害性、腐蚀性或燃烧产物毒害性较强的易燃液体火灾时，扑救人员必须佩戴防护面具，采取防护措施。

⑤ 扑救原油和重油等具有沸溢和喷溅危险性的液体火灾时，如有条件，可采用取放水、搅拌等防止发生沸溢和喷溅的措施，在灭火的同时必须注意计算可能发生沸溢、喷溅的时间和观察是否有沸溢、喷溅的征兆。指挥员发现危险征兆时应迅即作出准确判断，及时下达撤退命令，避免造成人员伤亡和装备损失。扑救人员看到

或听到统一撤退信号后，应立即撤至安全地带。

⑥ 遇易燃液体管道或储罐泄漏着火时，在切断蔓延途径，把火势限制在一定范围内的同时，对输送管道应设法找到并关闭进、出阀门，如果管道阀门已损坏或是储罐泄漏，应迅速准备好堵漏材料，然后先用泡沫、干粉、二氧化碳或雾状水等扑灭地上的流淌火焰，为堵漏扫清障碍，其次再扑灭泄漏口的火焰，并迅速采取堵漏措施。与气体堵漏不同的是，液体一次堵漏失败，可连续堵几次，只要用泡沫覆盖地面，并堵住液体流淌和控制好周围着火源，不必点燃泄漏口的液体。

（4）扑灭易燃固体、易燃物火灾的基本对策　易燃固体、易燃物品一般都可用水或泡沫扑救，相对其他种类的化学危险物品而言是比较容易扑救的，只要控制住燃烧范围，逐步扑灭即可。但也有少数易燃固体、自燃物品的扑救方法比较特殊，如2,4-二硝基苯甲醚、二硝基萘、萘、黄磷等。

① 2,4-二硝基苯甲醚、萘等是能升华的易燃固体，受热发出易燃蒸气。火灾时可用雾状水、泡沫扑救并切断火势蔓延途径，但应注意，不能以为明火焰被扑灭即已完成灭火工作，因为受热以后升华的易燃蒸气能在不知不觉中飘逸，在上层与空气能形成爆炸性混合物，尤其是在室内，易发生爆燃。因此，扑救这类物品火灾千万不能被假象所迷惑。在扑救过程中应不时向燃烧区域上空及周围喷射雾状水，并用水浇灭燃烧区域及其周围的一切火源。

② 黄磷是自燃点很低、在空气中能很快氧化升温并自燃的物品。遇黄磷火灾时，首先应切断火势蔓延途径，控制燃烧范围。对着火的黄磷应用低压水或雾状水扑救。高压直流水冲击能引起黄磷飞溅，导致灾害扩大。黄磷熔融液体流淌时应用泥土、砂袋等筑堤拦截并用雾状水冷却，对磷块和冷却后已固化的黄磷，应用钳子钳入储水容器中。来不及钳时可先用砂土掩盖，但应作好标记，等将火势扑灭后，再逐步集中到储水容器中。

③ 少数易燃固体和自燃物品不能用水和泡沫扑救，如三硫化二磷、铝粉、烷基铝、保险粉等，应根据具体情况区别处理。宜选

用干沙和不用压力喷射的干粉扑救。

(5) 扑灭遇水自燃物火灾的基本对策　遇湿易燃物品能与潮湿和水发生化学反应，产生可燃气体和热量，有时即使没有明火也能自动着火或爆炸，如金属钾、钠以及三乙基铝（液态）等。因此，这类物品有一定数量时，绝对禁止用水、泡沫、酸碱灭火器等湿性灭火剂扑救。这类物品的这一特殊性给其火灾时的扑救带来了很大的困难。

通常情况下，遇湿易燃物品由于其发生火灾时的灭火措施特殊，在储存时要求分库或隔离分堆单独储存，但在实际操作中有时往往很难完全做到，尤其是在生产和运输过程中更难以做到，如铝制品厂往往遍地积有铝粉。对包装坚固、封口严密、数量又少的遇湿易燃物品，在储存规定上允许同室分堆或同柜分格储存，这就给其火灾扑救工作带来了更大的困难，灭火人员在扑救中应谨慎处置。对遇湿易燃物品火灾一般采取以下基本对策。

① 首先应了解清楚遇湿易燃物品的品名、数量、是否与其他物品混存、燃烧范围、火势蔓延途径。

② 如果只有极少量（一般50克以内）遇湿易燃物品，则不管是否与其他物品混存，仍可用大量的水或泡沫扑救。水或泡沫刚接触着火点时，短时间内可能会使火势增大，但少量遇湿易燃物品燃尽后，火势很快就会熄灭或减小。

③ 如果遇湿易燃物品数量较多，且未与其他物品混存，则绝对禁止用水或泡沫、酸碱等湿性灭火剂扑救。遇湿易燃物品应用干粉、二氧化碳、卤代烷扑救，只有金属钾、钠、铝、镁等个别物品用二氧化碳、卤代烷无效。固体遇湿易燃物品应用水泥、干沙、干粉、硅藻土和蛭石等覆盖。水泥是扑救固体遇湿易燃物品火灾比较容易得到的灭火剂。对遇湿易燃物品中的粉尘如镁粉、铝粉等，切忌喷射有压力的灭火剂，以防止将粉尘吹扬起来，与空气形成爆炸性混合物而导致爆炸发生。

④ 如果有较多的遇湿易燃物品与其他物品混存，则应先查明是哪类物品着火，遇湿易燃物品的包装是否损坏。可先用开关水枪

向着火点吊射少量的水进行试探，如未见火势明显增大，证明遇湿物品尚未着火，包装也未损坏，应立即用大量水或泡沫扑救，扑灭火势后立即组织力量将淋过水或仍在潮湿区域的遇湿易燃物品疏散到安全地带分散开来。如射水试探后火势明显增大，则证明遇湿易燃物品已经着火或包装已经损坏，应禁止用水、泡沫、酸碱灭火器扑救，若是液体应用干粉等灭火剂扑救，若是固体应用水泥、干沙等覆盖，如遇钾、钠、铝、镁轻金属发生火灾，最好用石墨粉、氯化钠以及专用的轻金属灭火剂扑救。

⑤ 如果其他物品火灾威胁到相邻的较多遇湿易燃物品，应先用油布或塑料膜等其他防水布将遇湿易燃物品遮盖好，然后再在上面盖上棉被并淋上水。如果遇湿易燃物品堆放处地势不太高，可在其周围用土筑一道防水堤。在用水或泡沫扑救火灾时，对相邻的遇湿易燃物品应留一定的力量监护。

由于遇湿易燃物品性能特殊，又不能用常用的水和泡沫灭火剂扑救，从事这类物品生产、经营、储存、运输、使用的人员及消防人员平时应经常了解和熟悉其品名和主要危险特性。

(6) 扑灭氧化剂和有机过氧化物火灾的基本对策　氧化剂和有机过氧化物从灭火角度来讲是一个杂类，既有固体、液体，又有气体；既不像遇湿易燃物品一概不能用水和泡沫扑救，也不像易燃固体几乎都可用水和泡沫扑救。有些氧化物本身不燃，但遇可燃物品或酸碱能着火和爆炸。有机过氧化物（如过氧化二苯甲酰等）本身就能着火、爆炸，危险性特别大，扑救时要注意人员防护。不同的氧化剂和有机过氧化物火灾，有的可用水（最好雾状水）和泡沫扑救，有的不能用水和泡沫扑救，有的不能用二氧化碳扑救，酸碱灭火剂则几乎都不适用。因此，扑救氧化剂和有机过氧化物火灾是一场复杂而又艰难的战斗。遇到氧化剂和有机过氧化物火灾，一般应采取以下基本对策。

① 迅速查明着火或反应的氧化剂和有机过氧化物以及其他燃烧物的品名、数量、主要危险性、燃烧范围、火势蔓延途径、能否用水或泡沫扑救等。

② 能用水或泡沫扑救时，应尽一切可能切断火势蔓延途径，使着火区孤立，限制燃烧范围，同时应积极抢救受伤和被困人员。

③ 不能用水、泡沫、二氧化碳扑救时，应用干粉、水泥、干沙覆盖。用水泥、干沙覆盖时应先从着火区域四周尤其是下风等火势主要蔓延方向覆盖起，形成孤立火势的隔离带，然后逐步向着火点逼近。

由于大多数氧化剂和有机过氧化物遇酸会发生剧烈反应甚至爆炸，如过氧化钠、过氧化钾、氯酸钾、高锰酸钾、过氧化二苯甲酰等，活泼金属过氧化物等一部分氧化剂也不能用水、泡沫和二氧化碳扑救，因此，专门生产、经营、储存、运输、使用这类物品的单位和场合不要配备酸碱灭火器，对泡沫和二氧化碳也应慎用。

(7) 扑灭毒品、腐蚀品火灾的基本对策　毒害品和腐蚀品对人体都有一定的危害。毒害品主要经口或吸入蒸气或通过皮肤接触引起人体中毒。腐蚀品是通过皮肤接触使人体形成化学灼伤。毒害品、腐蚀品有些本身能着火，有些本身并不着火，但与其他可燃物品接触后能着火。这类物品发生火灾一般应采取以下基本对策。

① 灭火人员必须穿防护服，佩戴防护面具。一般情况下采取全身防护即可，对有特殊要求物品的火灾，应穿着专用防护服。考虑到过滤式防毒面具防毒范围的局限性，在扑救毒害品火灾时应尽量使用隔绝式氧气或空气面具。为了在火场上能正确使用和适应，平时应进行严格的适应性训练。

② 积极抢救受伤和被困人员，限制燃烧范围。毒害品、腐蚀品火灾极易造成人员伤亡，灭火人员在采取防护措施后，应立即投入寻找和抢救受伤、被困人员的工作，并努力限制燃烧范围。

③ 扑救时应尽量使用低压水流或雾状水，避免腐蚀品、毒害品溅出。遇酸类或碱类腐蚀品最好调制相应的中和剂稀释中和。

④ 遇毒害品、腐蚀品容器泄漏，在扑灭火势后应采取堵漏措施。腐蚀品需用防腐材料堵漏。

⑤ 浓硫酸遇水能放出大量的热，会导致沸腾飞溅，需特别注意防护。扑救浓硫酸与其他可燃物品接触发生的火灾，浓硫酸数量

不多时，可用大量低压水快速扑救。如果浓硫酸量很大，应先用二氧化碳、干粉、卤代烷等灭火，然后再把着火物品与浓硫酸分开。

(8) 扑灭放射性物品火灾的基本对策　放射性物品是一类发射出人类肉眼看不见但却能严重损害人类生命和健康的 α 射线、β 射线、γ 射线和中子流的特殊物品。扑救这类物品火灾时必须采取特殊的能防护射线照射的措施。平时生产、经营、储存和运输、使用这类物品的单位及消防部门，应配备一定数量的防护装备和放射性测试仪器。遇这类物品火灾时一般应采取以下基本对策。

① 先派出精干人员携带放射性测试仪器，测试辐射（剂）量和范围。测试人员应尽可能地采取防护措施。对辐射（剂）量超过 0.0387C/kg 的区域，应设置写有“危及生命、禁止进入”文字说明的警告标志牌。对辐射（剂）量小于 0.0387C/kg 的区域，应设置写有“辐射危险、请勿接近”的警告标志牌。测试人员还应进行不间断巡回监测。

② 对辐射（剂）量大于 0.0387C/kg 的区域，灭火人员不能深入辐射源纵深灭火进攻。对辐射（剂）量小于 0.0387C/kg 的区域，可快速出水灭火或用泡沫、二氧化碳、干粉、卤代烷扑救，并积极抢救受伤人员。

③ 对燃烧现场包装没有被破坏的放射性物品，可在水枪的掩护下佩戴防护装备，设法疏散。无法疏散时，应就地冷却保护，防止造成新的破损，增加辐射（剂）量。

④ 对已破损的容器切忌搬动或用水流冲击，以防止放射性沾染范围扩大。

5.3.6 化学危险物质处置

(1) 爆炸物的销毁　凡确认不能或不再使用的爆炸性物质，必须在当地公安部门的认可指定下，选择适当的地点、时间及方法予以销毁。爆炸物的销毁一般有四种方法。

① 爆炸法　将需销毁处理的爆炸物质，选择适当的地点用起爆器材引爆。

② 烧毁法　将需销毁处理的爆炸物质，铺成薄层用导火索引

燃烧毁。对起爆物质（如雷管）的销毁不宜采用此法。数量大的销毁应分批进行。

③ 溶解法　将能溶于水而失去爆炸性能的爆炸物放进水里，使其消除危险性。

④ 化学分解法　对于能与其他物质发生反应分解的爆炸物，可以选用化学分解法进行处理。

（2）危险废物的处置　危险废物的处理是危险物质管理中重要的一环。常用的处置方法有焚烧法和安全填埋法。

① 焚烧法　焚烧法指利用专门的处理装置使危险废物在高温下氧化分解，转化为可向环境排放的产物的方法。焚烧法适用于处置有机类危险废物。

② 填埋法　主要用于处置固体危险废物，是历史最悠久、应用最广泛的一种方法。填埋法处置技术最关键的环节是防渗漏。

（3）毒害物污染的处置　清除有毒害作用物质污染的主要措施，一是用有一定压力的水进行喷射冲洗，或用热水冲洗；二是用化学物质进行中和、氧化或还原；三是用沙土或锯末混合铲除，然后填埋。

（4）放射物的处置　放射性物质有自身衰变而减弱直至消失的特点，因而对放射物经常采用储存放置的方法进行处理。除此之外，对液体放射性废物，可采用稀释法、凝集沉淀法、离子交换法、蒸发法、固化法等；对固体放射性废物，可采取焚烧法、填埋法；对气体放射性废物，可采取过滤法、吸附法。

事故案例

【案例1】 1983年5月，江苏省某化工研究所去安徽省某化工研究所购运氯化异丙烷，在返回途中发生爆炸。

事故的主要原因　由于盛装氯化异丙烷采用的是铝质桶，结果，铝与氯化异丙烷发生反应，生成了一种不稳定化合物，在受热和震动时发生了爆炸。

【案例2】 1984年4月，辽宁省某市自来水公司用汽车运液氯钢瓶到沈阳市某化工厂罐装液氯，在返回途中，发生氯气泄漏事件，500余名居民吸入氯气中毒。

事故的主要原因 该自来水公司违反了化学危险品运输车不得在闹市、居民区等处停留的规定，在沈阳街道上停车，运输人员去办其他事，在此期间，一只钢瓶易熔塞发生泄漏，氯气扩散至周围居民区，造成人中毒事件，严重扰乱了社会治安。

【案例3】 1984年4月26日，前苏联切尔诺贝利核电站4号机组发生爆炸，造成31人当场死亡，大量强辐射物质泄漏，成为人类和平利用核能史上的一次大灾难。时至2003年4月，乌克兰共有250万人因切尔诺贝利核事故而身患各种疾病，其中包括47.3万儿童。核事故发生后的今天，在乌克兰的核受害者中最常见的是甲状腺疾病、造血系统障碍疾病、神经系统疾病以及恶性肿瘤等。

事故的主要原因 第4号机组的操作人员不顾安全纪律，严重违反操作程序。他们急于完成一次实验，悍然切断所有安全保护设备，这相当于把汽车的煞车、方向盘全部移除，同时踩足油门，完全没有控制，发生灾害在所难免，结果使燃料棒破裂而导致堆芯熔毁的事故，熔融的燃料碎片与沸腾水因快速的化学反应而产生水蒸气爆炸，热碎片及火焰由反应堆厂房顶部窜出，造成厂房附近多处失火；反应堆内的辐射物质外泄到大气中，随风飘散。

【案例4】 1984年12月，美国联合碳化物公司在印度中央邦首府博帕尔市的一家农药厂发生45吨剧毒的甲基异氰酸酯泄漏事件，死亡2500余人，约5万人失明，20万人受到不同程度的伤害。大批牲畜死亡，空气、水源都受到严重污染。

事故的主要原因 一个45吨的甲基异氰酸酯储罐受外界影响温度升高，造成压力急剧升高，安全阀失灵破裂，加之报警系统失灵，紧急处置洗涤系统也失效，气体排放时火炬又未能点燃，终于酿成了至今为止最大的一次化工安全事故。

【案例5】 1993年8月，广东省深圳市某公司化学危险品仓库发生特大爆炸火灾事故，死亡15人，重伤34人，轻伤107人，直接经济损失达2.5亿元。

事故的主要原因 公司违规将干杂仓库改作化学危险品仓库，且仓库内化学危险品存放严重违反化学危险品储存安全要求。干杂仓库4号仓内混存的氧化剂与还原剂接触是事故的直接原因。

【案例6】 1999年6月，湖南湘潭市某精细化工有限公司装有化学危险品的原料仓库发生特大火灾，800平方米的简易原料仓库被烧掉一半，烧毁化工原料51种，直接财产损失238万元。14名消防官兵、5名企业专职消防队员在灭火时中毒。

事故的主要原因 仓库内存放有氯丙烯、丙烯腈、冰醋酸、亚硝酸钠等危险物品，且相互混存，没有防火分隔。存在部分化学性质相抵触的物品发生过渗漏、散落的事实。起火原因是氯丙烯、丙烯腈等有机易燃物质与重铬酸钠、亚硝酸钠等无机氧化剂混合接触发生分解、放热、聚合等化学反应引起自燃着火成灾。

【案例7】 2003年1月，山东省枣庄市某企业五宿舍突然发生液化气爆炸事故，7人死亡，多人受伤。

事故的主要原因 管道液化气大量泄漏后遇明火而引发爆炸。爆炸单元楼户顶板和墙体全被炸开，女主人尸体被掀出楼下数米开外；爆炸殃及对面住户，猛然塌下的楼板致使室内男主人丧命。与此同时，巨大的威力将下层5楼顶板和部分墙体被炸塌，致使客厅中5名正在吃午饭的男女老少全部被砸死。强大的冲击波将附近楼房玻璃几乎全部摧毁，多名正在做饭的居民被飞溅的玻璃穿伤。

1. 化学危险物质按其危险性质划分为哪几类？
2. 化学危险物质储存的基本安全要求是什么？

3. 简述化学危险物质事故的应急处理步骤。

4. 发生化学危险物质事故时，如何进行紧急疏散?

5. 化学危险物质事故现场急救的注意事项有哪些?

6. 试总结各类化学危险物质发生火灾时的共性基本对策。

7. 如何处理化学危险物质的泄漏?

8. 如何处置化学危险物质?

第 6 章

化工单元及典型反应过程安全技术

培训目标

1. 了解化工生产中常见的事故原因。

2. 明确化工生产废气燃排放过程操作安全技术；明确化工污水排放安全技术。

3. 学会化工生产中主要化工单元操作中的安全操作要领；学会化工生产中常见化学反应过程安全操作技术。

6.1 化工生产中常见事故原因

化工生产过程中使用、接触的化学危险物质种类繁多，生产工艺复杂多样，因此发生事故的原因也是千变万化的，很难进行清晰的分类概括。在此仅就化工生产中发生过的一些常见事故原因进行简单的概括说明。

（1）装置内产生新的易燃易爆物　有些装置和储罐在正常情况下是安全的，如果在反应和储存过程中混入了某些物质而发生化学反应，生成了新的易燃易爆物质，在一定的条件下就会发生事故。如浓硫酸储存在碳素钢材料的罐中是安全的，但若混入了水变成了稀硫酸，就会和碳钢发生反应放出氢气，氢气与储罐上部的空气混合，很容易发生爆炸事故。

（2）易燃易爆物在系统内积聚　在生产过程中，原料带入或反应生成的易燃易爆物集聚在工艺系统内，如果不能及时排除或处理，一旦条件具备（如遇明火或遇高温），就会发生火灾爆炸。如乙醛氧化生产醋酸的过程，乙醛氧化反应生成的中间产物是过氧醋酸，过氧醋酸再分解为醋酸。过氧醋酸是不稳定化合物，当其积累到一定量，温度的波动会导致其发生突发性爆炸，因此，生产中应采用催化剂加快其分解速度，避免积累。再比如氯碱生产过程中，电解食盐水中如果带入了氯化铵，氯化铵在电解时会生成三氯化氮夹杂在氯气中，三氯化氮也是不稳定化合物，一旦在热交换器中积聚到一定量，就会引起分解爆炸。

（3）高温下物料气化分解　化工生产中所遇到的气化温度较低的易燃液体（如乙醚等），在高温下气化产生高压，发生爆炸。生产中的加热过程，如果管道发生阻塞，局部温度升高，可能造成某些热载体在高温下发生分解（如连苯醚在390℃下会分解出氢、氧和苯等）产生高压，引起爆炸。再比如夏天液化气打火机、护发摩丝等发生爆炸，都是高温下气化分解造成的。

（4）高热物料泄漏自燃或物料泄漏遇高温表面或明火　生产过

程中有些反应物料的温度超过了自燃点，一旦泄漏与空气接触就会引起燃烧。如催化裂化过程、烃类热裂解过程等有机物原料高温反应的过程中，管道、设备接口或取样点、热电偶测温点等发生泄漏，都会引起火灾甚至爆炸事故。

生产过程中由于管道、设备接口或取样点、热电偶测温点发生泄漏或放空管位置不当，泄漏或放出物料溅落到附近高温设备表面或遇明火，都会引起燃烧。

(5) 反应热骤增　参加反应的物料，如果配比、投料速度和加料顺序等控制不当，会造成反应剧烈，产生大量反应热。反应热不能及时移出，就可能引起超压爆炸。

(6) 原料杂质含量过高　化工生产中许多化学反应对原料中杂质含量要求很严格，有的杂质在反应过程中可能生成危险的副产物(如自燃物质)，导致事故。如电石法生产乙炔的过程中，若电石中磷化钙的含量过高，在遇水时会反应生成磷化氢，磷化氢遇空气就会燃烧，引起乙炔和空气混合气体发生爆炸。

(7) 生产系统和检修系统串通　在化工生产中，很多情况下的临时性检修或小修都是在部分停车情况下进行的，如果没有采取可靠的措施（最常用的是加盲板）将生产系统与停车检修系统隔绝，就容易引发火灾、爆炸、中毒等事故。

(8) 系统压力变化　化工生产过程中，系统压力受各方面影响发生变化，可以造成物料倒流、正压系统变负压、负压系统变正压，最终引起事故。如有些常压装置或容器，由于各种原因造成温度下降，里面的易燃易爆蒸气冷凝，就会形成负压，空气便有可能被吸入，与里面的易燃易爆物混合形成爆炸混合物，一旦出现撞击火花等点火源，就会发生爆炸事故。有些负压装置或容器，当出现温度上升、设备管路堵塞、投料量和压力增大或气体排出量减少等情况时，都会使压力升高，负压系统变为正压，可能造成物料外泄，遇空气引起燃烧爆炸。

(9) 传热介质和传热方法选择不当　换热是化工生产中最常见的单元过程之一，传热介质选用不当或加热方法选择不当，都很容易发生事故。一定要了解被加热物料和传热介质的性质，要清楚两者之间是否会发生危险性反应，要清楚在工艺要求的加热温度下，被加热物料和传热介质本身是否会发生分解等变化，造成事故。

（10）危险物质处理不当　很多化学物质都具有易燃、易爆、腐蚀、有毒等特性。在生产、使用、装卸、运输、储存过程中，如果操作不当或措施不力，都会引发事故。

（11）不可抗拒或不可预见的外部因素　在生产过程中，由于自然灾害、停水、停电、停气等，不仅会造成设备停车，如果处理不当，也很容易引发各种事故。因此，一般企业在制定工艺操作规程、岗位操作法和安全规程时，都会考虑这些不可抗拒或不可预见的外部因素可能造成的危害，制定紧急停车处理等应急方案，以免发生突然变故时带来重大的损失。

6.2　主要化工单元操作安全技术

6.2.1　物料输送

化工生产中，各种原材料、中间产品、产品、副产品以及废弃物等都需要进行输送，因此实现安全输送对于保证安全生产是十分重要的。化工生产物料的输送应根据物料形态（如块状、粉状、液态、气态等）和物料特性（如易燃、易爆、有毒、腐蚀等）的不同，采用不同的方式和设备。

（1）块状与粉状物料的输送　在生产中多采用皮带输送、螺旋输送、刮板输送、链斗输送、斗式提升、高位密闭溜槽以及气力输送等形式。

① 皮带、螺旋、刮板、链斗、斗式提升等　这类输送形式连续往返运转，在运行中可能由于设备本身发生事故或由于操作失误造成停车，也可能因不小心造成人身伤害。

皮带、螺旋、刮板、链斗、斗式提升等输送设备最主要的部分是传动部分。

a. 皮带传动　主要由皮带和皮带轮组成。皮带要根据输送物料的性质、负荷、运转速度及传动马力大小进行合理选择。皮带必须要有足够的强度，连接处要平滑，松紧要适当。要防止在运行过程中因高温物料烧坏皮带，或因皮带偏斜刮挡造成皮带撕裂的事故发生。特别提醒：皮带与皮带轮接触部位是极其危险的部位，操作者一不小心，肢体或头发就会被卷入，可能造成断肢、头皮撕裂等伤害，甚至会危及生命。因此皮带与皮带轮接触部位应设置安装防护罩；操作时应注意穿戴，如女工应戴帽子等，防止衣角、头发等被卷入。

b. 齿轮传动　主要由齿轮、齿条和链条等组成。要保证齿轮与齿轮、齿轮与齿条、齿轮与链条很好地啮合，齿轮、齿条和链条都要有足够的强度，链条的松紧要适当，要尽量保证负荷的均匀，要防止卡料而拉断链条或链板，甚至整个输送设备机架。斗式提升机还要注意因链带拉断而造成的料斗与链条坠落可能造成的砸伤事故，应设置防坠落保护装置。下料操作时应小心防止摇把伤人。对于螺旋输送器，要注意螺旋导叶与壳体之间的间隙、物料的粒度及混入杂物（如金属块等），防止破坏导叶和壳体。特别提醒：齿轮与齿轮、齿轮与齿条、齿轮与链条的啮合部位是极其危险的部位，要有防护装置，防止绞入造成重大人身伤害。

c. 传动轴部位　主要由轴、联轴器、键和固定螺丝等组成。为防止高速旋转下造成的伤害，应设置安装防护罩。

对于皮带、螺旋、刮板、链斗、斗式提升等输送系统，为保证安全，还应设置安装超负荷、超行程自动停车装置和紧急事故停车装置。对输送设备应经常进行维护，做好润滑、加油和清扫工作，最好安装自动注油和清扫装置，否则，维护应在停车状态下进行。设备检修时，应断电并在电闸处有特别提示或派专人看管，最好在传动部分上卡子，一定要避免检修过程中突然送电造成人身伤害。

② 气力输送　借助风机或真空泵产生的气流动力实现固体物料的输送。常见的有吸送式和压送式两种。气力输送系统，除系统本身设备因故障损坏外，最大的安全问题是系统的堵塞和由摩擦静电引起的粉尘爆炸。

a. 堵塞　由于黏性或湿度过高、颗粒沉淀、管道连接不同心、管道过粗、管径突然变大、漏风等原因，都会造成物料在入口处、拐弯处、连接处等发生物料堵塞。因此，采用气力输送时，应尽可能采取水平输送，减少拐弯，尤其是上下拐弯，两个拐弯不能太近，应保证合适的输送速度。输送管道内壁要求光滑，不要有褶皱或凹凸，要保证管道的密闭性。

b. 静电　粉状物料在气力输送系统中，和管壁摩擦会产生静电，必须采取措施及时消除静电，否则很容易引起粉尘爆炸。常用的消除静电的措施有选用导电材料制造管道（一般用金属管道），并有良好的接地；保证一定的气流速度，减少摩擦电荷；定期清扫管内壁。

（2）液态物料的输送　在生产中，主要采用泵输送液体。通常有离心泵、往复泵、旋涡泵、齿轮泵、螺杆泵、流体作用泵等。其中最常用的是离心泵和往复泵。

① 离心泵　离心泵的使用应注意以下几个方面的问题。

a. 振动造成泄漏　离心泵在运转时会产生机械振动，如果安装基础不坚固，由于振动会造成法兰连接处松动和管路焊接处破裂，会引发物料泄漏事故。因此，安装离心泵要有坚固的基础，并且要经常检查泵与基础连接的地脚螺丝是否松动。

b. 静电引起燃烧　管内液体流动与管壁摩擦会产生静电，引起事故，因此管道应有可靠的接地措施。

c. 入口吸入位置不对　如果泵吸入位置不当，会在吸入口产生负压吸入空气，引起事故。一般泵入口应设在容器底部或将吸入口深入液体深处。为防止杂物进入泵体引起机械事故，吸入口应加设滤网。

d. 联轴器绞伤　由于电机的高速运转，联轴器处容易造成对人员的绞伤事故。因此泵与电机的联轴器处应安装防护罩。

② 往复泵　往复泵使用时应注意以下几个方面。

a. 泄漏　活塞、套缸的磨损、缺少润滑油，以及吸液管处法兰松动等，都会造成物料泄漏，引发事故。因此注油处油壶要保证有液位，要经常检查法兰是否松动。

b. 开车空气排空　开车时内缸中空气如果不排空，空气混入液体物料会引发事故，因此，开车时应将内缸充满水或所输送的液体，排除缸中空气，若出口有阀门，应打开阀门。

c. 流量调节误操作　往复泵操作严禁用出口阀门调节流量，否则可能造成缸内压力急剧变化，引发事故。

（3）气态物料的输送　化工生产中，用于气体输送的设备有往复式压缩机、离心式压缩机、旋转式压缩机、真空泵等几类。

① 往复式压缩机　往复泵使用时应注意以下几个方面。

a. 散热不好　汽缸内的气体被压缩后，体积缩小，温度会升高，如果不及时散热，会引起事故。因此，往复式压缩机必须要有散热装置，可以采用冷却水夹套或散热翅片。采用冷却水夹套散热时，注意冷却水不能进入汽缸，以防发生水锤，引起事故。

b. 泄漏　活塞、套缸的磨损、缺少润滑油，以及气体进出口处法兰垫圈损坏等，都会造成气体外逸，从而引发事故。因此注油处油壶要保证有液位，要经常检查垫圈。对于输送空气和氧气的往复压缩机，润滑剂不能用油类，一般采用含 10%左右甘油的蒸馏水，加入量应以既能充分润滑又不产生水锤为准。

c. 部件材质不匹配　压缩机部件的材质应注意根据输送气体的特性进行选择。比如输送乙炔气体的压缩机，同乙炔接触的部件就不能用铜材料，否则乙炔会与铜发生反应生成不稳定的乙炔铜，发生爆炸事故。

② 离心式压缩机　离心式压缩机的安全主要是泄漏问题。要防止因振动等原因造成的气体外逸，引发事故。

③ 旋转式压缩机　旋转式压缩机的安全主要是操作温度问题。操作温度不能过高，否则容易使转子受热膨胀而发生碰撞，甚至咬死，引发事故。

④ 真空泵　真空泵的安全主要是密封问题。输送易燃易爆气体时，设备密封一定要保证，要防止负压吸入空气引发爆炸事故。可以采用液环真空泵。

6.2.2 粉碎

在化工生产中，采用固体物料作反应原料或作催化剂，为增大表面积，经常要进行固体粉碎或研磨操作。即利用挤压、撞击、研磨和劈裂等方法，将大块物料最终变为粉状。粉碎或研磨有干法和湿法两类。粉碎研磨过程的应注意以下问题。

① 系统密闭、通风　粉碎研磨过程必然会产生大量粉尘，为防止粉尘扩散引起的各种事故，粉碎研磨设备必须要做好密闭，同时操作环境要保持良好的通风，必要时可装设喷淋设备。

② 系统内摩擦　对于进行可燃、易燃物质粉碎研磨的设备，应有可靠的接地和防爆装置，要保持设备良好的润滑状态，防止摩擦生热和产生静电，引起粉尘燃烧爆炸。

③ 系统的惰性保护　为确保易燃易爆物质粉碎研磨过程的安全，密闭的研磨系统内应通入惰性气体进行保护。

6.2.3 混合

混合是化工生产中最基本的单元过程之一。包括液体与液体的混合、固体与液体的混合、固体与固体的混合、气体与气体的混合不包括在内。常用的混合设备有机械搅拌（如板式、框式、锚式、螺旋桨式、涡轮式等）和气流搅拌两种。混合操作也是一个比较危险的过程。操作时应注意以下几个问题。

① 桨叶强度与转速　采用机械搅拌进行混合的过程，桨叶强度是非常重要的。桨叶强度要高，安装要牢固，桨叶的长度不能过长，搅拌转速不能随意提高，否则容易导致电机超负荷、桨叶折断以及物料飞溅等事故。

② 设备密闭　对于混合能产生易燃易爆或有毒物质的过程，混合设备应保证很好的密闭，并充入惰性气体进行保护。

③ 防静电　对于混合易燃、可燃粉尘的设备，应有很好的接地装置，并应在设备上安装爆破片。

④ 搅拌突然停止　由于负荷过大导致电机烧坏或突然停电造成的搅拌停止，会导致物料局部过热，引发事故。因此应有紧急应对措施，如设置冷却装置等。

⑤ 检修安全　机械搅拌设备检修时，应切断电源并在电闸处明示或派专人看守，以防设备突然启动造成重大人身伤害。

6.2.4　加料

化工生产中投料方式一般有压入投料法、负压抽入投料法、人工投料法三种。

(1) 压入投料法　是正压下投料采用的方法。采用压入法加料时应注意以下几个问题。

① 置换　压入易燃物料时应先对加入设备（如反应器等）进行惰性气体吹扫置换，然后压入物料，防止压入时物料与空气混合可能产生的危险。

② 防静电　压入易燃物料时必须严格控制压力，以防物料猛烈喷射摩擦产生静电火花，引起意外事故，同时设备系统应有良好的接地。

③ 防泄漏　正压系统应保证良好的密封，防止因物料逸出引发的事故。

(2) 负压抽入投料法　对于逸出后容易造成中毒、爆炸等事故的物料，可以采用负压抽入法进行加料。采用负压抽入法应注意以下几个问题。

① 防静电　液体加料时，应从设备底部进入，不要从顶部向下喷淋，初始加料时速度要慢，以减少静电危险。设备应有良好的接地装置。

② 控制温度　负压抽料时要控制物料温度，防止液体物料在负压条件下大量气化而引起危险。

③ 设备密封　负压操作系统应保证良好的密封，以防空气吸入与易燃物料混合发生危险。

(3) 人工投料法　目前固体物料还有用人工投料的。人工投料危险性很大，一定要注意安全。

① 注意投料温度　人工投料时，要注意投料温度，一般应在较低的温度下操作，以免大量有害蒸气逸出，引起中毒及燃烧爆炸事故。

② 注意投料顺序　如果是加入固体和水，一般应先加水，再加固体物料，可减少粉尘飞扬；如果是其他液体和固体，应先加固体物料，再加液体物料，减少液体飞溅和蒸气逸散。

③ 防静电　加入易燃易爆物料时，不允许直接从塑料容器倒入，以防止产生静电引起危险。应先将物料倒入木桶，再加入设备中。

6.2.5　出料

化工生产中出料的方式有常压出料、带压出料、抽吸出料和机械传动出料等几种。出料一般应先降温，后出料。如果是易燃易爆物料，出料时应先对物料进入的系统进行惰性气体置换。出料时如果发生堵塞，不可用铁器等敲凿，应采用木棒疏通；若是爆炸品，应采用加入适当溶剂溶解的方法疏通。

（1）常压出料　可流动性物料多采用常压出料。操作时应注意以下几点。

① 防止泄漏　尽可能采用管道放料，接收设备应采用密闭容器，防止溶剂蒸气大量逸出发生意外。

② 控制压力　为防止由于溶剂蒸发造成的压力过高，接收设备可设排气装置，排气口应伸出室外，但应注意，由于冷却造成设备内压力降低，排气口吸入空气容易引发意外事故，必要时排气管口应设置阻火器。

（2）带压出料　由于后系统压力与出料压差较小，有时常压放料比较困难，可采用带压放料方式。带压放料时应注意为保证后系统正常，带压出料的压力不得任意提高。一般压差以不超过一个工程大气压为宜。

（3）抽吸出料　对于逸出后容易造成中毒、爆炸等事故的物料，可以采用负压抽出法时出料。低沸点的物料不宜采用此法。采用负压抽出法时应注意避免将物料抽入真空泵可能引起的燃烧爆炸危险。一般应在接受出料设备与抽真空系统之间设置安全容器。

（4）机械传动出料　物料较稠或为半固体时，可采用螺旋推进出料。但应注意，对于易燃、易爆、热敏感的物料，不能采用此种方法出料。应加入适当溶剂使物料溶解或混合为悬浮液，采用常压出料法出料。

6.2.6 加热

加热是化工生产中最常见的操作之一，对于化学反应是至关重要的。加热操作时应注意以下几点。

① 保证适宜的反应温度　温度是化学反应最重要的条件。在进行加热操作时，必须按工艺要求升温，温度不能过高，否则将导致催化剂烧坏，反应被迫停止；对放热反应，速度加快、放热量增加、撤热不及时会引起温度失控，不仅会烧坏催化剂，还可能发生冲料、燃烧和爆炸事故。

② 保持适宜的升温速度　加热操作时，要保持一定的升温速度，不能过快。因为实际温度通过测量反馈到显示仪表上是有时间滞后的，也就是说仪表显示的温度比实际温度要低，若升温过快，就很容易使反应温度超过工艺要求温度上限，从而引发事故。

③ 严密注意压力变化　加热操作时，要严密注意设备的压力变化，通过排气等措施，及时调节压力，以免在升温过程中造成压力过高，发生冲料、燃烧和爆炸事故。

④ 正确选择加热介质　一般加热温度在100℃以下的可用热水循环加热；100～140℃的可用蒸汽加热；140℃以上的可用油加热。选择油加热时要防止泄漏，引起火灾爆炸。对忌水的物料加热时不能用水或蒸汽，以免物料泄漏遇水发生事故，可采用油加热。

⑤ 必要时采取惰气保护　加热温度接近或超过物料自燃点的过程，应采用惰性气体保护。对于非裂解过程，当加热温度接近物料分解温度时，应停止加热，万不可冒险操作，引发事故。

6.2.7 加压、负压

（1）加压　加压操作也是化工生产中常见的操作。加压操作应该注意以下几点。

① 加压设备符合要求　加压设备必须要符合工艺和压力容器的基本要求。非压力容器加压很容易发生事故。

② 加压系统密闭　加压系统不能有渗漏，以免造成物料泄漏，引发事故；或造成压力下降，引起反应异常，出现生产事故。

③ 控制升压速度和压力　在升压过程中，要保持适当的升压速度，避免压力猛升或压力过高，导致喷料，同时产生静电火花，引起火灾爆炸。

④ 严密监视压力表　在升压操作中，为掌握操作速度和压力，要严密监视压力表。

⑤ 设备防爆　加压设备应安装防爆装置，如爆破片、紧急排放管等，防止发生压力过高引起的装置爆炸事故。

（2）负压　采用负压反应的情况比较少，但真空精馏应用占一定比例。负压操作时应注意以下两点。

① 系统密闭　连续抽真空时，为防止空气进入，可能形成爆炸混合物，系统必须有很好的密闭性。

② 恢复常压　系统恢复常压时，应先降低温度，再缓缓放进空气，或先用惰性气体置换，以防物料发生自燃、爆炸。

6.2.8　冷却与冷凝

冷却与冷凝过程广泛应用于化工生产中反应产物的后处理和分离过程。冷却与冷凝的区别仅在于有无相变，操作基本是一样的。冷却冷凝操作时应注意以下几点。

① 正确选用冷却冷凝设备　根据冷却冷凝物料的温度、压力、性质及工艺要求正确选择冷却冷凝设备和冷却剂。

② 严格注意冷却冷凝设备的密闭性　防止物料窜入冷却剂中和冷却剂渗入物料中，发生混合引发事故。

③ 冷却冷凝介质不能中断　冷却冷凝过程中，冷却剂不能中断，否则不能及时导出热量，引起系统温度失控，造成生产事故，甚至可能导致燃烧爆炸事故。

④ 开车前清理积液　冷却冷凝系统开车前，应首先清理冷却冷凝器中的积液和气体，待冷却剂流动正常后，再通入高温物料。

⑤ 排空保护　为保证物料中不凝可燃气体的顺利排出，排空系统应进行充氮保护。

6.2.9 过滤

过滤是化工生产中进行固-液分离的通用方法。化工生产中常用的过滤方法有加压过滤、真空过滤、离心过滤等几种。

(1) 加压过滤　最常用的是板框式压滤机。操作时应注意以下几点。

① 防静电　压滤操作时，由于滤液通过过滤介质及板框运动都可能产生静电，引起易燃液体发生燃烧事故。为防静电，压滤机应有良好的接地装置。

② 防泄漏　整个压滤过程中，要避免液体泄漏，尤其是有危险性的液体，以免造成腐蚀及火灾等事故。

③ 做好个人防护　卸渣和装卸板框如需要人力操作，作业时应注意做好个人防护，避免发生接触伤害等。

(2) 真空过滤　实验室中最常用的过滤方法。操作时应注意以下几点。

① 防静电　高电阻率的滤液高速通过过滤介质时容易产生大量静电，如果是易燃液体，系统内存在空气，则极易发生爆炸事故。因此，抽滤开始时，滤速要慢，经过一点时间后，再慢慢提高滤速。真空过滤机还应有良好的接地装置。

② 防止滤液蒸气进入真空系统　抽滤时，滤液在真空下可能会大量蒸发，被抽进真空泵，会影响其运转，进而引发事故。因此，在真空泵前应设置蒸气冷凝回收装置。

(3) 离心过滤　最常用的是三足离心机。操作时应注意以下几点。

① 防止剧烈震动　离心机过滤操作中，当负荷不均匀时会发生剧烈震动，造成轴承磨损，转鼓撞击外壳引发事故。

② 防止杂物落入　当离心机无盖时，工具和其他杂物容易落入其中，并可能以高速飞出，造成人员伤害。

③ 严禁不停车清理　不停车或未停稳进行器壁清理，工具会脱手飞出，使人致伤。因此，在离心机转动情况下，严禁将手伸入离心机处理各种情况。

6.2.10 蒸发

蒸发操作是化工生产中产物浓缩或结晶前的主要操作过程，有时原料预处理也常用到。进行蒸发操作时应注意以下几点。

① 严格控制蒸发温度　溶液蒸发过程中，结晶、沉淀和污垢的产生会降低传热效率，导致局部过热以及设备堵塞，甚至造成热敏性物质分解，可能引发燃烧爆炸事故。因此，操作中要按工艺要求严格控制蒸发温度，防止结晶、沉淀和污垢的产生。

② 保证蒸发器内液位　蒸发过程中，应保证蒸发器内一定的溶液量。一旦蒸发器内溶液被蒸干，严禁立即加入蒸发溶液，以防溶剂突然大量气化引起超压，发生爆炸事故。应停止供热，待冷却后，再加料开始操作。

6.2.11 干燥

干燥是化工生产中精制固体产品常用的操作过程。化工生产中常用的干燥方式有对流干燥和传导干燥。

(1) 对流干燥　对流干燥设备主要有箱式干燥器、转筒干燥器、气流干燥器、沸腾干燥器和喷雾干燥器。对流干燥设备操作时应注意以下几点。

① 严格控制干燥温度　为防止出现局部过热造成物料分解以及易燃蒸气逸出或粉尘逸出，引起燃烧爆炸，干燥操作时要严格控制温度。

② 严格控制干燥气流速度　在对流干燥中，由于物料相互运动发生碰撞、摩擦易产生静电，容易引起干燥过程所产生的易燃气体和粉尘与空气混合发生爆炸。因此，干燥操作时应严格控制干燥气流速度，并安装设置良好的接地装置。

③ 严格控制有害杂质　对于干燥物料中可能含有的自燃点很低的或其他有害杂质，在干燥前应彻底清除，防止在干燥时发生危险。

④ 定期清理死角积料　为防止积料长时间受热发生变化引起事故，应定期对干燥设备中的死角进行清理。清理应在停车状态下进行，并按检修要求进行安全清理。

(2) 传导干燥　传导干燥设备主要有滚筒干燥器和真空干燥器。

滚筒干燥器操作时应注意：要适当调整刮刀与筒壁间隙，牢牢固定刮刀，防止产生撞击火花；用烟道气加热的干燥过程中，应注意加热均匀，不可断料，不可中途停止运转。

真空干燥器操作时应注意：消除真空时，一定要先降低温度后才能放进空气，以免引起火灾爆炸。

6.2.12　蒸馏

蒸馏是化工生产中分离液体混合物，精制液体产品最常用的操作过程。化工生产中的蒸馏操作有常压蒸馏、减压（真空）蒸馏和加压蒸馏三种。

(1) 常压蒸馏　主要用于分离中等挥发度（沸点100℃左右）的液体。操作时应注意以下两点。

① 正确选择再沸热源　蒸馏操作一般不采用明火作热源，应采用水蒸气或过热水蒸气较为安全。

② 注意防腐和密闭　为防止易燃液体或蒸汽泄漏，引起火灾爆炸，应保证系统的密闭性；对于蒸馏有腐蚀性的液体，应防止塔壁、塔板等腐蚀，以免引起泄漏。

③ 防止冷却水漏入塔内　对于高温蒸馏系统，一定要防止塔顶冷凝器的冷却水突然漏入蒸馏塔内，否则水会迅速汽化导致塔压迅速升高而发生冲料，甚至引起火灾爆炸。

④ 防止堵塔　常压蒸馏操作中，还应防止因液体所含高沸物或聚合物凝结造成堵塞，使塔压升高引起爆炸。

⑤ 保证塔顶冷凝　塔顶冷凝器中的冷却水不能中断。否则，未凝易燃蒸气逸出可能引起燃烧。

(2) 减压（真空）蒸馏　对于沸点较高或在高温下容易分解或聚合的液体的分离，采用减压（真空）蒸馏既节能又安全。操作时应注意以下几点。

① 保证系统密闭　减压（真空）蒸馏系统的密闭性十分重要。蒸馏过程中，一旦吸入空气，很容易引起燃烧爆炸事故。因此，减

压（真空）蒸馏系统所用的真空泵应安装单向阀，防止突然停泵造成空气倒吸入设备。

② 保证停车安全　减压（真空）蒸馏系统停车时，应先冷却，然后通入氮气吹扫置换，再停真空泵。若先停真空泵，空气将吸入高温蒸馏塔，引起燃烧爆炸。

③ 保证开车安全　减压（真空）蒸馏系统停车时，应先开真空泵，然后开塔顶冷却水，最后再开沸蒸气。否则，液体会被吸入真空泵，可能引起冲料，引起爆炸。

（3）加压蒸馏　对于常压下沸点低于 30℃ 的液体，应采用加压蒸馏操作。常压操作的安全要求也适用于加压蒸馏。除此之外，加压操作时还应注意以下两点。

① 保证系统密闭　加压操作，气体或蒸气容易向外泄漏，引起火灾、中毒和爆炸等事故。设备必须保证有很好的密闭性。

② 严格控制压力和温度　由于加压蒸馏处理的液体沸点都比较低，危险性很大，因此，为防止冲料等事故发生，必须严格控制蒸馏压力和温度，并应安装安全阀。

6.2.13　吸收

吸收操作是化工生产中分离气体混合物、精制气体原料和产品最常用的操作过程。操作时应注意以下两点。

① 保证系统密闭　由于吸收操作处理的是气体混合物，为防止气体逸出造成燃烧、爆炸和中毒等事故，设备必须保证有很好的密闭性。

② 安全使用吸收剂　吸收操作中有很多吸收剂具有腐蚀性等危险特性，在使用时应按化学危险物质使用注意事项操作，避免造成伤害性事故。

6.3　常见反应过程操作安全技术

6.3.1　氧化还原反应

氧化还原反应是化工生产中应用最广泛的反应形式，特别是催化氧化反应，在有机化工产品的生产中占很重要的比例。

（1）氧化反应　氧化反应都是较强的放热反应。一般在开始时，需要先加热到一定温度，随着反应开始，开始放出大量热量。氧化反应操作过程中应注意以下几个方面。

① 严格控制原料配比　氧化过程采用氧气或空气作氧化剂时，反应物料的配比十分重要。为了防止形成爆炸混合物，原料配比一般都控制在爆炸极限范围之外。

② 严格控制反应温度　由于氧化反应是较强的放热反应，要保证反应过程中放出的热量能够及时移出，防止温度过高，引起燃烧、分解等事故。

对于气-固相催化氧化反应，温度过高会烧坏固体催化剂，造成生产事故，还可能引起燃烧。

对于气-液相催化氧化反应，温度应控制在液体原料沸点以下，否则，大量液体原料气化，在反应器上部气相区与空气会形成爆炸混合物。

对于可能生成不稳定过氧化物的反应过程，为防止过氧化物受条件波动发生爆炸，要保持温度控制的稳定性。

③ 严格控制反应压力　为防止氧化过程压力过高，造成冲料，引起火灾爆炸事故，一定要严密注意并控制反应压力。

④ 采取惰气保护措施　为防止在反应器内物料形成爆炸混合物，一般应在反应器上设置惰性气体通入保护管道，一旦原料比例失调或温度失控，应立即充入惰性气体进行保护。对气-液相催化氧化反应，为防止液体物料气化与空气形成爆炸混合物，在反应器上部气相区应连续通入惰性气体保护。

⑤ 设置防爆装置　为防止反应器内物料万一发生燃烧爆炸时危及人身及设备装置的安全，在反应器进出料管道上应安装阻火器，防止火势蔓延；在反应器顶部应安装卸压装置。

⑥ 警报联锁装置　由于氧化反应的危险性，过程应尽可能采用自动控制以及警报联锁装置。操作过程应严密监视各项控制指标。

⑦ 紧急停车　为防止氧化过程中发生各类事故，应制定完整的紧急停车方案和操作步骤，一旦出现失控，应立即实施紧急停车。

（2）还原反应　还原反应一般比较安全。但有些还原反应也存在一定的危险性。

① 加氢还原　由于有氢气的存在，氢气的爆炸极限为4%～75%，且具有很强的化学活泼性，尤其是催化加氢反应，多是在加压条件下进行的，一旦操作失误或氢气泄漏，极易发生爆炸事故。因此，加氢还原反应操作时应注意以下几点。

a. 严格控制温度、压力和流量等指标　防止工艺条件出现大波动造成的爆炸事故。

b. 保证系统的密闭性　防止氢气泄漏引起爆炸。

c. 要有防爆设施　如安全阀、爆破片、带阻火器的放空装置等，防止万一出现高压、泄漏等，能够避免伤亡和确保装置安全。

d. 保证投料前置换　由于氢气与空气混合极易发生爆炸，因此为防止开车时加入的氢气与设备内的空气混合，必须对设备进行惰性气体置换。加氢催化反应多采用镍、钯作催化剂。镍催化剂吸潮后在空气中有自燃的危险，因此，平时储存时应注意防潮。

② 用保险粉等还原　由于保险粉、硼氢化钾（钠）等属于遇水燃烧危险物质，且反应多是在碱性或酸性条件下进行的，因此用作还原剂时必须注意以下几点。

a. 防止受潮　平时应储存于密闭容器中，置于干燥处，并远离火源。

b. 注意加酸速度　保险粉、硼氢化钾（钠）遇氧化剂会发生猛烈反应，同时放出大量热，如果温度失控，会引发燃烧爆炸。因此，在反应中调节pH值时，要特别注意加酸不能过快、过多。

c. 严格控制温度　硝基化合物还原时生成的中间体受热到一定温度后可能自燃，因此，此类还原反应要严格控制温度。

6.3.2　电解反应

电解食盐水生产氯碱，是电解反应在化工生产中应用最典型的过程。电解食盐水过程中主要应注意的问题有如下。

① 防止氯气中毒　氯气是食盐水电解的主要产物之一，由阴极放出。氯气引出系统必须保证有很好的密闭性，以免氯气发生泄漏，造成中毒事故。操作环境要有良好的通风设施。

② 防止氢气泄漏　氢气也是食盐水电解的主要产物之一，由阳极放出。氢气引出系统也必须保证有很好的密闭性，以免氢气发生泄漏，造成爆炸事故。设备要有防爆装置。

③ 防止氯氢混合　氯气和氢气分别产生于阴极和阳极，由于氯气和氢气混合会形成爆炸混合物，在光照或受热情况下发生爆炸，因此，必须很好地隔离阴极室和阳极室，并保持两室压差的平衡，防止互相渗透迁移。

④ 防止碱液灼伤　烧碱（NaOH）是食盐水电解的另一主要产物，生成于阳极室。由于 NaOH 属于腐蚀性危险物质，因此在操作过程中，要注意防止其溶液泄漏造成的灼伤。

⑤ 防止触电　由于电解反应中，会涉及高电压电流，因此，防触电也是很重要的安全注意事项，要经常检查电极接线等电源线部分，防止因导线破损造成的触电事故。

6.3.3　裂化反应

裂化是石油化工中获取基本有机原料用到的很重要的一类反应形式，主要有热裂解、催化裂化、加氢裂化三种。

（1）热裂解　热裂解是以石油为基础原料获取低分子烯烃和芳烃等化工原料的反应形式，是典型的高温吸热反应。热裂解过程中主要应注意以下几点。

① 及时清焦清炭　石油烃在高温下容易生成焦和炭，黏附或沉积在裂解炉管内，使裂解炉吸热效率下降，受热不均匀，出现局部过热，可能造成炉管烧穿，大量原料烃泄漏，在炉内发生燃烧，最终可能引起爆炸。另外，由于焦、炭沉积可能造成炉管堵塞，严重影响生产，并可能导致原料泄漏，引发火灾爆炸。

② 裂解炉防爆　为防止裂解炉在异常情况下发生爆炸，裂解炉体上应设置安装防爆门，并备有蒸汽管线和灭火管线。应设置紧

急放空装置。

③ 严密注意泄漏情况　由于裂解处理的原料烃和产物易燃易爆，裂解过程本身是高温过程，一旦发生泄漏，后果会很严重。因此操作中必须严密注意设备和管线的密封性。

④ 保证急冷水供应　裂解后的高温产物，出炉后要立即直接喷水急冷，降低温度，防止副反应继续进行。如果出现停水或水压不足，不能达到冷却目的，高温产物可能会烧坏急冷设备而泄漏，引起火灾。万一发生停水，要有紧急放空措施。

(2) 催化裂化　催化裂化主要用于重质油生产轻质油的石油炼制过程，是有固体催化剂参与的反应过程。催化裂化过程由反应再生系统、分馏系统、吸收稳定系统三部分组成。

① 反应再生系统　由反应器和再生器组成。操作时最主要的是要保持两器之间的压差稳定，不能超过规定的范围，要保证两器之间催化剂有序流动，避免倒流，否则会造成油气与空气混合发生爆炸。当压差出现大的变化时，应迅速启动自动保护系统，关闭两器之间的阀门。同时应保持两器内的流化状态，防止死床。

② 分馏系统　反应正常进行时，分流系统应保持分馏塔底部洗涤油循环，及时除去油气带入的催化剂颗粒，避免造成塔板堵塞。

③ 吸收稳定系统　必须保证降温用水供应。一旦停水，系统压力升高到一定程度，应启动放空系统，维持整个压力平衡，防止设备爆裂引发火灾爆炸。

(3) 加氢裂化　加氢裂化是石油炼制中生产优质燃料的主要反应形式。由于反应温度和压力较高，又有大量氢气参与，整个过程的危险性较大。除应按热裂解和催化裂化的安全要求操作外，加氢裂化操作还特别应该注意以下两点。

① 严格稳定控制　要防止设备局部过热，防止氢气泄漏，防止空气进入系统。

② 严密注意设备腐蚀　氢气在高温高压（温度高于221℃，分压大于1.43MPa）情况下，会对金属设备产生氢脆和氢腐蚀，造

成钢材等缓慢变形，发生脆性破裂。因此在加氢裂化过程中，一是要注意保持氢气分压不要过高，二是要经常检查设备腐蚀情况，定期更换，避免设备出现破裂，氢气与原料烃发生泄漏，引起火灾爆炸。

6.3.4 氯化反应

氯化反应是有机化工生产中一种重要的化学反应形式。常用的氯化剂有氯气、氯化氢、盐酸、三氯氧磷、次氯酸钙（漂白粉）等。

（1）以氯气为氯化剂　以氯气为氯化剂时应注意以下问题。

① 防止氯气中毒　前面已经谈到过，在此不多叙述。但必须引起注意。

② 严格控制温度和压力　氯化反应是一个放热过程，在高温下反应很激烈，同时产生大量氯化氢和氢气，容易造成温度、压力失控，引发爆炸事故。因此要严格控制温度，保证反应热及时移出。要有带阻火器的紧急放空装置，防止压力过高。

③ 防止氯化物倒流　在反应中，一旦通入的氯气断流或压力减小，氯化物会出现倒流，如果倒流回氯气储罐，会发生剧烈反应，并可能引发爆炸事故。因此，必须防止氯气断流或压力减小，设氯气缓冲罐，同时应在氯气输入管道上安装单向阀。

④ 防止氯化氢泄漏　氯化反应中会产生大量氯化氢，是具有腐蚀性的危险物质，一旦泄漏，或吸入，或遇水形成浓盐酸，都会带来一定的伤害。

（2）其他氯化剂　采用其他氯化剂时，还应注意以下两点。

① 防止设备腐蚀　此类氯化剂的腐蚀性都比较强，因此必须注意设备腐蚀情况，采取防腐措施，防止设备因腐蚀发生泄漏，引发火灾爆炸事故。

② 防止水渗入　三氯氧磷、三氯化磷等氯化剂遇水会发生剧烈分解反应，造成压力失控，引起冲料，甚至引起爆炸。因此要严格放水，保证冷凝冷却系统的水不能渗入反应系统；或采取油冷却的方法。

6.3.5 硝化反应

硝化反应是在医药、染料等精细化工产品生产中常见的反应形式。最常用的硝化剂是硝酸，浓硫酸为催化剂。硝化过程包括混酸制备和硝化反应两步。

（1）混酸制备　硝化过程中往往先把硫酸和硝酸制备成混酸，再通过滴加混酸，进行硝化反应。配制混酸时应注意以下几点。

① 缓慢稀释浓硫酸　制备混酸时，浓硫酸应先用水适当稀释。稀释时应在冷却条件下，边搅拌边缓慢加入浓硫酸，要注意防止发生爆溅和冲料。如果浓硫酸不先经适当稀释，直接和硝酸混合，会猛烈吸收硝酸中的水分，放出大量热，引起硝酸分解，发生冲料甚至爆炸事故。

② 严格控制混酸配制温度　浓硫酸稀释后，要在冷却和搅拌条件下缓慢加入浓硝酸，要注意严格控制温度和酸的比例，防止温度失控，引发冲料和爆炸。

③ 防止混酸接触易燃物　配制成的混酸具有强烈的氧化性，必须严格防止触及各种可燃、易燃物，以免发生火灾爆炸。

④ 密切注意腐蚀情况　由于混酸具有很强的腐蚀性，设备管道必须采取防腐措施，同时要密切注意腐蚀情况，经常检查，防止因腐蚀造成穿孔泄漏，引起火灾和腐蚀伤害事故。

（2）硝化反应　硝化反应是强放热反应，如果操作不当，极易造成温度失控，引起爆炸事故。因此，硝化反应操作时应注意以下几点。

① 有效冷却　硝化反应中应采取有效的冷却手段，及时移出反应放出的大量热，保证硝化反应在正常温度下进行，避免温度失控。但应注意，冷却水不能渗入反应器，以免与混酸作用，放出大量热，导致温度失控。

② 保证有良好的搅拌　硝化反应是在非均相中进行的，要保证有良好的搅拌，使反应均匀，避免局部反应剧烈，导致温度失控。

③ 控制原料纯度　反应原料中要严格控制酸酐、甘油和醇类

等有机杂质的含量，这些杂质遇硝酸会生成爆炸性产物。此外，应控制原料中的含水量，水与混酸作用，放出大量热，会导致温度失控。

④ 设置防爆装置　由于硝化反应过程的危险性，为防止爆炸事故发生，系统应设置安全防爆装置和紧急放料装置。一旦温度失控，立即紧急放料，并进行紧急冷却处理。

⑤ 小心对待硝化产物　由于硝化产物都具有易燃易爆性，因此，必须小心对待，避免因摩擦、撞击、高温、光照及接触氧化剂、明火等引起火灾爆炸事故。

6.3.6　磺化反应

磺化反应是在医药、染料等精细化工产品生产中常见的反应形式。最常用的磺化剂有浓硫酸、发烟硫酸和硫酸酐。磺化反应过程包括磺化剂的使用和磺化反应两部分。

（1）磺化剂的使用　浓硫酸、发烟硫酸和硫酸酐都是强烈吸水剂，具有强烈的腐蚀性和氧化性。使用时必须注意以下几点。

① 防水防潮　浓硫酸、发烟硫酸和硫酸酐遇水分会强烈吸收，同时放出大量热，造成温度升高，可能引发爆炸。因此，使用磺化剂时必须严格防水防潮。

② 防止接触易燃物　由于磺化剂具有强烈的氧化性，必须严格防止触及各种可燃、易燃物，以免发生火灾爆炸。

③ 密切注意腐蚀情况　由于磺化剂具有很强的腐蚀性，设备管道必须采取防腐措施，同时要密切注意腐蚀情况，经常检查，防止因腐蚀造成穿孔泄漏，引起火灾和腐蚀伤害事故。

（2）磺化反应　磺化反应是典型的强放热反应，和硝化反应一样，如果操作不当，极易造成温度失控，引起爆炸事故。因此，磺化反应操作时应注意以下几点。

① 有效冷却　磺化反应中应采取有效的冷却手段，及时移出反应放出的大量热，保证反应在正常温度下进行，避免温度失控。但应注意，冷却水不能渗入反应器，以免与浓硫酸等作用，放出大量热，导致温度失控。

② 保证有良好的搅拌　磺化反应必须保证有良好的搅拌，使反应均匀，避免局部反应剧烈，导致温度失控。

③ 严格控制加料速度　磺化反应时磺化剂应缓慢加入，不得过快、过多，以防反应过快，热量不能及时移出，导致温度失控。

④ 控制原料纯度　主要应控制原料中的含水量，水与浓硫酸等作用，放出大量热，会导致温度失控。

⑤ 设置防爆装置　由于磺化反应过程具有危险性，为防止爆炸事故发生，系统应设置安全防爆装置和紧急放料装置。一旦温度失控，立即紧急放料，并进行紧急冷却处理。

⑥ 放料安全　反应结束后，要等降至一定温度后再放料。此时物料中硫酸的浓度依然比较高，因此要注意安全，避免进水，避免泄漏、飞溅等造成腐蚀伤害。

6.3.7 聚合、缩合和缩聚反应

聚合、缩合和缩聚反应主要用于生产高分子聚合物产品，是现代化工生产中非常重要的一种反应过程。聚合、缩合和缩聚反应操作中应注意以下几点。

① 防止泄漏　由于聚合单体都是易燃、易爆的不饱和有机物，因此在聚合过程中，最容易发生的事故是由于聚合单体泄漏与空气混合引发的火灾和爆炸。因此，聚合反应釜和管线一定要做好密封，防止单体泄漏逸出。

② 保证有良好的搅拌　聚合反应基本都是强放热反应，有良好的搅拌可以保证反应均匀，避免局部过热，引起冲料。

③ 保持有效冷却　由于聚合反应基本都是强放热反应，必须及时将反应热移出，严格控制反应温度，避免温度过高，引起爆聚，导致生产事故发生，甚至会引起冲料。

④ 保证出料畅通　聚合反应生成的高聚物多为有一定黏度的固体，因此在出料时要保证顺畅，如果需要，应加入适当的溶剂。避免高聚物凝聚黏附，造成出料管口堵塞，引起事故。

注意！一旦发生堵塞，切不可直接用金属棍棒进行疏通，应尽

量用溶剂溶解疏通，如效果不好，应在通水或惰性气体保护的情况下，用木棍进行疏通。

6.4 化工生产中其他过程的操作安全技术

6.4.1 废气燃烧排放过程

经常性的可燃和易燃有毒气体及蒸气排出物，如果不能回收或用作原料时，或装置处于开车期间、停车检修期间时，或安全阀、爆破片等防爆装置发生事故动作时，都必须将排出的气体和蒸气汇集并送至火炬烧掉。火炬排放系统是化工企业尤其是石油化工生产企业中一个很重要的系统。火炬排放系统在生产中引起事故的案例也时有发生。因此，火炬排放系统在化工企业安全生产中也是重要的管理内容。火炬排放系统的危险因素很多，概括起来，在操作中主要应注意以下几点。

① 防止空气渗入火炬集气管　空气渗入火炬集气管，是火炬系统发生火灾爆炸事故的最主要因素，在发生的事故中占主要比例。因此，防止空气进入，是火炬预防事故的主要措施之一。采取的方法一般有以下两种。

a. 加强系统的密闭性　是防止空气进入的根本措施。

b. 设置阻火装置　火炬系统中设置的阻火装置形式有迷宫密封、液封、阻火器等几种。设置阻火装置，是防止火焰和空气进入火炬系统很有效的方法。

② 防止易燃易爆气体逸出　由于火炬系统处理的主要是易燃、易爆和有毒的废气，一旦大量逸出，很容易引发火灾、爆炸和中毒事故。因此，防止易燃易爆气体逸出非常重要。措施主要有以下两个。

a. 保证系统密闭性　是防止易燃、易爆和有毒废气逸出的最有效措施。

b. 保证火炬燃烧完全　可以防止因燃烧不完全造成的危险有害气体放入大气，减少污染和毒害。

③ 防止管道内积聚大量冷凝液　火炬系统管道和设备内积聚大量冷凝液，会引起管道中的水力冲击和系统压力发生变化，可能导致泄漏等事故。防止积液的有效措施是在设备底部或低处设置排液管道或排液口。但要注意，排液口应设置液封，防止外面的空气进入或里面的可燃、有毒气体逸出。

④ 防止不相容的物质在火炬系统混合　不能同时往火炬系统排放各种不相容而且可能生成易爆混合物的气体，如氧化物和可燃气体，以免系统发生意外爆炸。

⑤ 提防火炬产生的热辐射和火花　当大量可燃气体在火炬燃烧时，由于火炬产生的热辐射作用和燃烧时出现的火花，对整个厂区潜伏着发生火灾和爆炸的危险。因此，在设计火炬时必须充分考虑这一危险。应将火炬上升到比较安全的高度，同时最好远离易燃易爆物质的储存和生产区域。

⑥ 防止火焰脱离火炬和火炬熄灭　当火焰脱离火炬和火炬熄灭时，会有大量有毒的或可燃的气体进入大气，在一定条件下会形成烟云燃烧，四处飘散，造成大面积中毒事件和引发火灾。而且，当火焰脱离火炬和火炬熄灭时，还可能造成外面的空气吸入火炬系统，引起系统内燃烧爆炸。一般在火炬不能连续排气时容易发生。为防止可能造成的事故，对于断断续续的火炬排放系统，应铺设专门的吹洗置换管道，在每次排气前先进行吹洗置换，再开启排气阀门。

⑦ 防止沉积物堵塞火炬管道　由于排出的气体夹带粉尘和各种聚合物，会造成粉尘沉淀和聚合物互相凝聚沉淀，堵塞管道，不仅降低了管道流通能力，还可能造成系统压力变化，引发危险。因此，操作中应经常进行沉积物清理。根据排放气体和夹带物的性质，通常可以采用冲洗、吹扫或通蒸汽吹洗的方法。

为保证火炬系统安全，除努力消除各种危险因素外，还应在系统内设置自动抑爆装置。当系统内发生燃烧或出现高压时，能够启动自动灭火系统。自动抑爆装置有很多种形式，有兴趣的朋友可以查阅有关专著，在此就不再具体介绍了。

6.4.2 污水排放过程

化工企业要消耗大量的工业用水，所以污水的处理量和排放量也很大。由于化工生产的特性，所产生的污水往往会混杂有易燃、易爆或有毒的物质，一旦排出，就会在下水道和污水净化设施内形成爆炸混合物和毒气挥发，引起火灾、爆炸和中毒事故。由污水排放不当引发的事故也有很多案例，因此对污水排放的控制在化工企业中也是不容忽视的。

① 防止形成爆炸混合物　为防止易燃蒸气和气体进入下水道并形成爆炸混合物，一般可采取以下措施。

a. 设置液封　从工艺设备到下水道的排污管线上，应设置液封装置，并设置法兰，在设备检修时用盲板隔离。

b. 设置排气竖管　在每个污水下水道或管道每隔一定距离应设置一个排气竖管。排气竖管应主要设置在车间污水排放处的水井上和管线的转弯处。液封应设在排气竖管之前。

c. 防止含不相容物质的污水混合　过氧化物或其他氧化剂与可燃物混合时，会形成爆炸混合物。因此，要坚决禁止将污水混合时会形成爆炸混合物的各种污水排入同一下水道。下水管线应定期清洗，除去沉淀物。

d. 严格分析监控　对于污水排放系统的排入污水成分、系统敞开部位或与外界空气经常接触的区域，应经常进行取样分析，做到排污心中有数，以便采取必要的措施，消除事故隐患。

② 防止毒物排出　为防止有毒物排出将对环境造成重大影响，一般可采取以下措施。

a. 无毒化处理　对于污水中含有有毒物质的车间，污水不能直接排入下水道，应在本车间进行无毒化（或低毒化）处理，或由专线送厂专门部门（如污水处理车间）进行处理。毒物处理可根据毒物特性采取不同的方法进行。有兴趣的朋友可查阅污水处理方面的专著。

b. 系统密封　在对含有毒物的污水进行无毒化处理之前，应保证排放系统的密闭性，防止毒物气化逸出，引发中毒事故。

c. 严格分析监控　对毒物排出系统区域，应经常进行取样分析，避免发生中毒事故。在可能发生毒物逸出的室内区域，要有良好的通风装置。

事故案例

【案例 1】 1980 年 3 月，北京市某橡胶厂发生一起机器伤害事故，1 名女工头部受伤害。

事故的主要原因　该名女工在裁剪机岗位作业时，没有按规定戴防护帽，检查机器时，头发不慎被夹住，满头长发被拉掉，头皮大部分脱落。

【案例 2】 1980 年 6 月，四川省某农药厂保丰棉反应釜发生爆炸，死亡 1 人，伤 5 人。

事故的主要原因　反应釜加料过程中，加料温度和加料速度控制不好，双氧水加料速度过快，大量双氧水进入釜内，先是由于冷料混合造成釜内温度下降，接着在剧烈的反应中，反应釜内温度迅速上升，致使压力也急速升高，导致反应釜爆炸。

【案例 3】 1980 年 7 月，山东省某石油化工厂一蒸馏釜发生爆炸，死亡 3 人，伤 13 人。

事故的主要原因　在蒸馏过程中，由于蒸馏釜内油的黏度不合格，为调整其黏度，操作人员没有遵守操作规程加入“再制蜡油”，而是加入了含水的“直接石蜡”。结果，含水的“直接石蜡”进入釜内后，水迅速汽化，致使压力急剧上升，导致蒸馏釜发生爆炸。

【案例 4】 1980 年 10 月，山东省某化工厂全氟丙烯残液处理工段氧化罐发生爆炸，死亡 4 人，重伤 2 人，设备严重损坏。

事故的主要原因　由于酒精吸收器到氧化器之间的缓冲器进料阀未关严，使酒精进入氧化器，在搅拌情况下，与氧化器中的过饱和高锰酸钾溶液发生激烈反应引起爆炸。

【案例 5】 1981 年 4 月，江苏省某农药厂发生硫化氢中毒，死亡 1 人，重伤 1 人，轻伤 4 人。

事故的主要原因　该厂在排污时，将废盐酸与硫化钠同时排入了一条污水沟，结果，盐酸与硫化钠发生剧烈反应，产生大量硫化氢气体，造成中毒事故。

【案例 6】 1982 年 4 月，广西壮族自治区某化工厂发生一起机器伤害事故，1 名工人左手骨折。

事故的主要原因　1 名锅炉工在巡回检查中，发现锅炉燃料煤输送的皮带机传动辊筒被湿煤粉黏结，在未停机的情况下就动手清理，结果左手被卷入皮带机传动辊筒造成骨折。

【案例 7】 1982 年 8 月，山西省某染化厂硫化染料车间浴室发生中毒事故，2 名女工死亡，1 名重度中毒。

事故的主要原因　该车间生产排污水沟通过浴室，与洗澡水排出管沟相连共同排出，生产排出的硫化碱余液和废酸液又共同排入污水沟，结果，硫化碱余液和废酸液相遇发生反应，产生硫化氢气体逸出，造成中毒事故。

【案例 8】 1985 年 12 月，江苏省某化工厂聚氯乙烯车间共聚工段一聚合釜发生爆炸，死亡 5 人，重伤 1 人，轻伤 6 人，并造成全厂停产。

事故的主要原因　聚合釜在升温过程中超温、超压，致使人孔密封垫片破裂，氯乙烯外泄，与空气形成爆炸混合物，由于外泄气流速度高，产生静电引起爆炸。

【案例 9】 1986 年 5 月，福建省某合成氨厂煤球车间发生一起机器伤害事故，造成 1 名工人死亡。

事故的主要原因　煤球车间粉碎机发生故障，在停机时，粉碎机还未停稳，该工人就用 1 米长的撬棍去捅外笼上的煤疤，结果，撬棍反弹将人带入提升机底的地坑内，造成死亡。

【案例 10】 1987 年 8 月，北京某化工厂试验车间挤出机开车时发生机械伤害事故，死亡 1 人。

事故的主要原因　该车间在挤出机开车前，工段长派一人去检查冷却搅拌机内是否有料，其他操作人员在不知情的情况下，没有认真检查，就启动了搅拌机，结果机内检查人员被转动的搅拌机伤害致死。

【案例 11】 1990 年 12 月，北京某染料厂发生爆炸事故，死亡 1 人，重伤 3 人。

事故的主要原因 该厂某车间硝化岗位操作工在加料时由于投料不均，加料速度过快，造成反应温度下降，物料滞留在反应器底部 U 形管内，后发生连锁反应，引起爆炸。

1. 化工生产中常见的事故原因有哪些？
2. 投料过程中出现静电可能发生什么？如何防静电？
3. 加热过程应该注意什么？
4. 加压、负压操作的重点是什么？
5. 过滤过程中如何做好防静电？
6. 蒸发器操作的要点是什么？
7. 减压蒸馏操作中应注意哪些问题？
8. 氧化反应中为什么要严格控制原料配比？
9. 加氢反应投料前置换的目的是什么？
10. 裂解反应中一旦发生停水怎么办？
11. 火炬排放应注意哪些问题？
12. 污水排放操作时应注意哪些问题？

第7章 化工安全检修

培训目标

1. 了解化工检修的分类和特点；了解化工安全检修准备工作的内容；了解电气作业、焊接作业的安全要点。

2. 明确停车检修前的安全处理内容和步骤；明确动火作业、动土作业、罐内作业、高处作业、搬运作业的安全要点和注意事项。

3. 学会各种检修作业的个人防护；学会罐内作业救生办法；学会使用各种搬运工具。

企业生产效益的好坏与生产设备的状况有着密切的关系，好的效益和安全都离不开完好的设备。机械设备在正常运行和使用中，由于受长期载荷、磨损、腐蚀等因素的影响，使机械设备逐步老化，从而失去原有的精度和效能，不仅增加原材料和动力消耗，而且使产品质量下降、成本提高，甚至造成设备和人身事故，所以必须对生产设备加强安全运行管理和日常使用的维护保养，维持机械设备正常的精度和效能，才能实现企业的安全生产和最佳的经济效益。

化工企业中机械设备的检修具有频繁性、复杂性和危险性的特点，决定了化工安全检修的重要地位。而要实现化工安全检修，必须加强检修安全管理工作。必须使企业各部门和全体人员明确在安全方面应负的职责，并在检修中保护自身的安全。把安全措施落实到检修工程中的每一个项目上，落实到检修的每一个环节中，这样就能创造一个良好的检修环境，减少和避免各类事故的发生。加强检修安全管理，是一项十分重要的工作。

7.1 检修的准备工作

7.1.1 化工检修的分类和特点

（1）化工检修的分类　根据化工生产中机械设备的实际运转和使用情况，化工检修可分为计划检修和计划外检修。

① 计划检修　企业根据设备管理、使用经验和生产规律，对设备进行有组织、有准备、有安排、按计划进行的检修称为计划检修。根据检修的内容、周期和要求不同，计划检修又可分为小修、中修和大修。

② 计划外检修　在生产过程运行中机械设备突然发生故障或事故，必须进行不停工或临时停工的检修称为计划外检修。计划外检修事先难以预料，无法计划安排，而检修作业的工作量和检修质量对安全生产影响很大，是目前化工企业不可避免的检修作业之一，因此计划外检修的安全管理也是检修安全管理的一个重要

内容。

（2）化工检修的特点　与其他行业检修相比，化工检修具有频繁、复杂和危险性大的特点。

① 频繁性　化工生产具有高温、高压、腐蚀性强的特点，因而化工设备及其管道、阀门等附件在运行中腐蚀、磨损严重，化工检修任务繁重。除了计划小修、中修和大修外，计划外小修和抢修作业也极为频繁。

② 复杂性　化工检修范围很广，从日常维护保养到系统停车大检修。由于设备种类繁多，形式多样，要求检修人员具有丰富的知识和技术，熟悉不同设备的结构、性能和特点。化工检修频繁，而计划外检修又无法预测，参加检修人员的作业形式和人数也在经常变动，不易管理。检修作业大都在现场，环境复杂，露天布置设备的检修作业还受天气条件的限制，检修时往往又是上下立体交错，设备内外同时并进，加之临时人员进入检修现场的机会多。这一切都说明了化工检修的复杂性。

③ 危险性　化工生产的危险性决定了化工检修的危险性。化工设备和管道中大多残存有易燃易爆有毒的物质，而化工检修又离不开动火、动土、蹬高、起重吊运、进罐入塔等作业，故客观上具备了发生火灾、爆炸、中毒、摔伤、砸伤、化学灼伤等事故的条件，在任何一个环节上，稍有疏忽大意，就会发生事故。尤其是检修管理环节薄弱、检修安全制度不完善、执行制度不严格、管理组织不健全、安全措施不落实、秩序混乱、纪律松弛、违章指挥和违章作业，更是发生事故的重要因素。因此，必须加强检修的安全管理工作，实现化工检修安全。

7.1.2　化工检修的准备

做好检修前的准备工作是化工安全检修的一个重要环节。

（1）组织准备　在化工企业中，不论大修、中修、小修，都必须集中指挥，统筹安排，统一调度，严格纪律，坚决贯彻执行各项制度，认真操作，保证质量，加强现场的监督和检查，杜绝各类事故的发生。为此必须建立健全检修指挥机构，负责检修项目的落实，物资准备，施工准备，人员准备和开停车、置换方案的拟定工作。检修指挥机构中要设立安全组，各级安全员与各级安全负责人及安全组要构成联络网。计划外检修和日常维护，也必须指定专人负责，办理申请、审批手续，指定安全负责人。

在检修指挥机构的领导下，通过层层落实、层层负责，调动各部门，发动全员共同做好检修安全工作。这样从厂到车间，再到班组就形成了一个安全管理体系，保证了安全检修。

（2）技术准备　检修的技术准备包括施工项目、内容的审定；施工方案和停、开车方案的制定；计划进度的制定；施工图表的绘制；施工部门和施工任务以及施工安全措施的落实等。

（3）材料准备　根据检修项目、内容和要求，准备好检修所需的材料、附件和设备，并严格检查是否合格，不合格的不可以使用。

（4）安全用具准备　为了保证检修的安全，检修前必须准备好安全及消防用具，如安全帽、安全带、防毒面具、角手架以及测氧、测爆、测毒等分析化验仪器和消防器材、消防设施等。消防器材及设施应指定专人负责。检修中还必须保证消防用水的供应。

（5）检修器具的布置与检查　对于检修所使用的工具，检修前要认真检查。凡有缺陷或不合格的工具，一律不许使用，否则不但不能完成任务，还有可能造成事故。

检修用的设备、工具、材料等，运到现场后，应按施工器材平面布置图或环境条件，作妥善布置，不能妨碍通行，不能妨碍正常检修，避免因工具布置不妥而造成工种间相互影响，出现忙乱。

7.1.3　停车检修前的安全处理

解除危险因素，落实安全措施，是检修准备工作的重要环节，必须认真对待，切实做好，为确保检修工作的安全创造良好条件。

（1）计划停车检修　凡运行中的设备，带有压力或盛有物料时不能检修。必须经过安全处理，解除危险因素后，才能检修。通常的处理措施和步骤如下。

① 停车　执行停车时，必须有上级指令，并与上下工序取得

联系，按停车方案规定的停车程序执行。

② 泄压　泄压操作应缓慢进行，在压力未泄尽排空前，不得拆动设备。

③ 排放　在排放残留物料时，不能使易燃、易爆、有毒、有腐蚀性的物料任意排入下水道或排放到地面上，以免发生事故或造成污染。

④ 降温　降温的速度应按工艺要求的速率进行，要缓慢，以防发生设备变形、损坏等事故，不能用冷水等直接降温，以强制通风、自然降温为宜。

⑤ 抽堵盲板　凡需要检修的设备，必须和运行系统进行可靠隔离，这是化工检修必须遵循的安全规定。检修设备和运行系统隔离的最好办法就是装设盲板。抽堵盲板属危险作业，应办理作业许可证和审批手续，并指定专人制定作业方案和检查落实相应的安全措施。作业前安全负责人应带领操作、监护人员察看现场，交待作业程序和安全事项。

盲板选材要适宜，应平整、光滑，无裂纹和孔洞。盲板大小应根据管道法兰密封面大小制作，厚度应符合强度要求。一般盲板应有一个或两个手柄，便于辨识和抽堵。抽堵多个盲板时，应按盲板位置图及编号作业，统一指挥。严禁在一条管路上同时进行两处和两处以上抽堵盲板作业。

⑥ 置换和中和　为保证检修动火和罐内作业的安全，设备检修前内部的易燃、易爆、有毒气体应进行置换，酸、碱等腐蚀性液体应进行中和处理。

置换通常是指用水、蒸汽、惰性气体将设备、管道里的易燃、易爆或有毒气体彻底置换出来的方法。置换作业应注意：可靠隔离，即置换作业应在抽堵盲板之后进行；制定方案，置换前应制定置换方案，绘制置换流程图；置换彻底，设备或管道的置换一定要彻底，置换后必须经分析合格后才能作业；取样分析，置换过程中应按置换流程图上标明的取样分析点（一般在置换终点和死角附近）取样分析；惰气纯度，置换用惰性气体要严格控制氧、氢、一氧化碳等的含量。

⑦ 吹扫　对可能积附易燃、易爆、有毒介质残留物、油垢或沉淀物的设备，用置换方法一般清除不尽，故还应进一步进行吹扫作业。一般主要采用蒸汽来吹扫。吹扫作业和置换一样，事先要制定吹扫方案，绘制流程图，办理审批手续。进行吹扫作业时还应注意：吹扫时要集中用汽，吹完时应先关阀后停汽，防止介质倒回；对设备进行吹扫时，应选择最低部位排放，防止出现死角；吹扫后必须分析合格，才能进行下一步作业；吹扫结束应对下水道、阴井、地沟进行清洗；忌水物不能用蒸汽吹扫；吹扫过程中要防止静电的危害。

⑧ 清洗和铲除　经置换和吹扫无法清除的沉积物，要采用清洗的方法，如用蒸煮、酸洗、碱洗、中和等方法将沉积的易燃、易爆、有毒物质清除干净。若清洗方法无效时，则可采取人工铲除的方法予以清除。

⑨ 检验分析　清洗置换后的设备和工艺系统，必须进行检验分析，以保证安全要求。分析时取样要有代表性，要正确选择取样点，要定时取样分析。分析结果是检修作业的依据，所以分析结果要有记录，经分析人员签字后才能生效，分析样品要保留一段时间以备复查。只有在分析合格，达到安全要求后才能进行检修作业。

⑩ 切断电源　对一切需要检修的设备，检修前要经岗位操作工同意。要切断电源，并在启动开关上挂上“禁止合闸”的标志牌或派专人看管。

⑪ 整理场地和通道　凡与检修无关的、妨碍通行的物体都要挪开；无用的坑沟要填平；地面上、楼梯上的积雪冰层、油污等要清除；不牢构筑物旁要设置标志；孔、井、无栏平台要加安全围栏及标志。

(2) 临时停工检修　停车检修作业的一般安全要求，原则上也适用于小修和计划外检修等停工检修。特别是临时停工抢修，更应树立“安全第一”的思想。临时停工抢修和计划检修有两点不同：一是动工的日期几乎无法事先确定；二是为了迅速修复，一旦动工就要连续作业直至完工。所以在抢修过程中更要冷静考虑，充分估计可能发生的危险，采取一切必要的安全措施，以保证检修的安全顺利。

7.1.4 化工检修的安全要求

为确保化工检修的安全，要求施工必须按指定的范围、方法、步骤进行，不得随意超越、更改或遗漏。如中途发现异常情况，应及时汇报，加强联系，经检查确认后才能继续施工，不得擅自处理。

施工阶段应遵守有关规章制度和操作规程，听从现场指挥人员及安全员的指导，穿戴好个人防护用品，不得无故离岗、逗闹嬉笑、任意抛物。拆下的部件要按方案移往指定地点。每次上班，先要查看工程进度和环境情况有无异常。检修负责人应在班前开碰头会布置安全检修事项。

7.2 化工装置的检修作业安全

化工检修中常见的作业有动火、动土、罐内、高处、起重与搬运、电气等几项。

7.2.1 动火作业

在化工企业中，凡是动用明火或可能产生明火的作业都属于动火作业。例如电焊、气焊、切割、喷灯、电炉、熬炼、烘炒、焚烧等明火作业；铁器工具敲击，铲、刮、凿、敲设备及墙壁或水泥构件，使用砂轮、电钻、风镐等工具，安装皮带传动装置、高压气体喷射等一切能产生火花的作业；采用高温能产生强烈热辐射的作业。

在化工企业中，动火作业必须严格贯彻执行安全动火和用火的制度，落实安全动火的措施。

（1）禁火区与动火区的划定　企业应根据生产工艺过程的危险程度及维修工作的需要，在厂区内划分固定动火区和禁火区。

① 固定动火区　指允许从事各种动火作业的区域。固定动火

区应符合以下条件。

a. 距易燃易爆物区域的距离，应符合国家有关防火规范的防火间距要求。

b. 生产装置正常放空或发生事故时，要保证可燃气体不能扩散到固定动火区内，在任何情况下，要保证固定动火区内可燃气体的含量在允许含量以下。

c. 室内固定动火区应与危险源（如生产现场）隔开，门窗要向外开，道路要畅通。

d. 固定动火区要有明显标志，区内不允许堆放可燃杂物。

e. 固定动火区内必须配有足够适用的灭火器具，并设置“动火区”字样的明显标志。

② 禁火区　化工厂厂区内除固定动火区外，其他区域均为禁火区。

凡需要在禁火区动火时，必须申请办理“动火证”。禁火区内动火可划分为两级。一级动火，指在正常生产情况下的要害部位、危险区域动火。一级动火由厂安全技术和防火部门审核，由主管厂长或总工程师批准。二级动火，指固定动火区和一级动火区范围以外的动火。二级动火由所在车间主管主任批准即可。

（2）动火安全要点

① 审证　禁火区内动火必须办理“动火证”的申请、审核和批准手续，要明确动火的地点、时间、范围、动火方案、安全措施、现场监护人等。在无证或手续不全、动火证过期、安全措施没落实、动火地点或内容更改等情况下，一律不准进行动火作业。

② 联系　动火前要和有关生产车间、工段联系好，明确动火的设备、位置。事先由专人负责做好动火设备的置换、中和、清洗、吹扫、隔离等工作，并落实其他安全措施。

③ 隔离　要将动火区和其他区域临时隔开，防止火星飞溅引起事故。或将可燃物移到安全场所，或将可能拆移的设备拆迁到固定动火区去进行作业，尽量减少禁火区内的动火作业。

④ 拆迁　凡能拆迁到固定动火区或其他安全地方进行的动火

作业，不应在生产现场内进行，尽量减少禁火区内的动火作业。

⑤ 移去可燃物　将动火作业周围的一切可燃物转移到安全场所。

⑥ 灭火措施　动火期间动火现场附近要保证有充足的水源；动火现场要备有足够适用的灭火器具。对于危险性大的重要地段的动火作业，消防车和消防人员应到现场，做好充分准备。

⑦ 检查和监护　动火前，有关部门的负责人要到现场进行检查，落实安全措施，并指定现场监护人进行动火指挥，交待安全事项。

⑧ 动火分析　动火分析一般不要早于动火前半小时，如动火中断半小时以上，应重新进行取样分析。分析试样要保留到动火作业结束，分析结果要作记录，分析人员要在分析报告单上签字。

⑨ 动火作业　动火作业应由经安全考试合格的人员担任。特种作业（如电气焊和切割）要由工种考试合格的人员担任。无合格证者不得独立进行动火作业。动火作业中出现异常时，监护人或动火指挥应果断命令停止作业，并采取措施，待恢复正常，重新分析合格并经原审批部门审批后，才能重新动火。

⑩ 善后处理　动火作业结束后，应仔细清理现场，熄灭余火，不许遗漏任何火种，切断动火使用的电源。

动火作业还必须严格遵守和切实落实国家有关部门制定的防止违章动火禁令。

(3) 特殊动火作业的安全要求

① 油罐带油动火　油罐带油动火时，除上述的动火安全要点外，还应注意：在油面以上不许带油动火；补焊前应进行壁厚测定，作业时防止罐壁被烧穿，引起冒油着火；动火前用铅或石棉绳将裂缝塞严，外面用钢板补焊。

带油动火危险性很大，只有万不得已的情况下才采用，作业要求稳、准、快，现场监护和扑救更应该加强。

② 油管带油动火　原则与油罐带油作业相同。只有在油管破裂而生产系统又无法停下来的情况下，才能带油动火。油管带油动

火应做到：补焊前应进行壁厚测定，作业时防止罐壁被烧穿，引起冒油着火；清理周围现场，移去一切可燃物；用不燃挡板控制火星飞溅，准备好消防器材，做好扑救准备；对邻近油罐、油管做好防范措施；动火前用铅或石棉绳将裂缝塞严，外面用钢板补焊；对周围空气分析，合格后才能动火。

③ 带压不置换动火　指对易燃、易爆、有毒气体的低压设备、容器、管道进行带压不置换动火作业。带压不置换动火危险性极大，非特殊情况下不宜采用。必须采用时应注意：动火作业必须保证在正压下进行，防止空气吸入发生爆炸；必须严格控制保证系统内的氧含量在爆炸极限之外，低于安全标准（一般规定除环氧乙烷外可燃气体中氧含量不超过1%为安全标准）；补焊前应进行壁厚测定，保证补焊时不被烧穿；补焊前应对泄漏处周围的空气进行分析，防止动火时发生爆炸和中毒。

作业人员应穿戴好防护用具，作业时应正确选择合适的位置。在带压不置换动火作业中，除必须安排监护人员和扑救人员外，还应安排医务人员。

7.2.2　动土作业

凡是影响到地下电缆、管道等设施安全的地上作业都属于动土作业的范围，如挖土、打桩、埋设地线等入地超过一定深度的作业；用推土机、压路机等施工机械进行的作业；除正规道路外的区域，堆放物件或大型设备、停放或通过运输车辆等都应算作动土作业。进行动土作业时，如果没有一套安全制度，不明地下情况，就可能切断电缆，击穿管道，出现塌方，造成人员伤亡、停水、停电以及由此造成的更大事故。所以动土作业的安全管理也是非常重要的。

动土作业安全要点如下。

① 审证　根据企业地下设施的具体情况，划定各区域动土作业级别，按分级审批的规定办理审批手续。应明确作业地点、时间、内容、范围、施工方法、土方堆放场所和参加作业的人员、安全负责人及安全措施。按齐全手续办理完动土证并按审批的意见和

要求，落实了安全措施，才能进行动土作业。动土作业若要超出作业范围或延长作业期限，应重新办理审批手续。

② 安全注意事项　为防止动土作业造成的各种事故，作业时应注意以下几点。

a. 防止损坏地下设施和地面建筑　作业地点接近地下电缆、管道等设施时，要小心施工，不要用铁镐、铁錾、钢钎等工具作业，更不能用机械作业；如果作业中发现事先未料到的地下设施、管道或其他不可辨别的物品时，应立即停止作业并报告相关部门进行处理，严禁自行处理。

b. 防止坍塌　挖掘应自上而下地进行，禁止采用挖空底角的方法挖掘；同时应根据挖掘深度装设支撑。在塔、杆等地下埋设物及铁道附近挖土时，须在周围加固后方可动工。严禁一切人员在基坑内休息，不准攀登支撑。

c. 防止机器工具伤害　动土作业使用的工具应坚实可靠，安装牢固。作业人员之间应保持适当的距离。使用机械作业时，挖斗下方及作业方向严禁人员逗留或通过，禁止人员上下挖斗。夜间作业必须有足够的照明条件。

d. 防止坠落　已挖掘的沟、坑、池等应铺设有防滑条的跳板。周围应设置围栏和警告标志，夜间设红灯加以警示。

此外，在可能有煤气等有毒气体泄漏的地点动土时，应事先作好防毒准备。当发现有有毒气体泄漏或可疑现象时，应立即停止作业，迅速撤离现场，并报告有关部门处理，待彻底处理完毕后才能恢复作业。在禁火区内进行动土作业时，还应遵守禁火的有关规定。动土作业完成后，现场的沟、坑应及时填平。

7.2.3　罐内作业

凡进入塔、釜、槽、罐等容器以及地下室、阴井、下水道或其他密闭场所进行的作业，均称为罐内作业。

化工检修中罐内作业非常频繁，和动火作业一样，是危险性很大的作业。由于设备内部活动空间小，工作场地狭窄，内部通风不畅，照明不良，人员出入困难，联系不便，设备内温、湿度高，更有酸、尘、烟、毒的残留物存在，加之氧气稀薄，稍有疏忽，就可能发生燃烧、爆炸、中毒等意外事故，且受伤人员难以抢救。所以，对罐内作业的安全问题，必须予以高度重视。

罐内作业的安全要点如下。

① 建立罐内作业许可证制度　进入罐内作业，必须申请办证，并得到批准。要明确作业的内容、时间、方案，制定落实安全措施，分工明确责任到人。

② 进行安全隔离　作业的设备必须和其他设备、管道进行可靠隔离，绝不允许其他系统的介质进入到检修的设备内。

③ 切断电源　有搅拌等机械装置的设备，作业前应把传动皮带卸下，把启动电机的电源断开，并上锁使在作业中不能启动机械装置，还应在电源开关处挂上“有人检修，禁止合闸”的警告标志。上述措施均要有专人检查、确认。

④ 进行置换通风　防止危险气体大量残存，并保证氧气充足（氧含量18%～21%）。作业时应打开所有的人孔、手孔等，保证自然通风。对通风不良及容积较小的设备，作业人员应采取间歇作业或轮换作业；必要时可采取机械通风。

⑤ 取样分析　入罐作业前，必须按时间要求（一般在30分钟内）进行安全分析，达到安全规定后，才能进行作业。作业中应每间隔一定时间就重新取样分析。

⑥ 个人防护　入罐作业必须佩戴规定的防护面具，切实做好个人防护。防护面具等务必要进行严格检查，确保完好。除防护面具外，根据罐内物质特性，还应采取相应的个人防护，正确使用其他防护用品。为防止落物和滴液，罐内作业应戴安全帽。作业中不得抛掷材料、工具等物品。对于作业时间较长的情况，为减少罐内停留时间，应采取轮换作业。

⑦ 罐外监护　必须指定专人在外监护，罐内作业一般应指派两人以上进行监护。监护人应了解介质的各种性质，应位于能经常看见罐内作业人员的位置，眼光不得离开作业人员，更不准擅离岗位，发现罐内有异常时，应立即召集急救人员。如果没有代理监护

人，在任何情况下，监护人也不能自己进入罐内。抢救人员决不允许不采取个人防护而冒险入罐救人。

⑧ 用电安全　罐内作业照明、使用的电动工具，必须使用安全电压。干燥环境的罐内电压≤36V，潮湿环境的电压≤12V，若有可燃物存在，还应符合防爆要求。

⑨ 急救措施　罐内作业必须有现场急救措施，如安全带、隔离式面具等，对于可能接触酸碱的罐内作业，预先应准备好大量的水，以供急救时用。

⑩ 升降机具　罐内作业用升降机具必须安全可靠。

化工检修中的罐内作业是危险作业，作业前必须按规定办理审批手续，有关部门负责人要检查安全措施的落实情况，作业罐的明显位置要挂上“罐内有人作业”字样的牌子。作业结束时，应清理杂物，把所有工具、材料等搬出罐外，不得有遗漏。检修人员和监护人员应共同仔细检查，在确认无疑后，由监护人在作业证上签字，然后检修人员才能封闭各人孔。

7.2.4　高处作业

凡在坠落高度基准面 2 米以上（含 2 米）有可能坠落的高处进行的作业，均称为高处作业。坠落高度基准面是通过最低着落点的水平面。当基准面高低不平时，高处作业的高度应从最低点算起。高处作业属于危险作业。

在化工企业中，作业虽在 2 米以下，但属下列情况的，也视为化工工况高处作业。

① 作业地段的斜坡（坡度大于 45°）下面或附近有坑、井和风雪袭击、机械振动以及有机械转动或堆放易伤人的地方。

② 凡是框架结构装置，虽有护栏，但进行非经常性工作时，有可能发生意外的。

③ 在无平台、无护栏的化工设备以及架空管道、车船、特种集装箱等上面进行作业时。

④ 在高大设备容器内进行登高作业。

⑤ 作业位置下面或附近有坑、井、洞、池、沟、管道、熔融

物，或有转动的机械，或在易燃、易爆、易中毒区域进行登高作业的情况，视为化工危险部位高处作业。

高处作业按作业高度可分为四个级别，见表 7-1。

表 7-1 高处作业的级别

级 别	一	二	三	特级
高度 H/m	$2<H\leqslant 5$	$5<H\leqslant 15$	$15<H\leqslant 30$	$H\geqslant 30$

（1）高处作业的一般安全要求

① 人员管理要求

a. 高处作业人员必须经体检合格。凡患有精神病、癫痫病、高血压、心脏病等疾病以及深度近视的人，不准参加高处作业。工作人员饮酒、精神不振时禁止高处作业。

b. 高处作业人员要防止触电。应根据电压等级与电线保持规定安全距离（≤110kV 为 2 米；220kV 为 3 米；330kV 为 4 米）。要防止导体材料碰触电线。

c. 高处作业要顾前思后，细心从事，要穿戴轻便，不宜穿硬底、易滑的鞋，必须戴安全帽、安全带。

d. 高处作业应一律使用工具袋。除必要的工具袋外，其他物件应用绳子吊。不允许从高处往下扔东西，大件工具要挂牢，防止滑落。地面监护人或指挥人应和作业人员有联络的方法和信号。

e. 高处作业上下行动要谨慎，不得随意在任何地方爬上爬下，不得骑坐在栏杆上休息，不得倚靠在栏杆上起吊重物。

② 登高用具管理

a. 登高用具应有专人负责保管，经常维护，定期检查，并建立借还手续制度。

b. 高处作业用的角手架、跳板、栏杆、平台、梯子、吊篮、吊架、拉绳、升降用的卷扬机和滑车等，都必须符合有关安全规定，并按规定保管存放。

c. 登高用具在使用前，必须按规定要求认真检查是否牢靠。使用时注意不得超负荷。不合格的用具严禁凑合使用。

d. 安全网安装后，须经专人检查合格后才能使用，焊接时应注意火星不要溅入网内。

e. 安全帽要符合国家标准，使用时必须戴稳，系好下颌带。

f. 安全带要符合国家标准，各种部件不得任意拆除，有损坏的不能使用。在使用前要认真检查有无损坏和缺陷。安全带的拴挂必须符合要求。不准用绳子代替安全带。

③ 作业现场管理

a. 必须办理“高处作业许可证”。审批人员要严格把关，要赴现场认真检查，认真落实安全措施。作业前，作业人员应查验作业许可证，确认安全措施可靠后方可作业。必须按许可证批准的时间、范围进行作业。作业现场要有指定的监护人。

b. 高处作业现场应设有围栏或其他明显的安全界标。除有关人员外，任何人不得进入现场。尽量避免上下垂直交叉作业，若必须交叉作业，上下之间要有可靠隔离。

c. 坑、井、沟、池、孔等必须有栏杆拦护或盖板盖严，盖板要牢固，尺寸要符合要求。

d. 不准借用非登高设施作为登高工具。严禁吊物升降机载人。

e. 在易散发有毒气体空间高处作业时，要采取必要的安全措施，并有专人监护。

f. 夜间登高作业时，必须有足够的照明设施和安全措施。

g. 上薄板、轻型材料（如石棉瓦、瓦楞板）作业时，必须铺设坚固、防滑的脚手板。工作面有坡度时，脚手板应加以固定。

h. 遇有六级以上大风、暴雨、雷电和大雾等的恶劣天气，禁止露天高处作业。若是抢险需要时，必须采取可靠的安全措施，厂长或总工程师要亲临现场指挥。

（2）高处作业十防 一防梯架晃动；二防平台无遮拦；三防身后有孔洞；四防脚踩活动板；五防撞击到仪表；六防毒气往外散；七防高处有电线；八防墙倒木板烂；九防上方落物件；十防绳断仰天翻。

7.2.5 起重与搬运作业

起重作业是指利用起重机械进行的作业。起重机械是实现生产机械化、自动化、减轻体力劳动、提高劳动效率的重要工具和设备。在作业过程中，由于违章作业和安全检查不够，也会发生设备和人身事故。在化工企业的设备检修中，起重作业极为频繁，因此，加强起重作业的安全管理是十分重要的。

（1）起重准备工作　进行起重作业前必须做好充分的准备工作。

① 要做好作业前的安全准备。包括了解各种规程执行情况；进行专业训练，经考试合格，颁发合格证；起重作业必须按作业规模分类、分级；根据作业内容设计起重作业安全技术措施方案；要明确作业人员的分工，确定指挥信号和指挥人员；审核批准。

② 施工现场，必须严格按批准的施工方案及技术说明，进行人员、起重机械、吊前重物的就位等准备工作，并采取相应措施确保在起重中途不发生意外。

③ 布置完毕，经施工设计批准人到现场检查验收合格，由指挥下令，进行“试吊”。“试吊”合格后，准备工作结束。

（2）起重工具　起重工具包括索具、滚杠、撬杠、卸扣、滑轮、三角起重架、环链手拉葫芦、千斤顶、起重机等。

① 索具　用作起重索具的通常有钢丝绳、白棕绳、锦纶绳和链条。选用时应注意：不许超过允许拉力；捆绑有棱角的物体时，应加衬垫；不宜接触电线和腐蚀品；避免形成扭结，防止变形；不宜用于重大物体的吊运。

② 滚杠　又叫滚筒，是用于牵引重物，使重物和路面的滑动摩擦转变为滚动摩擦的工具。选用时应注意：长度必须超出重物的底座宽度；过斜坡不得任其自由滑下，要用滑绳拉住；如出现滚杠倾斜，最好用铁锤、铁棍拨正；添加滚杠时，应采用将右手四指或三指伸入筒内、大拇指在筒外夹紧的手势，以防压手。

③ 撬杠　是用杠杆原理抬起重物的简便工具。选用时应注意：为防止异形物体在撬动时滚动或翻身，起重点要选在靠重心的一侧，另一侧要垫实，附近不可站人；幅度太大时要分次进行，以防倾倒；每一次都要垫入适宜的木块，做好防护工作。

④ 卸扣　又称卡环，是用来连接起重滑车、吊环或固定绳索

的连接工具，分销子式和螺旋式。选用时应注意：不可反向或横向受力；防止锐角拉伤或超负荷，要根据卸扣规格选用；表面有裂纹或断面有变形的，禁止使用。

⑤ 滑轮　又称滑车，是用于吊物绳子的滑行和导向的工具，有木制和铁制两种，分为定滑车、动滑车和导向滑车。选用时应注意：应经常润滑；使用前要严格检查吊钩、拉杆、夹板、中央枢轴轮子及搭扣、销子等是否正常；如有裂纹、轴心松动，或槽深槽壁超过规定时，必须更换。

⑥ 三角起重架　选用时应注意：使用中应用绳索相互牵牢，防止支脚滑移；应支在坚实的地面上或采取填实措施；保持三脚间距离相等，以防倾倒。

⑦ 环链手拉葫芦　选用时应注意：起重量不宜过大（0.5～10吨），高度不超过3米；拉链时要正对链轮，防止滑出；和起吊物保持一定间距，以防重物坠落伤人。

⑧ 千斤顶　有齿条式、螺旋式、油压式等。起重高度为10～25厘米，负荷3～320吨，承载能力大。选用时应注意：做超负荷实验；座基要平稳坚实；动作要平稳；起重时在重物下应随起随垫枕垛；用几个千斤顶同顶一个重物时要同起同落，动作力求均匀平稳。

(3) 起重作业“五好”、“十不吊”

①“五好”　思想集中好；上下联系好；机器检查好；扎紧提放好；统一指挥好。

②“十不吊”　指挥信号不明或乱指挥不吊；超负荷或重物质量不明不吊；斜拉重物不吊；光线阴暗看不清吊物不吊；重物上面有人不吊；重物紧固不稳不牢、绳打结不吊；重物边缘锋利无防护措施不吊；安全装置失灵不吊；重物埋在地下不吊；重物越过人头或钢水包过满不吊。

(4) 人力搬运安全管理

① 个人负重　在人力搬运作业中，个人负重最多不超过80千克（特殊情况不得超过100千克）。两人以上协力作业，平均每人

负重不得超过 70 千克。单人负重 50 千克以上平均搬运距离最好不超过 70 米，应经常休息或替换。

② 轻拿轻放　在人力搬运作业中，要做到轻拿轻放，拿放时最好有人协助，切忌扔摔。

7.2.6　电气作业

电气检修应遵照《电气安全工作规程》做好相应的安全措施。

（1）工作票制度　凡电气检修，必须执行电气检修工作票制。工作票应填明工作内容、工作地点、工作时间、安全措施等内容。工作票签发人、工作负责人、工作许可人要各负其责。

（2）工作监护制度　电气检修工作应有人监护。根据工作需要，可设专职监护人，专职监护人不得同时兼任其他工作。

（3）检修停电安全技术措施

① 停电　对于要停电检修的设备，必须要把各方面的电源全部断开。

② 验电　验电须选用相应电压等级的验电器，应先在有电部位试验，以确认验电器完好。高压验电时必须戴绝缘手套。

③ 装设接地线　验明设备确已无电后，应用临时接地线将检修设备接地并三相短路，以防突然来电造成危害。

④ 悬挂标示牌和装设遮拦　在一经合闸即可送电到工作地点的所有开关和闸刀处，均应悬挂“禁止合闸，有人工作”的标示牌；在开关柜内接地线后，应在旁边悬挂“已接地”标示牌；在部分停电的高压设备上工作时，应在工作地点四周的遮拦上、禁止通行的过道上和工作地点附近悬挂或竖立“止步，高压危险”标示牌；在工作地点悬挂“在此工作”标示牌。

（4）低压带电操作安全措施　低压带电作业应当使用绝缘性能好的工具，应穿绝缘鞋，站在干燥的地方，戴手套，戴安全帽，穿长袖工作服，必要时戴护目镜。低压带电检修应设专人监护。检修前应分清火线、零线。如无绝缘措施，检修人员不得穿越带电导线。检修时应细心谨慎，防止操作失误造成短路事故。应注意人体不得同时触及两根导线。

7.3 检修验收

在设备检修结束时，必须进行全面的检查和验收。对设备检修的安全评价主要体现在安全质量上：整个检修能否抓住关键，把好关，做到安全检修。同时实现科学检修、文明施工。做到安全交接，达到一次开车成功。在检修质量上，必须树立下一道工序就是用户的观念。检修时要认真负责，保证质量。在安全交接上，做好扫尾工作，要工完、料尽、场地清，并进行详细、彻底的检查，确认无误，才能交接。

检修后的安全交接及其安全评价，也就是后期交接的安全管理工作主要包括以下内容。

7.3.1 现场清理

检修完毕，检修人员要检查自己的工作有无遗漏，要清理现场，将火种、油渍垃圾、边角废料等全部清除，不得在现场遗留任何材料、器具和废物。

大修结束后，施工单位撤离现场前，要做到“三清”：清查设备内有无遗忘的工具和零件；清扫管路通道，有无应拆除的盲板等；清除设备、屋顶、地面上的杂物垃圾。撤离现场应有计划地进行，所在单位要配合协助。凡先完工的工种，应先将工具、机具搬走，然后拆除临时支架、临时电气装置等。拆除脚手架时，要自上而下，下方要有人监护，禁止行人逗留，上方要注意电线、仪表等装置。拆除工程禁止数层同时进行。拆下的材料物体要用绳子系好，或采用吊运和顺槽流放的方法，及时清理运出，不能抛掷，要随拆随运，不可堆积。电工临时电线要拆除彻底，如属永久性电气装置，检修完毕，要先检查作业人员是否全部撤离，标志是否全部取下，然后拆除临时接地线、遮拦、护罩等，再检查绝缘，恢复原有的安全防护。在清理现场的过程中，应遵守有关安全规定，防止物体打击等事故发生。

检修竣工后，要仔细检查安全装置和安全措施，如护栏、防护罩、设备孔盖板、安全阀、减压阀、各种计量计（表）、信号灯、报警装置、联锁装置、自控设备、刹车、行程开关、制动开关、阻火器、防爆膜、静电导线、接地、接零地等，经过校验使其全部恢复好，并经各级验收合格后方可投入运行。检修移交验收前，不得拆除悬挂的警告牌和开启切断的管道阀门。

检修作业结束后，要对检修项目进行彻底检查，确认没有问题，进行妥善的安全交接后，才能进行试车或开车。总之，每一个项目检修完成后，都要进行自检，在自检合格的基础上再进行互检和专业检查，不合格的要及时返修。

7.3.2 试车

试车就是对检修过的设备装置进行验证，必须经检查验收合格后才能进行。试车的规模有单机试车、分段试车和联动试车。内容有试温、试压、试速、试漏、试安全装置及仪表灵敏度等。

① 试温　指高温设备，按工艺要求升温至最高温度，验证其放热、耐火、保温的功能是否符合要求。

② 试压　包括水压试验、气压试验、气密性试验和耐压试验。目的是检验压力容器是否符合生产和安全要求。试压非常重要，必须严格按规定进行，详见第 4 章压力容器安全技术。

③ 试速　指对转动设备的验证，以规定的速度运转，观察其摩擦、振动情况，观察是否有松动。

④ 试漏　指检验常压设备、管道的连接部位是否紧密，是否有跑、冒、滴、漏现象。

⑤ 安全装置和安全附件的校验　安全阀按规定进行检验、定压、铅封；爆破片进行更换；压力表按规定进行校验、铅封。

⑥ 仪表校验、调试　各种仪表进行校验、调试，达到灵敏可靠。

⑦ 化工联动试车　首先要制定试车方案，明确试车负责人和指挥者。试车中发现异常现象时，应及时停车，查明原因，妥善处理后再继续试车。

7.3.3 开车安全

试车合格后，按规定办理验收、移交手续，正式移交生产。在设备正式投产前，检修单位拆去临时电源、临时防火墙、安全界标、栅栏以及各种检修用的临时设施。移交后方可解除检修时采取的安全措施。生产车间要全面检查工艺管线和设备，拆除检修时立、挂的警告牌，并开启切断的物料管线阀门，检查各坑道的排水和清扫状况。应特别注意是否有妨碍运转的情况、邻近高温处是否有易燃物的情况。在确认试车完全符合工艺开车要求的情况下，打扫好现场卫生，作开车投料准备，绝不可盲目开车。

开车前，还要对操作人员进行必要的安全教育，使他们清楚设备、管线、阀门、开关等在检修中作了变动的情况，以确保开车后的正常生产。

设备投料开车，是整个设备检修的最后一项，必须精心组织，统筹安排，严格按开车方案进行。开车成功后，检修人员才能撤离。有关部门要组织全面验收，并整理资料归档备查，至此，检修安全管理工作全部结束。

检修后生产装置的开车过程，是保证装置正常运行非常关键的一环。为保证开车成功，在进行开车操作时必须遵循以下安全制度。

① 生产辅助部门和公用工程部门在开车前必须符合开车要求，投料前要严格检查各种原材料及公用工程的供应是否齐备、合格。

② 开车前要严格检查阀门的开闭情况及盲板抽加情况，要保证装置流程通畅。

③ 开车前要严格检查各种机电设备及电器、仪表等，保证处于完好状态。

④ 开车前要检查落实安全、消防措施完好，要保证开车过程中的通信联络畅通，对于危险性较大的生产装置及过程在开车前，应通知安全、消防等相关部门到现场。

⑤ 开车过程中应停止一切不相关的作业和检修作业。禁止一切无关人员进入现场。

⑥ 开车过程中各岗位要严格按开车方案的步骤进行操作，要严格遵守升降温、升降压、投料等速度与幅度的要求。

⑦ 开车过程中要严密注意工艺条件的变化和设备运行情况，发现异常要及时处理，情况紧急时应中止开车，严禁强行开车。

事故案例

【案例1】 1978年9月，湖南省某化工厂环氧树脂车间检修冷却塔风机后试车时，风机叶片将1名检修工打死。

事故的主要原因 在检修风机时，没有切断电源，检修完成后还有1人尚未离开风机的情况下，检修班长就匆忙启动风机，结果将尚未离开风机的检修人员头部打碎，当场死亡。

【案例2】 1980年9月，山西省某氮肥厂煤气洗气塔发生爆炸，死亡1人。

事故的主要原因 停车检修时未对设备进行置换，就派人戴着长管式防毒面具进塔清理水垢，在用铁器敲击水垢时，撞击产生火花，引起塔内残留煤气爆炸，塔内作业人员当场被炸死。

【案例3】 1981年3月，湖南省某化肥厂检修锅炉系统磨煤机时，煤磨机启动，2名进入作业的人员死亡。

事故的主要原因 发现设备出现问题，检修班长和检修主任进入煤磨机查看，没有其他人在场监护，也没有切断电源，没有挂警示牌，其他操作人员不知里面有人，就启动了煤磨机，准备卸钢球，结果2人被碾死。

【案例4】 1982年8月，上海某化工厂氯乙烯工段检修清理氯乙烯储槽时，发生中毒事故，1名作业人员死亡。

事故的主要原因 作业人员进罐前，没有按规定办理许可证，也没有分析罐内气体组成，进罐作业没有戴防毒面具，没有人监护，结果中毒而死。

【案例5】 1984年7月，四川省某化工厂合成氨造气车间天然气转化炉检修，发生多人中毒事故，4人死亡。

事故的主要原因 转化炉与水封之间的管线没有用盲板隔绝，检修过程中，水封跑气，气体进入正在检修的转化炉，使炉内检修人员多人中毒。

【案例6】 1985年5月，辽宁省某染料厂在进行检修设备器具清理时，提升机钢索断裂，吊盘迅速下落时，将1名工人砸死。

【案例7】 1985年11月，辽宁省某化建公司1名维修工在六层楼捆绑脚手架，由于没有系安全带，由于不慎，失足跌落，经抢救无效死亡。

【案例8】 1986年5月，湖北省某化肥厂碳化车间清洗塔检修，发生爆炸，死亡1人。

事故的主要原因 检修前没有对要检修的清洗塔进行置换，直接戴长管式防毒面具进入作业区，整理瓷环时，作业人员用钢管撬时产生火花，引起塔内残留气体爆炸。

【案例9】 1994年9月，吉林省某化工厂季戊四醇车间检修后试漏时发生爆炸，死亡3人，伤2人。

事故的主要原因 甲醇中间罐泄漏，检修后必须用水试压，因全场水管大修，于是操作人员违章用氮气进行带压试漏，结果造成超压，罐体发生爆炸。

【案例10】 1995年1月，福建省某县合成氨厂发生爆炸事故，死亡1人。

事故的主要原因 该厂碳化工段碳化塔水箱发生泄漏。在对水箱进行检修时，检修前没有对设备进行清洗、置换，拆卸法兰时，因使用撬棍和錾子，致使水箱发生爆炸。

【案例11】 1996年2月，北京某化工厂有机硅分厂一车间发生罐内作业中毒事故，死亡2人，轻伤2人。

事故的主要原因 该厂有机硅分厂一车间停工检修期间，在清理氯甲烷缓冲罐内水解物料时，在没有办理入罐手续，没有对罐内进行空气置换，未作气体分析，没有专人监护的情况下，操作人员戴着防毒面具擅自进入罐内作业，车间主任到现场发现没人，感觉不妙，发现一人倒在罐内，在没有采取进一步防护措施的情况下，进入罐内施救，结果也中毒倒下，闻讯赶来的另一名操作工也未采取有效防护措施就进入罐内施救，在将主任救出罐时，自己倒在罐内，后经分厂领导带人进行急救，车间主任被救活，另2人经抢救无效死亡。

1. 停车检修应做哪些安全准备工作?
2. 简述动火作业的安全要点。
3. 简述罐内作业的安全要点。
4. 入罐作业的基本要求是什么?
5. 简述高处作业的安全要点。
6. 检修后检验的意义是什么? 检验的内容有哪些?
7. 检修作业期间如何加强自我保护?

第 8 章

劳动保护基本常识

培训目标

1. 了解工业生产防毒的基本措施；了解工业生产中防粉尘的措施；了解噪声污染控制预防措施；了解辐射污染危害及其预防措施。

2. 明确生产中化学灼伤的预防措施；明确各种劳保用品的使用场所。

3. 学会现场急救的一般方法；学会使用各种劳保用品保护自身安全。

8.1 工业毒物的危害及预防

8.1.1 工业毒物及毒性

(1) 工业毒物及来源　当某种物质进入机体，累积到一定量后，就会与机体组织发生生物化学或生物物理变化，干扰或破坏机体的正常生理功能，引起暂时性或永久性的病理状态，甚至危及生命，我们把这种物质称为毒物。工业毒物是指工业生产过程中接触到的化学毒物。

工业毒物的来源是多方面的。化工生产中所使用的原材料，如生产甲醛使用的甲醇；生产过程中的中间体或副产物，如生产苯胺的中间产品硝基苯；生产的最终产品，如农药；生产所用的催化剂，如乙炔法生产氯乙烯所用的催化剂氯化汞；生产过程中的溶剂，如常用的有机溶剂乙醇和丙酮；生产原料和产物所含带的杂质，如合成氨原料气中的一氧化碳和硫化氢等；合成塑料、合成橡胶、合成纤维过程中所用的增塑剂、防老剂、稳定剂等，多数都是有毒物质。

(2) 工业毒物分类　工业毒物的分类方法很多，主要有按物理形态分、按中毒性质和作用分、按化学性质和用途相结合的方法分等。

① 按物理形态分　工业毒物按物理形态可分为五种。

a. 粉尘　漂浮于空气中的固体颗粒，直径大于0.1微米，主要产生于固体物料粉碎、研磨过程，如制造铅丹颜料的铅尘，生产电石的电石尘等。

b. 烟尘　漂浮于空气中的烟状固体微粒，直径小于0.1微米，主要是生产过程中产生的金属蒸气等在空气中氧化而成，如金属冶炼时放出的金属蒸气氧化成的金属氧化物，如氧化锌、氧化铬等。

c. 雾　悬浮于空气中的微小液滴，多由蒸气冷凝或液体喷散而成。如铬电镀时的铬酸雾、喷漆中的含苯漆雾等。

d. 蒸气　散发于空气中的蒸气，由液体蒸发或固体升华而成。

前者有如苯蒸气、汞蒸气等，后者有如磷蒸气等。

e. 气体　散发于空气中的气态物质，如氯气、一氧化碳、硫化氢、二氧化硫等。

② 按中毒性质和作用分　工业毒物按中毒性质和作用可分为以下四种。

a. 刺激性毒物　直接作用于机体组织会引起组织发炎。如酸的蒸气、氯气、氨气、二氧化硫、硫化氢等。

b. 窒息性毒物　会引起窒息或化学性窒息而危及健康。如氮气、氢气、二氧化碳、一氧化碳等。

c. 麻醉性毒物　主要对神经系统有麻醉作用。如芳香族化合物、醇类、醚类、苯胺等。

d. 溶血性毒物　有溶血作用，可引起血红蛋白变性、溶血性贫血。如苯、二甲苯胺、硝基苯、二硝基氯化苯、对硝基苯胺、苯肼、邻硝基氯苯等。

e. 腐蚀性毒物　有腐蚀作用，引起呼吸道腐蚀病变。如溴、重铬酸盐、硝酸、五氧化二磷等。

f. 致敏性毒物　有致敏作用，可引起过敏性皮炎、过敏性哮喘。如镍盐、碘蒸气、马来酸酐等。

g. 致癌性毒物　有致癌作用，如蒽、双（氯甲基）醚、联苯胺、氯乙烯、3,4-苯并芘（主要含于煤焦油沥青中）等。

h. 致畸性毒物　长期接触此类毒物可以引起机体畸形，或作用于母体引起胎儿畸形。如甲基苯、多氯联苯、有机磷农药等。

i. 致突变性毒物　能引起生物体细胞的遗传信息和遗传物质发生突变，使遗传变异。

③ 按化学性质和用途相结合的方法分　按此类分法，工业毒物可分为以下八种。

a. 金属、类金属及其化合物　毒物元素中最多的一类，如铅、铬、锌等。

b. 卤素及其无机化合物　如氟、氯、溴、碘等。

c. 强酸和强碱性物质　如硫酸、硝酸、氢氧化钠、碳酸钠等。

d. 氧、氮、碳的无机化合物　如臭氧、二氧化氮、一氧化碳等。

e. 惰性气体　如氮气、氦气等。

f. 有机毒物　包括脂肪烃类、芳香烃类、卤代烃、氨基和硝基化合物、醇、醛、酚、醚、酮、酰、酸、腈等。

g. 农药类　包括有机氯、有机磷、有机硫等。

h. 染料及中间体、合成高分子物质。

(3) 工业毒物的毒性　毒性是用来表示毒物的剂量与引起毒害作用关系的一个概念。

① 毒性评价标准　毒性计算所用单位一般以化学物质引起实验动物某种毒性反应所需要的剂量表示。剂量通常以 mg/kg（每千克动物体重需要毒物的毫克数）或 mg/m^2（动物体表面积每平方米需要毒物的毫克数）表示。毒物毒性常用的评价指标有以下几种。

a. 绝对致死量或浓度（LD_{100} 或 LC_{100}）　引起染毒动物全部死亡的最小剂量或浓度。

b. 半数致死量或浓度（LD_{50} 或 LC_{50}）　引起染毒动物半数死亡的剂量或浓度。

c. 最小致死量或浓度（MLD 或 MLC）　引起全组染毒动物中个别死亡的剂量或浓度。

d. 最大耐受量或浓度（LD_0 或 LC_0）　全组染毒动物全部存活的最大剂量或浓度。

e. 急性阈剂量或浓度（Lim_{ac}）　一次染毒后，引起实验动物某种有害反应的最小剂量或浓度。

f. 慢性阈剂量或浓度（Lim_{ch}）　长期多次染毒后，引起实验动物某种有害作用的最大剂量或浓度。

g. 慢性“无作用”剂量或浓度　在慢性感染后，实验动物未出现任何有害作用的最大剂量或浓度。

② 毒物的急性毒性分级　毒物的急性毒性可根据动物染毒实验资料 LD_{50} 进行分级。据此将毒物分为剧毒、高毒、中等毒、低毒、微毒五级，如表 8-1 所列。

表 8-1 化学物质急性毒性分级

毒性分级	大鼠一次经口 LD_{50}/(mg/kg)	6只大鼠吸入4h死亡2～4只的浓度/(μg/g)	兔涂皮时 LD_{50}/(mg/kg)	对人可能致死量	
				/(g/kg)	60kg体重总量/g
剧毒	<1	<10	<5	<0.05	0.1
高毒	1～49	10～99	5～43	0.05～0.49	3
中等毒	50～499	100～999	44～349	0.5～4.9	30
低毒	500～4999	1000～9999	350～2179	5.0～14.0	250
微毒	>5000	>10000	>2180	>15.0	>1000

8.1.2 中毒及危害

（1）中毒的途径　由毒物侵入人体引起的疾病称为中毒。在生产过程中由于接触化学毒物引起的中毒称为职业中毒。

① 呼吸道　是工业毒物进入人体的最主要途径。生产环境中，悬浮于空气中的粉尘、烟雾、蒸气、气体均可通过呼吸道侵入人体。人每天大约需要吸入12立方米的空气，因此，即使环境空气中有毒物质含量较低，每天也将有一定量的毒物进入身体。毒物经呼吸道进入肺泡，通过肺泡内丰富的毛细血管吸收至血液中，进而分布全身。吸入量与空气中毒物的浓度、肺通气量、吸入时间等有关；吸收量与呼吸深度、呼吸速度、循环速度、毒物的水溶性有关，易溶于水的毒物更易吸收。

② 皮肤与黏膜　有些毒物可以通过完好的皮肤和黏膜，经毛囊的皮脂腺被吸收，有些是经破坏皮肤后侵入。毒物经皮肤吸收的数量和速度与毒物的脂溶性、水溶性、浓度、外界气温、湿度等有关，水、脂都溶的毒物易被皮肤吸收，潮湿会促进对皮肤的侵入。经皮肤侵入的毒物可以直接随血液分布全身。黏膜吸收毒物的能力比皮肤强。

③ 消化道　许多毒物可以通过口腔进入消化道而被吸收。此类中毒往往是由于吞咽由呼吸道进入的毒物，或食用被污染的食物而引起的。毒物由小肠吸收，经肝脏解毒，未被解毒的物质进入血液循环。因此，只要不是一次性大量服入，后果都比较轻。

(2) 中毒的危害

① 急性中毒对人体的危害　急性中毒指大量毒物迅速作用于人体后所发生的病变。由于毒物不同造成的危害也不同。

a. 对呼吸系统的危害　刺激性气体、有害蒸气、烟雾和粉尘等毒物，吸入后会引起窒息、呼吸道炎症和肺水肿等病症。

b. 对神经系统的危害　如四乙基铅、有机汞化合物、苯、二硫化碳、环氧乙烷、甲醇及有机磷农药等，作用于人体会引起中毒性脑病、中毒性周围神经炎和神经衰弱等。出现头晕、头痛、乏力、恶心、呕吐、嗜睡、视力下降、幻视、视觉障碍、复视，出现植物神经失调以及不同程度的意识障碍、昏迷、抽搐等，甚至出现神经分裂、狂躁、忧郁等症。

c. 对血液系统的危害　如苯、硝基苯、苯肼等，作用于人体，可导致白细胞数量变化、高血红蛋白和溶血性贫血。

d. 对泌尿系统的危害　如升汞、四氯化碳等，作用于人体可引起急性肾小球坏死，造成肾损坏。

e. 对循环系统的危害　如锑、砷、有机汞农药、汽油、苯等，均可引起心律失常等心脏病症。

f. 对消化系统的危害　如经口的汞、砷、铅等中毒，均会引起严重恶心、呕吐、腹痛、腹泻等症；硝基苯、三硝基甲苯等会引起中毒性肝炎。

g. 对皮肤的危害　如二硫化碳、苯、硝基苯、萘等，会刺激皮肤，造成皮炎、湿疹、痤疮、毛囊炎、溃疡、皮肤干裂、瘙痒等症。

h. 对眼睛的危害　化学物质接触眼部或飞溅入眼部，可造成色素沉着、过敏反应、刺激炎症、腐蚀灼伤等。

② 慢性中毒对人体的危害　慢性中毒的毒物作用于人体的速度缓慢，要经过较长的时间才会发生病变，或长期接触少量毒物，毒物在人体内积累到一定程度引起病变。慢性中毒一般潜伏期比较长，发病缓慢，因此容易被忽视。由于慢性中毒病理变化缓慢，往往在短期内很难治愈，因此防治慢性中毒和防治急性中毒一样，是

化工生产劳动保护职业中毒管理中十分重要的内容。

慢性中毒依不同的毒物的毒性不同，造成的危害也不同。常见的慢性中毒引起的病症有中毒性脑脊髓损坏、神经衰弱、精神障碍、贫血、中毒性肝炎、肾衰、支气管炎、心血管病变、癌症、畸形、基因突变等。

为管理生产过程中的职业中毒危害，国家专门制定了工业毒物卫生标准《工业企业设计卫生标准》。现将生产环境空气中部分有害物质的最高允许浓度列于表8-2中，供大家参考。

表8-2 生产环境空气中部分有毒物质的最高允许浓度

物质名称	最高允许浓度/(mg/m³)	物质名称	最高允许浓度/(mg/m³)	物质名称	最高允许浓度/(mg/m³)
氨	30	甲醇	50	二甲苯	100
臭氧	0.3	甲醛	3	苯胺①	5
一氧化碳	30	甲苯	100	苯乙烯	40
二氧化硫	15	乙醚	500	金属汞	0.01
二硫化碳①	10	丙酮	400	有机汞化合物①	0.005
硫化氢	10	丙烯腈①	2	黄磷	0.03
三氧化二砷	0.3	丁烯	100	氯	1
（五氧化二砷）		丁二烯	100	氯化氢及盐酸	15
三氧化铬(铬酸	0.05	丁醛	10	二氯乙烷	25
盐、重铬酸盐)		己内酰胺	10	氯乙烯	30
五氧化二磷	1	环氧乙烷	5	六六六	0.1
氧化锌	5	环己烷	100	滴滴涕	0.3
五氧化二钒烟	0.1	苯①	40	乐果①	1
铅烟	0.03	硝基苯①	5	敌百虫①	1
四乙基铅①	0.005	三硝基甲苯①	1	敌敌畏①	0.3

① 除经呼吸道吸收外，也容易经皮肤吸收侵入人体。

（3）常见化学毒物急性中毒的表现　为便于广大职工在生产过程中对急性中毒有一个更清楚的认识，便于及时采取有效措施，现将常见化学毒物急性中毒的临床表现列于表8-3中。

表 8-3 常见化学毒物急性中毒临床表现

毒物类型	毒物名称	中毒途径及危害	临床表现
刺激性气体	氯气（Cl_2）	经呼吸道进入，损害上呼吸道及支气管黏膜，引起支气管炎，严重的会引起肺水肿，高浓度吸入，可造成心脏停跳，死亡	（1）轻度中毒　产生眼结膜和上呼吸道刺激症状，如眼、鼻有辛辣感，咽喉有灼烧感，流泪、流涕、喷嚏、咽痛、干咳等 （2）中度中毒　症状加剧，有频发性呛咳、胸部有紧迫感，同时有胸骨后疼痛，呼吸困难，并有头痛、头昏、烦躁不安，还伴有恶心、呕吐、腹痛等 （3）重度中毒　有咳血、胸闷、呼吸困难，出现中毒性肺水肿，咳大量粉红色泡沫痰，可能出现昏迷、休克、窒息
	光气（$COCl_2$）	毒性比氯气大10倍。经呼吸道进入，主要危害是干扰细胞正常代谢，导致化学性肺炎和肺水肿	吸入光气后，一般有3～24h潜伏期 （1）轻度中毒　咽喉有刺痒感，呛咳、流泪、畏光、气急、胸闷，有时伴有头痛、头昏、恶心等 （2）中度中毒　症状加剧，有明显的呼吸困难 （3）重度中毒　症状明显加剧，并有畏寒、发热、呕吐、烦躁不安，咳大量粉红色泡沫痰，可能出现昏迷、休克
	氮氧化物（NO_x）	经呼吸道进入，在肺泡中与水生成硝酸和亚硝酸，对肺组织产生强烈的刺激和腐蚀，引起肺水肿；进入血液后，引起血压下降，并与血红蛋白作用生成高铁血红蛋白，引起组织缺氧	（1）轻度中毒　有轻度刺激感，咳嗽、眼部不适、胸闷、乏力、食欲减退等 （2）中度中毒　经过3～12h潜伏期，症状加重，有头痛、头昏、恶心、气急、胸闷、呛咳等 （3）重度中毒　胸闷、肋骨下疼痛、紧压感，呼吸明显困难，出现青紫、呛咳，咳粉红色泡沫痰，有可能出现休克
	二氧化硫（SO_2）	经呼吸道进入。在黏膜表面形成硫酸和亚硫酸，产生强烈的刺激和腐蚀。大量吸入可引起喉水肿、肺水肿，造成窒息	主要表现为眼、鼻、上呼吸道黏膜的刺激症状，如眼灼痛、流泪、流涕、喷嚏、喉痒、声音嘶哑、胸部紧压感、胸痛、剧咳等。常伴有头昏、失眠、无力、恶心、呕吐。严重时出现肺水肿，呼吸困难，甚至休克、昏迷
	氨（NH_3）	经呼吸道进入。对上呼吸道有刺激和腐蚀，高浓度可引起化学灼伤，损伤呼吸道和肺泡，发生支气管炎、肺炎和肺水肿；进入血液，引起糖代谢紊乱，导致全身缺氧	（1）轻度中毒　眼、鼻、咽有辛辣刺激感，出现流泪、流涕、喷嚏、咳嗽、咳痰、咳血、胸闷、肋骨疼痛、咽喉刺痛、声音沙哑、嗅觉减退、头痛、头昏等 （2）重度中毒　吸入高浓度氨，会引发喉头水肿，引起窒息。重症者可发生中毒性心肌炎、中毒性肝炎等症 液氨溅入眼睛，可造成结膜水肿、角膜溃疡、晶体混沌，甚至角膜穿孔造成失明

续表

毒物类型	毒物名称	中毒途径及危害	临床表现
刺激性气体	一氧化碳（CO）	经呼吸道进入。通过肺进入血液，与血红蛋白形成碳氧血红蛋白，造成全身组织缺氧	(1)轻度中毒　表现为头痛、头昏、头沉重感，恶心、呕吐、全身疲乏 (2)中度中毒　面部呈樱桃红色，呼吸困难、心率加快，可能出现昏迷、大小便失禁 (3)重度中毒　昏迷，出现肌肉痉挛和抽搐。可继发脑中毒，出现心力衰竭、休克等，病死率高，存活者也常有后遗症
	硫化氢（H_2S）	经呼吸道进入。有刺激性和腐蚀性。进入机体后，抑制酶的活性，使组织细胞发生内窒息	(1)轻度中毒　眼部灼热、刺痛、流泪、视觉模糊、有流涕、咽痒、呛咳、胸闷、呼吸困难等，常伴有头痛、头晕、乏力等 (2)中度中毒　眼部刺激更强烈，头痛、头晕、心悸，可能出现昏迷 (3)重度中毒　出现神志模糊，昏迷，全身痉挛，大小便失禁，可发生中毒性肺炎、肺水肿和脑水肿
金属及化合物	汞（Hg）	汞中毒主要是其蒸气由呼吸道吸入。汞进入人体后与体内的活性酶会发生作用，而使酶失去活性，造成细胞损害，导致中毒，如造成肾小球和近端肾小管损伤	短时间吸入高浓度汞蒸气会引起急性中毒，发病早期会流口水、口渴、牙疼、牙龈出血，口腔糜烂、溃疡，甚至牙齿松动脱落；同时有头晕、头痛、胸痛、胸闷、气促、咳嗽、咳痰、呼吸困难、全身乏力、恶心、呕吐、腹痛；若误食汞化合物引起中毒，会出现上腹灼痛、腹绞痛、腹泻等
	铅（Pb）	铅是全身性毒物，可通过消化道和呼吸道进入人体。铅进入人体后主要是影响血红色素的合成，造成贫血。铅还可引起血管痉挛、视网膜小动脉痉挛和高血压等。铅对脑、肝等器官也有损害	铅急性中毒后会出现流口水、出汗、恶心、呕吐、阵发性腹绞痛、头痛、血压增高、便秘或腹泻等，会造成肝脏肿大，出现黄疸；重症者会出现精神迟钝、易激动、记忆力减退、神志模糊，甚至会昏迷、惊厥，并有可能瘫痪
	铬（Cr）	铬有强烈的刺激性和腐蚀性，可以通过呼吸道、消化道、皮肤进入人体。在体内的主要危害是影响氧化、还原、水解过程，使蛋白质变性，干扰酶系统，导致中毒	由呼吸道吸入后，会出现鼻干、喉痒、干渴、胸痛、气喘、头痛、头晕、全身无力、低烧、呕吐、心悸 误服重铬酸盐后，会出现恶心、呕吐、胃痛、腹部绞痛、寒战、虚脱，甚至意识丧失导致死亡 皮肤接触铬酸盐和重铬酸盐溶液后，会引起接触性皮炎，发痒、红肿、出现斑丘疹、水泡等 铬酸盐和重铬酸盐溶液溅入眼睛，可引起结膜炎和角膜炎

续表

毒物类型	毒物名称	中毒途径及危害	临床表现
有机化合物	苯(C_6H_6)	主要通过呼吸道进入人体。其危害主要是损害造血系统和神经系统	(1)轻度中毒　会出现头痛、头晕、咳嗽、恶心、呕吐、心悸,同时可能有耳鸣、眼刺痛、怕光、流泪、视觉模糊等 (2)中度中毒　上述症状加重,出现眩晕、酒醉样感觉,步态蹒跚、嗜睡、反应迟钝、神志恍惚,并可能出现幻觉、癔病 (3)重度中毒　神志丧失,深度昏迷,脉搏虚弱,血压下降,瞳孔散大,肌肉抽搐,可能出现呼吸衰竭,可能死亡
	有机磷农药	可以经呼吸道和消化道进入人体。进入人体后迅速进入全身,抑制酶的活性,引起神经生理紊乱	(1)轻度中毒　会出现头痛、头晕、恶心、呕吐、汗多,胸闷、视觉模糊、无力等,瞳孔可能缩小 (2)中度中毒　除上述症状,出现轻度呼吸困难、大汗、流口水、腹痛、腹泻、步态蹒跚、神志模糊等,血压可能升高 (3)重度中毒　心率加快,血压升高,瞳孔高度缩小如针尖,呼吸极度困难,大小便失禁,昏迷,可能出现脑水肿,可能死亡

8.1.3 防毒措施

(1) 防毒技术措施

① 以无毒低毒物料代替高毒物料　为了减少职业中毒的机会，生产过程中使用的原材料应尽量采用无毒、低毒的物质，这是解决问题的根本方法，但实际操作时有较大的难度。

② 改革工艺　改革生产工艺和操作方法是重要的防毒措施之一。如氯碱生产中以隔膜和离子膜电解代替水银电解，消除汞的危害；氯乙烯生产，以乙烯法代替乙炔法，避免了使用汞盐催化剂。这一措施一直是化学工业技术研究的主要课题之一。

③ 生产设备密封化　保证设备的密闭性，使有毒物质不能散发出来造成危害，是工业生产中防毒的有效措施之一。生产过程的密闭性包括投料、出料、物料的输送、粉碎、包装等生产过程中各环节的密闭。如气体的输送和投料采用管道、风机；液体的输送和

投料采用高位槽、泵；固体物料采用机械投料，并设置锁气装置，防止气体外逸；有毒物质的投料可以采用真空法等。

④ 隔离操作和自动控制　将操作室与生产设备隔离开，也是防止毒害的有效措施之一。目前常用的隔离方法有两种：一是将有毒害的设备隔离在室内，采用排风的方法，使室内呈负压，避免有毒物质逸出；二是将操作室放在隔离室内，采用送新鲜空气的方法，使室内呈正压，防止有毒物质侵入。

采用先进的自动化控制，可以最大限度地减少操作人员与有毒有害设备和环境的直接接触，是实现隔离的最好方式。

（2）通风排毒措施　通风是一种利用空气流排除或稀释空气中有毒物质，以保护操作环境免受污染的方法。

① 局部送风　指把新鲜空气直接送入操作人员的呼吸带。由于新鲜空气很快会被周围的有毒空气混入，因此局部送风用于防毒不是很好。有条件的情况下尽量不采用此法。

② 局部排风　指把有毒气体直接从发生源抽出去，使操作环境中有毒物质的浓度达到卫生标准要求。局部排风系统包括排风罩、管道、风机、排气烟囱等，排风罩要尽可能靠近毒气发生源。局部排风排毒效果较好，最为常用。但对于有毒气体发生源十分分散的环境，采用局部排风效果将会降低。

③ 全面通风　指用大量新鲜空气将操作环境的有毒气体冲淡稀释达到卫生标准要求。全面通风一般多以排风为主，一般只适用于低毒有害气体及其散发量不大的情况。通常与局部排风结合使用，效果不错。

（3）个人防护措施　个人防护也是防毒的重要措施之一，一般分为皮肤防护和呼吸防护两大类。

① 皮肤防护　主要是防止毒物从皮肤侵入人体。常用的有具有不同性能的工作服、工作鞋、防护镜等。对裸露的皮肤，应根据所接触的不同物质的性质，使用相应的保护油膏或清洁剂。

② 呼吸防护　主要是防止毒物从呼吸道侵入人体。常用的有过滤式防毒呼吸器、隔离式防毒呼吸器等（见 8.8 节）。

(4) 净化回收措施

① 燃烧法　对于可燃或在高温下能分解的有毒有害气体，可采用燃烧法进行净化。一般可用于有机溶剂蒸气和碳氢化合物的净化处理。

② 冷凝法　对于蒸气状态的有毒有害物质，可采用冷凝法进行回收。一般用于回收空气中的有机溶剂蒸气，在燃烧、吸附等净化处理前使用。

③ 吸收法　对于能溶解于某种液体的有毒有害气体，可采用吸收法进行回收。

④ 吸附法　对于空气中低浓度的有毒有害物质，可以采用吸附的方法进行净化。吸附剂应选用具有巨大内表面、良好的选择性、良好的再生能力、一定的耐磨强度、成本低廉的物质。常用的吸附剂有活性炭、分子筛、硅胶、高分子复合吸附剂等。

8.1.4　中毒急救

(1) 中毒急救原则与要领

① 安全进入现场　救护人员必须要做好自我防护，如穿防护服、戴防毒面具或氧气呼吸器等，才能进入毒物污染现场进行救护。否则，非但救不了人，自己也会中毒。

② 迅速抢救生命　救护人员进入现场后，应迅速将中毒者撤出毒物污染区，移至空气新鲜、通风良好的地方，使其仰卧平躺，解开衣领、裤带，头后仰保持呼吸道通畅。然后开始实施急救。

③ 设法切断毒源　救护人员进入毒物污染现场后应尽快找到毒物泄漏点，关闭管道阀门，停止送料泵或压缩机，开启排风机等。

④ 彻底清理污染　脱离污染现场后，应立即脱去受污染的衣服、帽子、袜子等。然后用大量清水（解毒液更好）彻底冲洗被污染的皮肤、毛发甚至指甲缝等。

⑤ 尽快送医院治疗　对中毒者进行现场初步抢救后，应尽快送医院进行全面治疗。

(2) 中毒现场急救的一般方法

① 呼吸道中毒的现场急救　对于由呼吸道吸入中毒的急救，应首先保持呼吸道通畅，让中毒者头后仰平躺，解开衣领、裤带。心脏停止的，应立即实施心脏复苏术（具体操作见8.7节）；呼吸停止的，应立即实施呼吸复苏术（具体操作见8.7节）。为了防止喉头水肿发生，有条件的可采用2%碳酸氢钠、10%异丙肾上腺素、1%麻黄素雾化吸入。

② 急性皮肤中毒的现场急救　由于皮肤吸收毒物或由于腐蚀造成皮肤灼伤，应立即脱去受污染的衣服，用大量清水冲洗，禁止用热水。冲洗时间应不少于15分钟，冲洗越早、越彻底越好。冲洗后用肥皂水洗净，然后敷上中和毒物的液体或保护性药膏。

③ 误服吞咽中毒的现场急救　首先要反复漱口，除去口腔毒物。然后可以采取催吐（用手指或金属勺柄刺激舌根咽部）、洗胃（大量饮入清水、生理盐水，再吐出）、清泻（服入大剂量泻药）、药物解毒（口服解毒药物）的方法进行救护。特别提醒：对于误服强酸、强碱等腐蚀品，汽油、煤油等有机溶剂的情况，禁用或慎用催吐的方法。

(3) 常见毒物中毒现场急救措施　为方便在生产过程中一旦发生急性中毒事故，进行有针对性的现场急救，现将部分常见毒害物质急性中毒现场急救措施列于表8-4，供大家参考。

表8-4　部分常见毒害物质急性中毒现场急救措施

物质名称	急救措施
氯气	迅速离开污染区，吸氧，用2%碳酸氢钠雾化吸入，用2%碳酸氢钠溶液洗眼
一氧化碳	使患者离开污染区，到通风好的新鲜空气处，如呼吸停止，立即进行口对口或口对鼻人工呼吸，呼吸恢复后吸氧
硫化氢	使患者离开污染区，安静休息，如呼吸停止，立即进行人工呼吸，呼吸恢复后吸氧；眼部刺激时用水或2%碳酸氢钠溶液冲洗
二氧化硫	使患者离开污染区，到通风好的新鲜空气处，吸氧，可雾化吸入2%碳酸氢钠，如呼吸停止，立即进行人工呼吸
汞及其化合物	使患者离开污染区，用大量水及肥皂清洗皮肤和眼部；若由口进入，立即漱口，饮牛奶、豆浆或蛋清水

续表

物质名称	急 救 措 施
苯的氨基、硝基化合物	使患者离开污染区,用大量清水彻底清洗皮肤,脱去污染衣服,用水冲洗,休息,吸氧
苯酚	使患者离开污染区,用大量清水彻底清洗皮肤及眼部,脱去污染衣服,皮肤清洗后用酒精擦洗,休息
甲醇及醇类	使患者离开污染区,由口进入的情况下,立即催吐或洗胃
酯类化合物	使患者离开污染区,呼吸新鲜空气,用大量清水和肥皂彻底清洗皮肤,可雾化吸入2%碳酸氢钠
强酸类	用大量清水或2%碳酸氢钠溶液冲洗皮肤;吸入酸雾的情况下,可雾化吸入2%碳酸氢钠;若经口误服,立即用牛奶、豆浆洗胃
强碱类	用大量清水或2%碳酸氢钠溶液冲洗皮肤,特别是对眼部要用流动水及时清洗;若经口误服,立即饮用牛奶、豆浆、蛋清水等,保护消化道
有机磷农药	除去污染,彻底清洗皮肤,安静休息
有机氯农药	脱离污染,用大量清水冲洗皮肤,吸氧;经口误服,立即洗胃或清泻
苯类及煤焦油	脱离污染,呼吸新鲜空气,如呼吸停止,立即进行人工呼吸,如心脏骤停,进行胸外心脏挤压

8.2 工业粉尘危害及预防

8.2.1 工业粉尘及危害

（1）工业粉尘来源　工业粉尘的主要来源有固体机械粉碎、研磨、切割等过程；固体不完全燃烧产生的烟尘；固体颗粒搬运、混合等过程；粉状产品包装、运输等过程。

工业粉尘按来源可分为以下两种。

① 有机性粉尘　包括植物性粉尘，如棉、麻、面粉等；动物性粉尘，如兽毛、角质等；人工性粉尘，如塑料、沥青等。

② 无机性粉尘　包括金属性粉尘，如铝、铁等；矿物性粉尘，如石棉、石墨等；人工性粉尘，如水泥、玻璃等。

工业粉尘按粉尘粒度可分为以下几种。

① 尘埃　粒径大于10微米，在静止空气中可加速下降。

② 尘雾　粒径在0.1～10微米之间，在静止空气中下降缓慢。

③ 尘烟　粒径小于0.1微米，在空气中自由运动，在静止空气中几乎完全不降落。

(2) 工业粉尘危害

① 尘肺　长期吸入较高浓度的生产性粉尘最容易引起尘肺。

② 中毒　由于吸入有毒粉尘，如铅、砷等，经呼吸道溶解进入血液会引起中毒。

③ 上呼吸道慢性炎症　有机类粉尘吸入呼吸道后，会附着在壁腔、气管、支气管的黏膜上，时间长了，就会发生慢性炎症。

④ 皮肤炎症　粉尘落在皮肤上会堵塞皮脂腺、汗腺，引起皮肤干燥、感染、粉刺、毛囊炎等。

⑤ 眼部炎症　如金属粉尘等，可引起角膜损伤，沥青粉尘可引起结膜炎。

⑥ 致癌　如长时间接触放射性矿物粉尘、石棉粉尘、铬酸盐粉尘等，可能引起肺癌等症。

为保证广大职工身体健康，国家对生产环境粉尘浓度含量作了严格限制，制定了相应的标准《工业企业设计卫生标准》。现摘录一部分列于表8-5中，供大家参考。

表8-5　操作环境部分生产性粉尘最高允许浓度

粉尘名称	最高允许浓度/(mg/m^3)	粉尘名称	最高允许浓度/(mg/m^3)
含有10%以上游离二氧化硅的粉尘	2	含有10%以下游离二氧化硅的煤粉尘	10
石棉粉尘及含有10%以上石棉的粉尘	2	铝、氧化铝、铝合金粉尘	4
		玻璃棉和矿渣棉粉尘	5
含有10%以下游离二氧化硅的滑石粉尘	4	烟草及茶叶粉尘	3
含有10%以下游离二氧化硅的水泥粉尘	6	含有10%以下游离二氧化硅的无毒矿物粉尘和动植物性粉尘	10

8.2.2 防粉尘措施

（1）全面通风　同通风排毒措施。用大量新鲜空气将操作环境的有毒气体冲淡稀释，达到卫生标准要求。全面通风一般多以排风为主，一般只适用于低粉尘浓度的情况。

（2）局部吸尘　利用吸尘装置把粉尘直接从发生源抽出去，防止粉尘飞扬，使操作环境中粉尘的浓度达到卫生标准要求。吸尘装置系统包括吸尘罩、管道、风机、排尘烟囱等。吸尘罩要尽可能靠近粉尘发生源。局部吸尘效果较好，最为常用。

（3）除尘　利用各种除尘器收集排除粉尘。常用的除尘器有旋风除尘器、洗涤器、袋滤器、电除尘器等。

8.3 化学物质接触对女性职工的危害

目前在化工企业从事各种工作的妇女有很多，其中有相当一部分在生产第一线从事操作。这些在第一线的妇女们不可避免地要接触有害化学物质。由于女性与男性特殊的生理差别，化学物质接触对女工的额外危害主要体现在对生殖系统、妊娠和子代方面。为了提高广大女性职工对化学物质接触有可能对自己造成危害的认识，更好地加强自我保护，现将部分有害化学物质对女性生殖系统、妊娠和子代方面可能造成的危害列出，如表 8-6 所列。特别提示：表中所举危害只是可能发生的危害，尚需直接证明。

表 8-6　化学物质对女性的危害

有害物质类别名称	对女性生殖系统的可能危害	对妊娠和子代的可能危害
芳香族有机溶剂	月经障碍，不孕	子代骨骼先天异常；溶剂通过母乳排出，导致婴儿食欲减退
二硫化碳	月经异常（过多或过少），经前乳胀	流产和早产危险增加，通过母乳排出，可能导致婴儿生长迟缓
有机磷农药	月经障碍，不孕	
有机氯农药	月经障碍，不孕，输卵管炎，宫颈糜烂，子宫纤维瘤	流产，子代中枢神经先天异常

续表

有害物质类别名称		对女性生殖系统的可能危害	对妊娠和子代的可能危害
多氯联苯类		月经周期延长,失血增多	早产,哺乳期可能造成婴儿中毒
聚合物单体	氯乙烯		可能造成子代先天畸形
	苯乙烯	子宫及附件炎症,月经不调	可能造成婴儿中枢神经先天异常
	己内酰胺	经期延长,经血过多,痛经	早产,子宫收缩无力,新生儿窒息
	甲　醛	月经障碍	妊娠贫血,新生儿体重下降
一氧化碳			新生儿体重下降,流产、围产死亡危险增大
有毒金属	砷		子代先天畸形
	铬		子代先天畸形
	铅	月经周期障碍	流产、死产,子代先天畸形,中枢神经受损
	镉		新生儿体重下降
	汞	痛经,月经减少	新生儿体重下降,死亡率高

8.4　化学灼伤与保护

8.4.1　灼伤及其分类

身体受热源或化学物质的作用，引起局部组织损伤，并进一步导致病理和生理变化的过程，称为灼伤。按发生原因的不同分为化学灼伤、热力灼伤和复合性灼伤。

（1）化学灼伤　由于化学物质直接接触皮肤造成的损伤，称为化学灼伤。导致化学灼伤的物质形态有固体（如氢氧化钠、氢氧化钾等)、液体（如硫酸、硝酸、过氧化氢等）和气体（如氟化氢、氮氧化物等)。化学物质与皮肤或黏膜接触后产生化学反应并具有渗透性，对组织细胞产生吸水、溶解组织蛋白质和皂化脂肪组织的作用，破坏了细胞组织的生理机能，导致皮肤组织受伤。

（2）热力灼伤　由于接触炽热物体、火焰、高温表面、过热蒸气等造成的损伤称为热力灼伤。此外，由于液化气体、干冰等接触皮肤后，会迅速气化或升华，同时吸收大量热量，这样就会导致皮肤表面冻伤。称这种情况为冷冻灼伤，归属于热力灼伤。

（3）复合性灼伤　由化学灼伤和热力灼伤同时造成的伤害，或化学灼伤兼有中毒反应，统称为复合性灼伤。比如固体黄磷落在皮肤上引起的灼伤，既有磷燃烧生成的磷酸造成的化学灼伤，同时还有磷由皮肤侵入导致中毒。其他如硫化氢、苯及其化合物等都有接触后造成灼伤同时中毒的情况。

化工生产中发生灼伤的主要原因有：腐蚀造成设备管道的泄漏；违章操作导致泄漏或误接触；没有采取必要的个人防护等。

8.4.2　化学灼伤的预防措施

由于可能接触的化学物质品种多且复杂，在化工生产操作中很容易发生复合性灼伤的情况，因此必须引起足够的重视。为避免发生化学灼伤和复合性灼伤，必须采取综合性管理和技术措施，防患于未然。

（1）采取有效的防腐措施　为防止设备管道由于受到介质腐蚀而发生泄漏，加强对设备管道的防腐处理是预防灼伤的重要措施之一。

（2）改革工艺和设备结构　在使用具有化学灼伤危险物质的生产场所，在工艺设计时就应该预先考虑到防止物料喷溅的合理流程、设备布局、材质选择及必要的控制和防护装置。

（3）加强安全性预测检查　使用先进的探测探伤仪器等定期对设备管道进行检查，及时发现并正确判断设备腐蚀损伤部位及程度，以便及时消除隐患。

（4）加强设备管道日常检查和管理　加强对设备管道的日常检查管理，尤其是设备管道接口处的检查和管理，杜绝“跑、冒、滴、漏”也是预防灼伤的重要措施之一。

（5）加强安全防护设施　加强安全防护措施，如储槽敞开部分应高于地面1米以上，如低于1米时，应在其周围设置护栏并加盖，防止操作人员不小心跌入；禁止将危险液体盛入非专用和没有标志的容器内；搬运酸、碱槽时，要两人抬，不得单人背运等，也是预防灼伤的措施之一。

(6) 加强个人防护　在处理有灼伤危险的物质时，穿戴好必要的工作服和防护用具，如护目镜、面具或面罩、手套、工作帽等，是避免不必要的伤害的有效措施。

8.4.3　化学灼伤的现场急救

发生化学灼伤，由于化学物质的腐蚀甚至毒害作用，如不及时将其除去，会加剧灼伤的严重程度。及时进行急救和处理，是减轻伤害、避免严重后果的重要环节。

(1) 化学灼伤的症状及灼伤深度判别

① 化学灼伤的局部症状　化学灼伤的局部症状和一般灼伤的局部症状基本一样，主要表现为水肿、水疱、渗出液、红斑等，由于化学物质同时会侵入，因此灼伤部位会伴有刺激性炎症及毒性的特异反应，有痛痒或疼痛感。灼伤3～5天后，水肿会消退。

② 化学灼伤的全身症状　大面积灼伤可能由于精神刺激、创面失液和组织缺氧而导致休克。大面积灼伤由于体液大量渗出，组织水肿，机体抵抗力会下降，感染的可能性很大。保护创面、防止感染在救治过程中十分重要。

③ 灼伤深度等级划分与判别　从医学角度来分，灼伤深度分为三度四级，即一度灼伤（Ⅰ°）、浅二度灼伤（浅Ⅱ°）、深二度灼伤（深Ⅱ°）、三度灼伤（Ⅲ°），如图8-1所示。

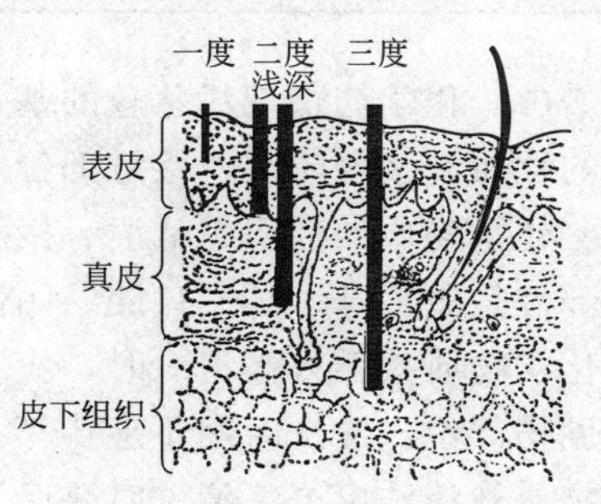

图8-1　灼伤深度划分示意图

灼伤深度鉴别判断要点见表8-7。

表8-7　灼伤深度鉴别判断要点

深度分类	损伤深度	临床表现	愈合过程
一度 (红斑性)	仅伤及表皮层，生发层健在	伤处皮肤出现红斑，有轻度红肿和疼痛感。伤处感觉过敏，干燥无水泡	2～3天红斑消退，3～5天痊愈、脱屑，不留疤痕

续表

深度分类		损伤深度	临床表现	愈合过程
二度（水泡性）	浅二度	伤及真皮浅层，部分生发层健在	伤处温度高，有水泡形成，有液体渗出，潮湿，出现水肿，有剧痛感。伤处感觉过敏	如不发生感染，10～14天可痊愈，不留疤痕
	深二度	伤及真皮深层，生发层完全被毁，仅残存毛囊、汗腺和皮脂腺的根部	伤处温度微低，湿润，水泡少，白中透红，有小红斑点，水肿明显，感觉疼痛	如不发生感染，3～4周可痊愈，会留下轻度疤痕
三度（焦痂性）		伤及全层皮肤到皮下组织，甚至伤及肌肉和骨骼	伤处成皮革样，颜色苍白或焦黄，甚至炭化，有凹陷，无水泡，感觉消失，可见皮下栓塞静脉网	容易感染，3～4周后焦痂脱落，一般小面积可由周围上皮汇合痊愈，大面积需要植皮才能痊愈，会留下明显的疤痕，甚至有畸形

(2) 化学灼伤现场急救的基本方法　化学灼伤的程度与化学物质的性质、接触时间、接触部位等有关。

化学物质的性质越活泼、接触时间越长，受损程度越深；若接触部位是眼、鼻、耳、口腔、阴部等，受损程度往往比较深。因此当化学物质接触人体组织时，应迅速脱去衣服，立即用大量清水冲洗创伤部位，冲洗时间不应少于15分钟，以利于渗入毛孔或黏膜的物质被清洗出去。清洗时要遍及所有受害部位，腹沟和有褶皱的部位应加强冲洗，防止物质存留，对眼、鼻、耳、口腔等的清洗尤其要迅速、仔细。对眼睛的冲洗一般用生理盐水或用清洁的自来水，冲洗时水流尽量不要正对着角膜方向，不要揉搓眼睛；也可以将面部浸在清洁的水中，用手撑开上、下眼皮，用力睁大双眼，头在水中左右摆动。皮肤部位的灼伤，用清水冲洗后，可用中和剂洗涤或湿敷，时间不要过长，然后再用清水冲洗。完成冲洗后，应根据受伤情况及时就医，由医生进行适当处理。

(3) 常见化学灼伤的急救处理方法　将常见化学灼伤的急救处理方法列于表8-8中，供大家参考。

表8-8 常见化学灼伤的急救处理方法

灼伤物质名称	急救处理方法
碱类 如氢氧化钠、氢氧化钾、碳酸钠、碳酸钾、氧化钙等	立即用大量清水冲洗，然后用2%醋酸溶液洗涤中和，也可以用2%的硼酸水湿敷。氧化钙灼伤时，可以用植物油洗涤
酸类 硫酸、盐酸、硝酸、高氯酸、磷酸、蚁酸、草酸、苦味酸等	立即用大量清水冲洗，然后用5%碳酸氢钠（小苏打）溶液洗涤中和，然后用净水冲洗
碱金属、氰化物、氰氢酸	立即用大量清水冲洗，然后用0.1%高锰酸钾溶液冲洗，然后用5%硫化铵溶液冲洗，最后用净水冲洗
溴	立即用大量清水冲洗，然后用10%硫代硫酸钠溶液冲洗，然后涂5%碳酸氢钠（小苏打）糊剂或用1体积碳酸氢钠（25%）+1体积松节油+10体积酒精（95%）的混合液处理
铬酸	立即用大量清水冲洗，然后用5%硫代硫酸钠溶液或1%硫酸钠溶液冲洗 没有条件时，也可先用大量清水冲洗，然后用肥皂水彻底清洗
氢氟酸	立即用大量清凉水冲洗，直至伤处表面发红，再用5%碳酸氢钠（小苏打）溶液洗涤，然后涂上甘油与氧化镁（2∶1）悬浮剂，或调上黄金散，再用消毒纱布包扎好 也可以再用大量清凉水冲洗后，将灼伤部位浸泡于冰冷的酒精（70%）中1～4h或在两层纱布中夹冰冷敷，然后用氧化甘油镁软膏或维生素A和维生素D混合软膏涂敷
黄磷	如有磷颗粒附着在皮肤上，应将局部浸入水中，用刷子清除，不可将创面暴露在空气中或用油脂涂抹；然后用3%的硫酸铜溶液冲洗15min，再用5%碳酸氢钠（小苏打）溶液洗涤，最后用生理盐水湿敷，用纱布包扎
苯	用大量清水冲洗，再用肥皂水彻底清洗
苯酚	用大量清水冲洗，再用4体积酒精（7%）与1体积氯化铁（1/3mol/L）混合液洗涤，再用5%碳酸氢钠（小苏打）溶液湿敷 也可以先用大量清水冲洗，再用稀酒精擦洗，然后用肥皂水及清水洗涤
氯化锌	用大量清水冲洗，再用2%～5%碳酸氢钠（小苏打）溶液洗涤，然后涂上油膏及磺胺粉
硝酸银	用大量清水冲洗，再用肥皂水彻底清洗
氨水	溅入眼睛时，立即用大量清水冲洗，再用肥皂水彻底清洗
焦油、沥青（热灼伤）	用蘸有乙醚或二甲苯的棉花，消除粘在皮肤上的焦油或沥青，然后涂上羊毛脂

8.5 噪声的危害及预防

8.5.1 噪声及其危害

(1) 噪声的特性　环境噪声是感觉公害。其特性是局限性、分散性、暂时性等。噪声虽然不能长时间存留在环境之中，但一旦发生，我们就能感觉到它的存在，会给我们的身心健康带来威胁。噪声会随着声源消失而立即消失，其影响也会随之消除，不会持久，也不会积累。

人的听觉最敏感的声频在2000～5000Hz，能听到的声频范围大约在20～20000Hz。低于20Hz的声音称为次声，高于20000Hz的声音称为超声。次声和超声人的听觉都感觉不到。通常噪声都是由无数声频的声音组成的。

(2) 噪声源及其分类　产生噪声的生源很多。按产生机理可以分为机械噪声、空气动力性噪声和电磁性噪声三类；按污染源种类可以分为工厂噪声、交通噪声、施工噪声、社会生活噪声和自然噪声五类；按噪声源随时间变化可分为稳态噪声和非稳态噪声两类。

化工企业的噪声源主要有以下几种。

① 机泵噪声　包括电机本身的电磁振动发出的电磁性噪声、电机尾部风扇的空气动力性噪声及机械噪声。一般有83～105分贝(dB)。

② 压缩机噪声　包括主机的气体动力噪声和辅机的机械噪声。一般有84～102分贝(dB)。

③ 加热炉噪声　主要是燃气喷嘴喷射燃气时与周围空气摩擦产生的噪声、燃料在炉膛内燃烧产生的压力波激发周围气体产生的噪声。一般有101～106分贝(dB)。

④ 风机噪声　包括风扇转动产生的空气动力噪声、机械传动噪声、电机噪声。一般有82～101分贝(dB)。

⑤ 排气防空噪声　主要是由带压气体高速冲击排气管产生的气体动力噪声及突然降压引起周围气体扰动发出的噪声。最高可达150分贝(dB)。

(3) 噪声的危害　噪声对人的危害是多方面的。

① 听力损失　长年累月在强噪声下工作，日积月累，内耳器官发生器质性病变，从而导致噪声性耳聋。在强噪声环境下数分钟，当脱离噪声后，会造成听觉疲劳，失去听觉，导致暂时性耳聋，经过一段时间休息，听力恢复。在170分贝（dB）以上高强度噪声（如爆炸、爆破产生的噪声）冲击下，强大的声压和冲击波作用于耳鼓膜，使鼓膜内外形成很大的压差，致使耳鼓膜破裂出血，双耳完全失去听力，称为爆震性耳聋。

② 神经衰弱　噪声最广泛的危害就是作用于人的中枢神经系统，造成基本生理机能失调。表现为头晕、恶心、失眠、心悸、脑胀、头痛、耳鸣、多梦、全身疲乏无力等症状，这些症状就是医学上所说的神经衰弱症或神经官能症。

③ 肠胃疾病　噪声作用于人的中枢神经系统，还会引起肠胃机能阻滞，消化液分泌异常，胃酸减少，造成消化不良、食欲不振、恶心呕吐，容易导致胃溃疡等症。

④ 心脏异常　噪声作用于人的心血系统，会使交感神经紧张，心动过速，心律不齐，血压增高、血管痉挛等。可能导致冠心病和动脉硬化。

⑤ 危害胎儿　极强噪声会影响胎儿发育，可能造成胎儿畸形，妨碍儿童智力发育。

⑥ 危及生命　强噪声还能直接造成人和动物的死亡。

⑦ 降低劳动生产率　在噪声刺激下，工作人员的注意力不易集中，大脑思维和语言传递等都会受到干扰，工作时容易出现差错。

为了明确噪声管理，国家卫生部和劳动部门专门制定了《工业企业噪声卫生标准》。工矿企业生产车间和作业地点的噪声标准为85分贝（dB），不得超过90分贝（dB）。对接触噪声不超过8小时的工种，88分贝（dB）左右噪声，接触时间不得超过4小时；91分贝（dB）左右噪声，接触时间不得超过2小时；94分贝（dB）左右噪声，接触时间不得超过1小时。

8.5.2 噪声污染控制预防措施

控制噪声最根本的办法就是从声源上控制。用无声或低噪声的工艺和设备代替高噪声的工艺和设备，可以从根本上解决生产中的噪声问题。但由于技术或经济上的原因，直接从声源上控制噪声往往是不可能的。所以实际过程中更多的是从传播途径上采取吸声、消声、隔声、隔振与阻尼等方法控制噪声。

(1) 吸声　多用于室内噪声和混响的控制。其原理是使用多孔、透气的材料，布置在房间的内表面，或悬挂在室内空间，房间内的反射声就会被吸收掉，室内噪声就会降低，混响就会消除。这种控制方法就叫吸声。比如会议礼堂、电影院、大教室等都有吸声装置。

常用的吸声材料有无机纤维材料（如玻璃丝、玻璃棉、岩棉）、泡沫塑料（如尿醛泡沫塑料、聚氨酯泡沫塑料）、有机纤维材料（如工业毛毡、棉絮、木屑、稻草板）、建筑材料（泡沫微孔砖、泡沫混凝土）四类。

(2) 消声　消声是消除空气动力性噪声的方法。将消声器（一种阻止或减弱噪声传播而允许气流通过的装置）安装在空气动力设备的气流通道上，就可以降低这种设备的噪声了。

(3) 隔声　隔声是指在噪声传播途径中设置一定的隔声材料或结构，减少声能的传递，从而达到降低噪声的目的，是控制噪声很有效的措施。通常采用的隔声形式有隔声罩、隔声屏、隔声室等。隔声材料或结构一般采用密实、质重的材料，如砖墙、钢板、混凝土和木板等。采用多层壁形式，如在两层单层壁中间留一个空气层或充填吸声材料，其隔声效果会更好。

(4) 隔震与阻尼减震　在机械设备下面铺设具有一定弹性的软材料，如橡胶板、软木、毛毡、纤维板等，将设备震动时产生的部分能量转变成热能耗散掉，降低震动的传递，起到了隔震的作用。或在机械设备上安装设计合理的减震器，以减弱震动的传递。隔震与阻尼减震通常用于机器噪声的控制。减震器主要有橡胶减震器、弹簧减震器、空气减震器三类。

(5) 个人防护 虽然有了上述各种噪声控制措施，但在许多场合中，采取必要的个人防护措施是最有效、最经济的降低噪声危害的方法。常用的个人防护用品有耳塞、耳罩、耳棉、隔声帽等。耳塞的隔声值可达20～30分贝(dB)。

8.6 辐射的危害及预防

8.6.1 电磁辐射及其危害

(1) 电磁辐射及来源 电磁辐射是由振荡的电磁波产生的。在电磁振荡的发射过程中，电磁波在自由空间以一定的速度向四周传播，这种以电磁波传递能量的过程或现象称为电磁波辐射，简称电磁辐射。

电磁辐射以其产生方式可分为自然和人工两种。自然产生的电磁辐射主要来自地球的热辐射、太阳的辐射、宇宙射线和雷电等。自然产生的电磁辐射和人工产生的辐射相比很小，一般可以忽略不计。

人工产生的电磁辐射，一是为传递信息而发射的，如无线广播通信和电视发送、微波发射等；二是工业、医学等利用电磁辐射能加热时泄漏的，如高频变压器、高频熔炼、大功率电路、微波加热、微波理疗、荧光灯、雷达定位、无线导航等。

随着科学技术的发展，射频技术已经得到了广泛的应用。电磁辐射已经开始渗透到我们生活的各个角落。作为一种日益严重的新的污染，电磁辐射已经给人类的生活造成了现实的和可预见的危害。

(2) 电磁辐射的危害

① 引燃引爆 极高频辐射场可使导弹系统控制失灵，造成导弹起爆提前或滞后；高频电磁的振荡可使金属器件之间相互碰撞打火，引起爆炸物品、易燃物品燃烧爆炸。

② 干扰信号 电磁辐射可直接影响电子设备、仪器仪表的正常工作，造成信息失真、控制失灵，并可能酿成大的事故。如在飞

机上随意拨打移动电话可能干扰飞机正常飞行，甚至造成坠机事故；在医院随意拨打移动电话可能干扰医院的脑电图、心电图等检查，造成信息失真，可能直接影响病人的治疗、抢救。

③ 危害人体健康　通过多年以来的案例对比，电磁辐射可对人体产生不良影响，其影响程度与电磁辐射强度、辐射接触时间等有直接关系。长期接受电磁辐射对人体的危害主要有以下几点。

a. 造成中枢神经系统及植物神经系统机能障碍与失调，出现头晕、头痛、乏力、睡眠障碍、记忆力减退等症。

b. 影响人的生殖系统，如可能造成男性精子质量降低，女性月经紊乱，孕妇发生自然流产和胎儿畸形等。

c. 影响人的循环系统，如出现心悸，心律不齐，心动过缓，心搏血量减少，白细胞减少，免疫力下降。

d. 对人的视觉有不良影响，会引起视力下降，白内障等。

e. 可能导致儿童智力残缺。

f. 可能诱发癌症并加速人体癌细胞增殖。

g. 可能造成儿童血液、淋巴液和细胞原生质发生变化，导致儿童患上白血病。

8.6.2　电磁辐射的预防方法

对不同类型的辐射源应根据具体情况，分别采取不同的预防措施，如屏蔽、隔离、吸收等。

(1) 屏蔽法　屏蔽原理是利用金属板或金属网等良性导体或导电性能良好的非金属组成屏蔽体，并与地连接，使辐射的电磁能所引发的屏蔽体电磁感应通过地线传入地下。屏蔽法的实施有两种：一是将辐射源加以屏蔽；二是将指定范围内的人员或设备加以屏蔽。一般常用的屏蔽材料有铜和铝，也可以用铁。屏蔽体的形式有罩式、屏风式、隔离墙式等多种，可根据实际情况选择。

(2) 接地法　将辐射源屏蔽部分或屏蔽体通过感应产生的射频电流由接地极导入地下，以免成为二次辐射源。接地极埋入地下的方式有板式、棒式、网格式等多种，通常采用前两种。具体做法是将具有一定厚度、面积约 1 平方米的铜板埋于地下 1.5～2 米深的土壤中，将接地线的一端固定在屏蔽体上，另一端与铜板焊牢。或将3～5根长约2米、直径5～10厘米的金属棒，以每根间距3～5米砸入地下2米深的土壤中，金属棒顶端与屏蔽体连接。

(3) 吸收法　吸收法是指选用适宜的具有吸收电磁辐射能的材料，将泄漏的能量吸收并转化为热能。石墨、铁氧体、活性炭等都是较好的辐射吸收材料。

另外，为防止电离辐射的伤害，还要加强个人防护。在大功率设备附近岗位操作的人员，应注意穿戴专门配备的防护服、防护眼罩等防护用品。

8.7 一般现场急救常识

急救是对突然性事故的受害者（伤员）或突然发病的患者给予紧急的临时性的救护，以争取时间，等待医护人员的治疗。急救的首要目的是拯救生命，包括：防止严重失血，维持呼吸，防止病情恶化，防止休克，请医务人员。

急救人员必须做到：镇静沉着，不惊慌失措；安慰患者，使其保持镇静；争分夺秒，认真抢救（但不采取任何不必要的措施），直至医务人员到来。

为使急救工作进行有效，应密切观察病情，灵活运用急救常识，认真执行操作规则。

8.7.1 严重出血急救

伤口如与一个或多个大血管相连，即可引起严重出血。由于大量失血，可使伤员在几分钟内死亡。严重出血急救的关键是切勿延误时间，及时止血。常用的止血方法有指压止血法、包扎止血法。

(1) 指压止血法　指压止血法是指较大的动脉出血后，用拇指压住出血的血管上方（近心端），使血管被压闭住，中断血液流动。根据止血部位不同，指压止血法又分为颈动脉压迫止血法、颌外动脉压迫止血法、颈总动脉压迫止血法、锁骨下动脉压迫止血法、肱动脉压迫止血法。

① 颈动脉压迫止血法 用于头顶及颈部动脉出血。方法是用拇指或食指在耳前正对下颌关节处用力压迫。

② 颌外动脉压迫止血法 用于肋部及颜面部的出血。用拇指或食指在下颌角前约半寸外，将动脉血管压于下颌骨上。

③ 颈总动脉压迫止血法 常在头、颈部大出血而采用其他止血方法无效时使用。方法是在气管外侧，胸锁乳深肌前缘，将伤侧颈动脉向后压于第五颈椎上。但禁止双侧同时压迫。

④ 锁骨下动脉压迫止血法 用于腋窝、肩部及上肢出血。方法是用拇指在锁骨上凹摸到动脉跳动处，其余四指放在病人颈后，以拇指向下内方压向第一肋骨。

⑤ 肱动脉压迫止血法 用于手、前臂及上臂下部的出血。方法是在病人上臂的前面或后面，用拇指或四指压迫上臂内侧动脉血管。

采用指压止血法的注意事项：一般小动脉和静脉出血可用加压包扎止血法；较大的动脉出血，应用止血带止血；在紧急情况下，须先用压迫法止血，然后再根据出血情况改用其他止血法。

(2) 包扎止血法 包扎止血法是指用绷带、三角巾、止血带等物品，直接敷在伤口或结扎某一部位的处理措施。包扎止血法又分为加压包扎止血法、加垫屈肢止血法、止血带止血法。

① 加压包扎止血法 适用于小动脉、静脉及毛细血管出血。用消毒纱布或干净的手帕、毛巾或布料垫敷于伤口后，再用棉团、纱布卷、毛巾等折成垫子，放在出血部位的敷料外面，然后用三角巾或绷带紧紧包扎起来，以达到止血的目的。手的压力和扎绷带的松紧度以能取得止血效果但又不致过于压迫伤处为度。

② 加垫屈肢止血法 上肢或小腿出血，在没有骨折和关节损伤时，可采用屈肢加垫止血。如上臂出血，可用一定硬度、大小适宜的垫子放在腋窝，上臂紧贴胸侧，用三角巾、绷带或腰带固定胸部，如前臂或小腿出血，可在肘窝或腿窝加垫屈肢固定。

③ 止血带止血法 若发生手（脚）被切除、砍伤、压伤、大量流血等情况，应使用止血带。有条件的最好用乳胶管（或橡皮

管）作为止血带，若无乳胶管（或橡皮管），也可用布条或手帕作止血带。乳胶管止血带的止血方法如图 8-2 所示。

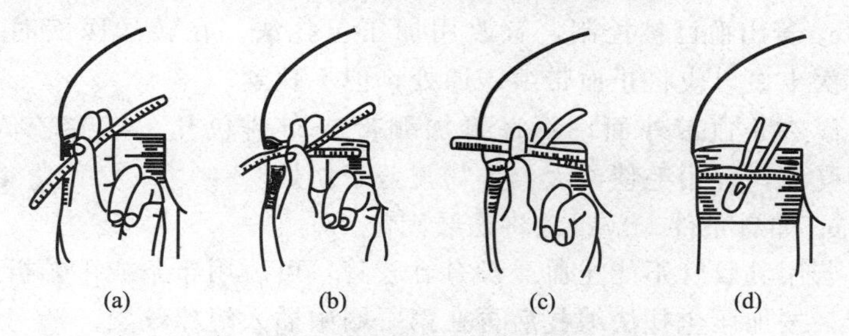

图 8-2 乳胶管止血带的止血方法示意图

a. 将伤肢抬高。

b. 选择适当部位，用手帕、毛巾或布料垫在止血处。上肢止血，应选上臂近端 1/3 处或远端 1/3 处。下肢止血，应选大腿中、下 1/3 交界处。垫衬布料应平整无皱褶。

c. 剪乳胶管一截，长 1～1.3 米，用左手拇指、食指夹持其头端，放在垫块上［见图 8-2(a)］。

d. 用右手将乳胶管尾端绕肢体一圈并压住头端［见图 8-2(b)］，然后再绕肢体一圈并压住头端［见图 8-2(c)］。

e. 用左手中指、食指夹住尾端，从所绕乳胶管下抽出，使成一活结［见图 8-2(d)］。缚扎的松紧度应适宜，以远端动脉搏动消失，出血停止为度。

f. 间隔 30～60 分钟后，先按压出血处，再松开止血带 3～5 分钟。

g. 将伤肢抬高，在较上一次稍高处重新缚扎止血带，重复上述操作。

h. 在 2～3 小时内送入医院治疗。

注意事项如下。

a. 前臂、小腿、上臂中 1/3 段不应选作缚扎部位。

b. 止血带不宜缚扎过紧，以免损伤组织，也不宜过松，以免只压住静脉，影响血液的回流，甚至加重出血。

c. 止血带使用时间宜短，不得超过 3 小时，通常以 1 小时为宜。

d. 松解止血带时，应注意避免大出血。

e. 若出血已被控制，宜改用加压包扎法。在转送医院时，为防再次出血，应将止血带缚于原处，但不扎紧。

f. 在止血带外面，不宜再加绷带或布料包扎。气温较低时，为防受凉，宜用毛毯或大衣等物覆盖于伤处。

g. 如有条件，应设法将伤肢固定。

若用乳胶管不能止血或没有乳胶管，可改用布条或手帕折叠成条带，按加压包扎法缚扎后再在第一圈中插入短棒绞紧。

④ 绷带包扎法　用绷带包扎伤口，目的是固定盖在伤口上的纱布，固定骨折或挫伤，并有压迫止血的作用，还可以保护患处。绷带包扎法又分为环形法、蛇形法、螺旋形法、螺旋反折法。

a. 环形法　此法多用于手腕部，肢体粗细相等的部位。首先将绷带作环形重叠缠绕。第一圈环绕稍作斜状；第二、第三圈作环形，并将第一圈之斜出一角压于环形圈内，最后用粘膏将带尾固定，也可将带尾剪成两个头，然后打结。

b. 蛇形法　此法多用于夹板的固定。先将绷带按环形法缠绕数圈。按绷带的宽度作间隔斜着上缠或下缠。

c. 螺旋形法　此法多用于肢体粗细相同处。先按环形法缠绕数圈。上缠每圈盖住前圈 1/3 或 2/3 呈螺旋形。

d. 螺旋反折法　此法应用于肢体粗细不等处。先按环形法缠绕，待缠到渐粗处，将每圈绷带反折，盖住前圈 1/3 或 2/3。依此由下而上地缠绕。

注意事项如下。

a. 打好绷带的要领是，不要过紧，也不能过松，不然会引起血液循环不良或松得固定不住纱布。如果没经验，打好绷带后，看看身体远端有没有变凉，有没有浮肿等情况。

b. 打结时，不要在伤口上方，也不要在身体背后，免得睡觉时压住不舒服。

c. 在没有绷带而必须急救的情况下，可用毛巾、手帕、床单

(撕成窄条)、长筒尼龙袜子等代替绷带包扎。

⑤ 三角巾包扎法　对较大创面、固定夹板、手臂悬吊等，需应用三角巾包扎法。

a. 普通头部包扎　先将三角巾底边折叠，把三角巾底边放于前额拉到脑后，相交后先打一半结，再绕至前额打结。

b. 风帽式头部包扎　将三角巾顶角和底边中央各打一结成风帽状。顶角放于额前，底边结放在后脑勺下方，包住头部，两角往面部拉紧向外反折包绕下颌。

c. 普通面部包扎　将三角巾顶角打一结，适当位置剪孔（眼、鼻处)。打结处放于头顶处，三角巾罩于面部，剪孔处正好露出眼、鼻。三角巾左右两角拉到颈后在前面打结。

d. 普通胸部包扎　将三角巾顶角向上，贴于局部，如系左胸受伤，顶角放在右肩上，底边扯到背后在后面打结；再将左角拉到肩部与顶角打结。背部包扎与胸部包扎相同，唯位置相反，结打于胸部。

注意事项如下。

a. 如果没有三角巾，可用1米见方的布，从对角线剪开制成。

b. 三角巾除上述用法外，还可用于手、足部包扎，还可对脚挫伤进行包扎固定，对不便上绷带的伤口进行包扎和止血。

c. 三角巾另一重要用途为悬吊手臂，对已用夹板的手臂起固定作用；还可对无夹板的伤肢起到夹板固定的作用。

8.7.2　现场复苏术

现场复苏术主要包括心脏复苏术和呼吸复苏术两个内容。

(1) 心脏复苏术　心脏复苏术包括心脏复苏术有心前区叩击术和胸外心脏挤压术两种。

① 心前区叩击术　在心脏停跳1分半钟内实施心前区叩击术，往往可使心脏复跳。具体方法是让被救者仰卧在地板上，四肢舒展，救护者用拳以中等力量叩击心前区，一般连续叩击3～5次，立即观察心音和脉搏。若心跳脉搏恢复则复苏成功，反之，应立即放弃，改用胸外心脏挤压术。

② 胸外心脏挤压法　如图8-3所示。

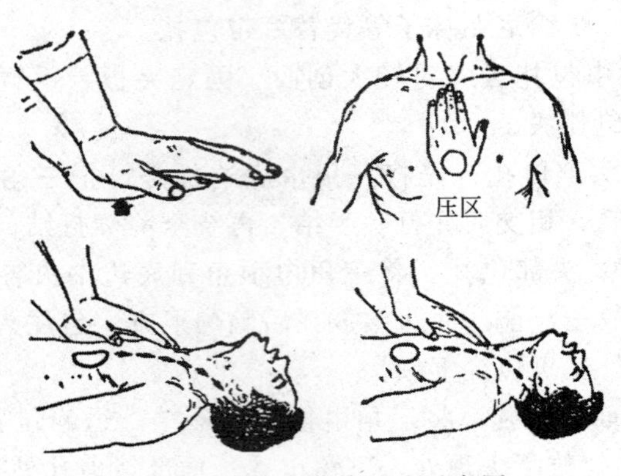

图 8-3　胸外心脏挤压法示意图

a. 使被救者仰卧，松开衣服，清除口内杂物。被救者后背着地处应是硬地或木板。

b. 救护者位于被救者的一边，最好是跨骑在其髂骨（腰部下面腹部两侧的骨）部，两手相叠，对儿童可只用一只手。将掌根放在被救者胸骨下 1/3 的部位，即把中指尖放在其颈部凹陷的下边缘，即“当胸一手掌，中指对凹膛”，手掌的根部就是正确的压点。

c. 找到正确的压点后，自上而下均衡地用力向脊方向挤压，压出心脏里的血液。对成年人的胸骨可压下 3～4 厘米，对儿童则用力要小一些。

d. 挤压后，掌根要突然放松（但手掌不要离开胸壁），使被救者胸部自动恢复原状，心脏扩张后血液又回到心脏里来。

按以上步骤连续不断地进行操作，每秒钟一次。挤压时定位必须准确，压力要适当，不可用力过大过猛，以免挤压出胃中的食物，堵塞气管，影响呼吸，或造成肋骨折断、气血胸和内脏损伤等。但也不能用力过小，而达不到挤压作用的目的。

（2）呼吸复苏术　呼吸复苏术有口对口人工呼吸法和史氏人工呼吸法（人工手臂伸张法）两种。

① 口对口人工呼吸法　如图 8-4 所示。

a. 迅速解开被救者的衣领，松开上身的紧身衣、围巾等，使

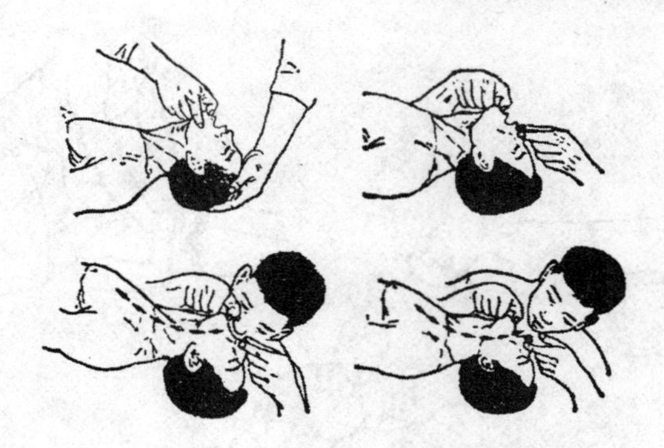

图 8-4　口对口人工呼吸法示意图

胸部能自由扩张，以免妨碍呼吸。置被救者于向上仰卧位置，将颈部放直，把头侧向一边，掰开嘴巴，清除其口腔中的血块和呕吐物等。如舌根下陷，应把它拉出来，使呼吸道畅通。如被救者牙关紧咬，可用小木片、金属片等从嘴角伸入牙缝慢慢撬开，然后使其头部尽量后仰，鼻孔朝天，这样，舌根部就不会阻塞气流了。

b. 救护者站在被救者头部一侧，用一只手捏紧被救者鼻孔（不要漏气），另一只手将其下颌拉向前下方（或托住其后颈），使嘴巴张开（嘴上可盖一块纱布或薄布），准备接受吹气。

c. 救护者作深吸气后，紧贴被救者的嘴巴向其大口吹气，同时观察其胸部是否膨胀，以决定吹气是否有效和是否适度。

d. 救护者吹气完毕换气时，应立即离开被救人的嘴巴，并放松捏紧的鼻子，让其自动呼气。

按照上述步骤连续不断地操作，每 5 秒进行一次。对幼小儿童施行此法时，鼻子不必捏紧，任其自然漏气，并注意不要使其胸部过分膨胀，以免肺泡破裂。若一时难以将嘴掰开，可捏紧嘴巴，紧贴鼻孔吹气，效果也相仿。

② 史氏人工呼吸法（人工手臂伸张法）　如图 8-5 所示。

a. 使被救者仰卧，头部放低，下颌抬高，除去口腔内异物、黏液、呕吐物等，保持呼吸道畅通。

b. 救护者在被救者头顶一侧，两手握住患者两手，交叠在胸

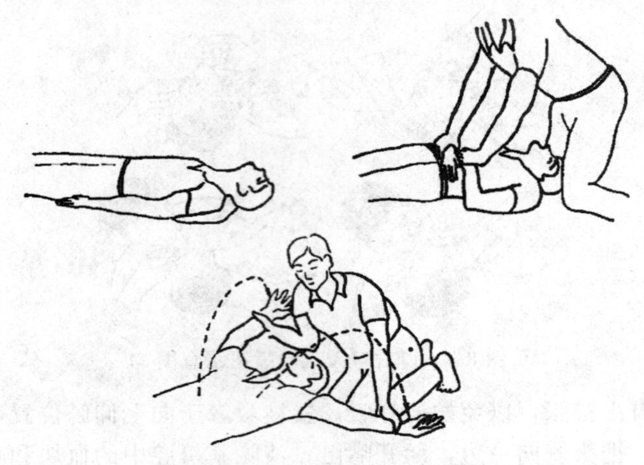

图 8-5　史氏人工呼吸法示意图

前，然后握住患者两手向左右分开伸展 180°，至接触地面，速度大约每分钟 12～20 次。

进行上述几种方法抢救时，一般需要很长时间，必须耐心地持续进行。只有当被救者面色好转，口唇潮红，瞳孔缩小，心跳和呼吸逐步恢复正常时，才可暂停数秒进行观察。如果被救者还不能维持正常心跳和呼吸，则必须继续进行抢救。

8.7.3　伤员搬动要领

由于事故发生造成人身伤害时，一般情况下，在医护人员到来之前，尽可能不要任意搬动伤者。但在滞留在原地会导致进一步伤害的情况下，则应尽快将伤者搬离事故现场至安全地区。搬动时，应根据伤者的伤情使用恰当的方法。

（1）几种伤情搬动要领

① 四肢骨折　搬动骨折伤者之前，应先用木棍、木板、树枝、硬塑料或硬纸板等将骨折部位夹板固定，再小心搬动。

② 颈椎损伤　应由三四人共同完成，其中一人专门负责掌握伤者头及颈部的牵拉固定，使头部与身体保持一条直线，严防屈曲或扭转，另一人可托住伤者脊柱，其余人分左右平抬伤者。

③ 背、胸受伤　在搬动时要警惕脊柱骨折或脱位，应托住伤者腰部以及脊柱，保持平直。

④ 昏迷、呕吐　搬动昏迷、呕吐的伤者前，要先除去其口中的分泌物，搬动时将伤者的脸转向一侧或取半俯卧体位，防止昏迷者因舌根下坠窒息，保持伤者呼吸道通畅。

（2）骨折固定法　当发生骨折事故之后，为了使断骨不再加重对周围组织的损伤，为了减轻患者的疼痛和便于医生的诊治，在运送患者去医院的途中，应进行必要的固定。

① 上臂骨折固定法　手臂屈曲，夹板放在内外侧，绷带包扎固定，然后用三角巾悬吊伤肢。

② 前臂骨折固定法　先将木板或厚纸板用棉花垫好，放在前臂前后侧，用布带包扎，肘关节屈曲90°，再用三角巾悬吊。

③ 大腿骨折固定法　将伤肢拉直，夹板放在内外侧，外侧夹板长度上至腋窝，下至脚跟，内侧夹板较短，放至大腿根部，关节处垫好棉花，然后用绷带或三角巾固定。如现场无夹板可用，可将伤肢与好腿并排摆正，用三角巾缠绕固定。

④ 小腿骨折固定法　与大腿骨折固定类似。

⑤ 脊椎骨折固定法　脊椎骨折往往病情严重，严禁不经固定而乱搬动。应在保持脊柱稳定的情况下，将病人轻巧平稳地移至硬板担架上，用三角巾固定。切忌扶持伤者走动或躺在软担架上。颈椎骨折最好用颈托固定头、颈部，防止骨折移位压迫中枢神经造成终生截瘫。

固定骨折所用的夹板可因地制宜，选用替代物，如书刊、纸板、木棍、树枝等。固定夹板的绷带可用破旧衣服、床单撕成条状代替。

骨折固定法注意事项：有出血时应先止血和消毒包扎伤口，然后固定骨折，如有休克，同时进行抢救；对于大腿、小腿和脊椎骨折，一般应就地固定，不要随便移动患者；固定力求稳妥牢固，要固定骨折的两端和上下两个关节；上肢固定时，肢体要弯着绑屈肘状；下肢固定时，肢体要伸直绑。

（3）伤员搬动方法

① 单人搬动　是在没有别人帮助的情况下采用的搬动方法。

a. 普通方法　怀抱、背负、肩扛。

b. 环形带法　用一条结实的条带，打结成环形，一端套在伤者腋下，另一端套在伤者臀下，站在伤员前面，像背双肩背包似的将条带套在两肩驮于背上。

c. 腰带抢运法　将腰带或一环形条带一端放在伤者臀下，另一端套在伤者颈上，抱着伤者。

d. 木棍背运法　背负伤员，将木棍垫在伤者臀下，用两手扶住。

对于不省人事的伤者通常可采用单人搬动。

② 双人搬动　两人配合的搬运方法。

a. 椅托式抬运法　一人用右手握住另一人的右肩作为椅背，其余三只手互握，架成椅座，将伤员托起抬走。

b. 拉车式　一人以双手搀扶伤员腋下，抬起两肩，另一人以双手穿经伤员膝下，抬起两腿，两人均面向伤员足部，抬走。

c. 平卧托运法　两人分别托住伤员上、下身抬走。

③ 三人搬动　有一些伤情必须采用的方法。

对于脊柱损伤、颈椎损伤等严重损伤者，或者是对伤员检查伤势时，若要求抬起伤员，都应采用此法。三人并排，蹲（或单膝跪）于伤员的同侧，用双手分别托其全身，使保持平卧姿势，抬起。

若伤员因窒息已不省人事，最好用单人背或双人抬。若有楼梯、墙角转弯、窄狭过道，则应酌情处理。

④ 担架搬动　是最安全的搬动方法。对病情严重、路途遥远又不适于徒手搬运的患者，应用担架救护搬运法。常用的有帆布担架。担架可根据现场方便情况做成，如取两根牢靠的棍杠或竹竿，架上毯子、被单、绳索、大衣（或几件衬衣）即可。也可用门板、椅子等物。此法方便、安全，应尽量采用。

具体步骤如下。

a. 张开担架，置伤员方向平放或稍侧立；

b. 两人跪下右腿，一人用一手臂托头和肩，另一手伸入腰下，另一人一手托骨盆部，一手抬下腿；

c. 令伤员手挽第一人颈部，抬起伤员轻轻放入担架；

d. 起运时伤员脚在前头在后前进；

e. 在行进中，抬在后面的人应密切注视伤员情况，必要时停下进行急救处理。

担架搬动注意事项：对脊柱骨折的患者，应用门板或其他硬板担架，搬运时使其面向下，由 3～4 人分别用手托其头、胸、骨盆和腿部，动作一致平放到担架上；用三角巾或其他宽布带将患者绑在担架上以防移动；对颈椎骨折、高位胸椎骨折的患者，在搬运时，要有专人牵引头部，患者卧在担架上，并用沙袋或枕头垫在头颈部两侧，避免晃动；对头部骨折的患者，一般无需特殊固定。在去医院的途中，要保持头部安定，头稍垫高，头部两侧放沙袋或枕头固定，避免头部来回晃动。

抬运伤员时，冬季注意防冻，夏季注意防暑。

8.8 化工生产安全防护用品

8.8.1 防护用品分类

为了保证劳动者在劳动中的安全和健康，应当采用各种技术措施来改善劳动条件，消除各种不安全、不卫生的因素。用好个人防护用品是保证安全生产的基本前提。个人防护用品指劳动者为防止一种或多种有害因素对自身的直接危害所穿用或佩戴的器具的总称。包括呼吸器官护具、眼面防护具、工业安全帽、工作帽、防护手套、防护鞋、防护服、护耳器、安全带、安全绳、安全网、护肤用品、洗消剂等。

(1) 按用途分类　防护用品按用途可分为安全护具和劳动卫生护具两类。

① 安全护具　安全护具主要是用于预防工伤事故。常用的安

全护具有：防坠落用具（如安全带、安全网等），防冲击用具（安全帽、安全背心、防冲击护目镜等），防电用品（如均压服、绝缘服、绝缘鞋等），防机械外伤用品（防刺、割、绞碾、磨损的服装，鞋、手套等），防酸碱用品，防水用品等。

② 劳动卫生护具　劳动卫生护具主要是用于预防职业病。如防尘用品（防尘口罩、防尘服装），防毒用品（防毒面具、防毒服等），防放射性用品，防辐射用品，防噪声用品等。

（2）按防护部位分类　按防护部位分类的基础是人体劳动卫生学，可划分为头部、眼部、面部、呼吸器官、手部、躯干、耳、足部使用的防护用品。

8.8.2　呼吸器官防护用具

呼吸器官防护用具是保证人正常呼吸的器具，亦称呼吸器。其作用是防止有毒气体、蒸气、尘、烟、雾等有害物质经呼吸器官进入体内，或直接供给氧气（或清洁空气）。在尘毒污染、事故处理、抢救、检修、剧毒操作以及在狭小舱室内作业，都必须选用可靠的呼吸器官保护用具。

呼吸器品种很多，按用途可分为防尘、防毒、供氧等。按作用原理可分为过滤式（净化式）、隔绝式（供气式）。

（1）过滤式呼吸器　过滤式呼吸器指有净化（或过滤）部件能滤除人体吸入空气中有害物质（有害气体、工业粉尘等）的呼吸器，具有轻便、有效、易携带的特点，已在国内外广泛使用。过滤式呼吸器分为自吸式防毒防尘面具和送风式防尘防毒呼吸器两类。

① 自吸式防毒防尘面具　一般由面罩、滤毒（尘）罐（盒）、导气管（直接式没有）、可调拉带等部件组成。其中，面罩、滤毒（尘）罐（盒）是关键部件，如图 8-6 所示。

a. 面罩　面罩指吸呼器中用于遮盖人体口、鼻或面部的专用部件，分全面罩和半面罩。全面罩由罩体、呼气阀、吸气阀、眼窗及固定拉带构成；半面罩由罩体、呼气阀、吸气阀、眼窗及可调拉带构成。对防毒面罩的要求是：漏气系数小、视野宽、呼气吸气阻力低、实际有害空间小。

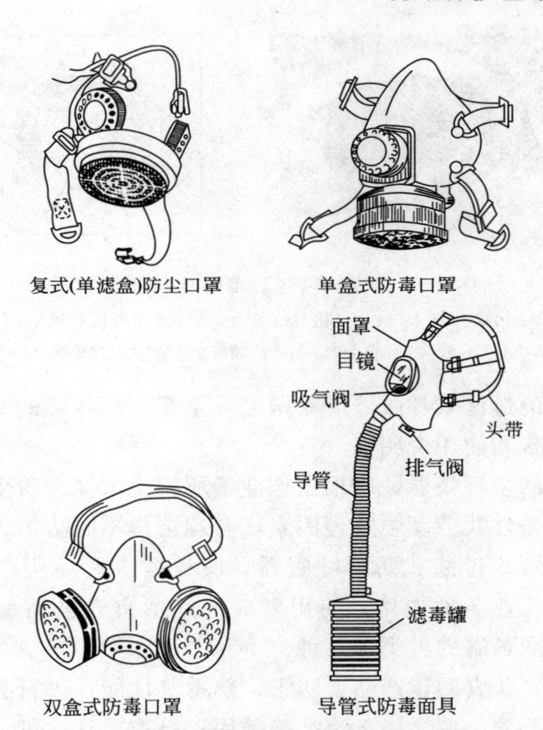

图 8-6　常用过滤式防毒呼吸器示意图

b. 滤（尘）毒罐（盒）　指过滤式防毒呼吸器中用以净化有毒气体、蒸气等的专用部件。一般由罐壳、滤毒药剂、弹簧、滤烟（尘）材料组装构成。按吸毒容量分大、中、小三种罐（盒）。对滤毒罐（盒）的要求是：吸毒容量大、阻力低。滤毒罐结构如图 8-7 所示。

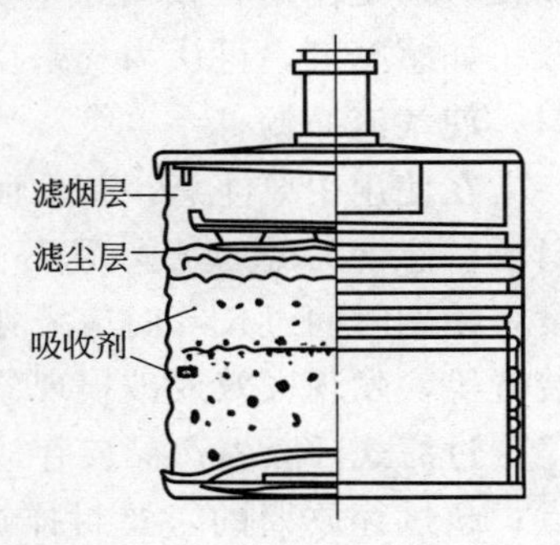

图 8-7　滤毒罐结构示意图

② 送风式防尘防毒呼吸器　一般由面罩、头盔、滤毒尘罐、微型电机和风扇等几部分组成，如图 8-8 所示。

过滤式呼吸器的选购应以保证质量为前提。选择符合国家标准的产

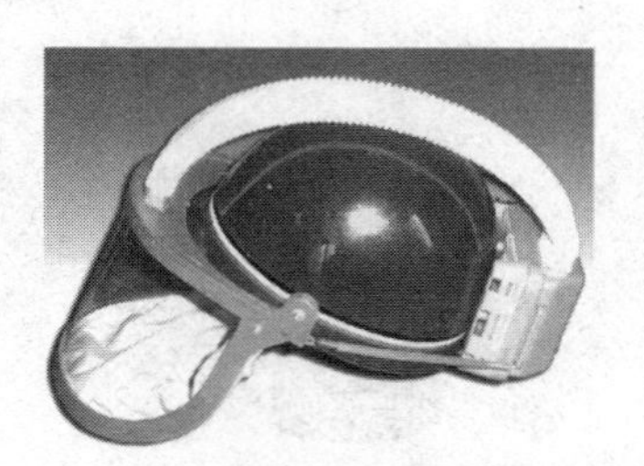

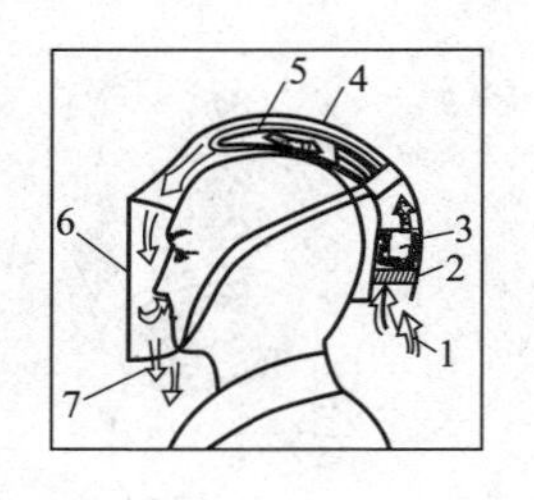

图 8-8　送风式防尘防毒呼吸器示意图

1—污染空气入口；2—粗过滤装置；3—微型电机和风扇；
4—头盔；5—滤尘器；6—面罩；7—清洁空气出口

品。非标型的过滤式呼吸器应有国家或主管部门认可的专业技术部门的检测报告和使用说明书。

过滤式防尘呼吸器，应根据作业场所粉尘浓度、粉尘性质、分散度、作业条件及劳动强度等因素，合理选择不同防护级别的防尘或防微粒口罩。过滤式防毒呼吸器，应根据作业场所中毒物的浓度、种类、作业条件选用，使用者应选配适宜自己面型的面罩型号，选定好滤毒罐的种类和品种。

使用前，认真阅读产品说明书，熟悉其性能，进行必要的佩戴训练，掌握要领，使之能迅速准确戴用；检查器具质量，保持连接部位的密闭性。

戴用时，检查呼吸器的佩戴气密性（简易式防尘呼吸器除外），简便方法是使用者佩戴好呼吸器，将滤器入气口封闭，作几次深呼吸，如感憋气，可认为气密良好。佩戴时，必须先打开滤器的进气口，使气流通畅。

在使用中要注意：防尘面具如感憋气应更换过滤元件，防毒面具要留意滤毒罐（盒）是否失效，如嗅到异味，发现增重超过限度，使用时间过长等时应警觉，最好设置使用记录卡片或失效指示装置等，发现失效或破损现象时应立即撤离工作场所。

过滤式呼吸器产品应存放在干燥、通风、清洁、温度适中的地点；超过存放期的，要封样送专业部门检验，合格后方可延期使用。使用过的呼吸器，用后要认真检查和清洗，及时更换损坏部件，晾干保存。

（2）隔绝式呼吸器　隔绝式呼吸器的功能是使戴用者呼吸系统与劳动环境隔离，由呼吸器自身供气（氧气或空气）或从清洁环境中引入纯净空气维持人体正常呼吸。适用于缺氧、严重污染等有生命危险的工作场所。一般由面罩和气体供给系统组成。面罩的技术要求、选配与过滤式呼吸器相同。根据气源供给形式不同，分为自给式呼吸器和长管呼吸器两类。

① 自给式呼吸器　分为氧气呼吸器、空气呼吸器和化学氧呼吸器三种，均自备气源。

a. 氧气呼吸器　一般为密闭循环式，主要部件有面罩、氧气钢瓶、清净罐、减压器、补给器、压力表、气囊、阀、导气管、壳体等。其工作原理是：使用人员从肺部呼出的气体，经面具呼气阀而进入清净灌，因清净灌内装有二氧化碳吸收剂，吸收了呼出气体中的 CO_2，其他残留气体进入气囊。另外从氧气瓶中储存的氧气经高压管、减压器到气囊中与从清净灌出来的残留气体相混合组成含氧空气，当使用人员吸气时，适当的含氧空气由气囊经吸气阀、吸气软管、面具被吸入人的肺部，完成了整个吸收循环。在这个循环过程中，由于吸气阀和呼气阀是单方向开启的一种活门，因此整个气流方向始终是沿着一个方向前进的。

自给式呼吸器结构复杂、严密，使用者应经过严格训练，掌握操作要领，能做到迅速、准确地佩戴使用；自给式呼吸器应有专人管理，用毕要检查、清洗，定期检验保养，妥善保存，使之处于备用状态。氧气呼吸器的基本结构如图 8-9 所示。

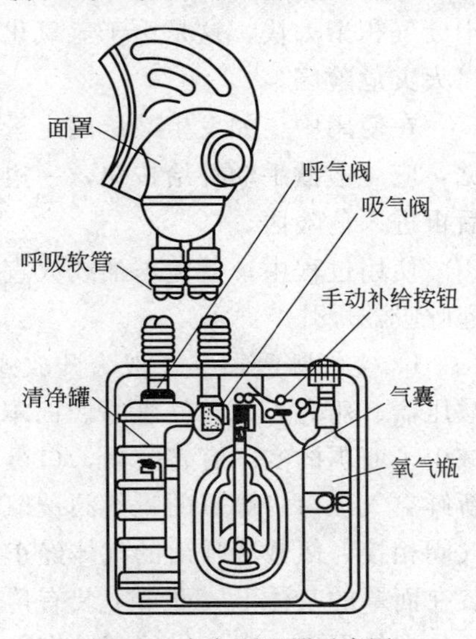

图 8-9　氧气呼吸器示意图

使用方法：使用佩戴呼吸器之前要首先打开氧气瓶阀门，检查氧气压力。如果压力高于 7.8MPa 时才可使用。要防止因压力过低、供氧时间不长而影响救护工作。

佩戴方式采用左系式，即把背带挂在右肩，呼吸器落在左腰侧。这样考虑的理由有：一是大部分人是右撇子，呼吸器放在左腰处不影响右手的操作；二是气瓶阀门在身前，便于操作；三是便于观察压力表，一旦发现压力不够可以迅速停止救护，撤离火场。

戴面罩的操作方法：托起面罩，拇指在外，其余四指在内，将内罩由下颚往上戴，罩住面孔，然后进行几次深呼吸，以体验呼吸器各个机件是否良好。确认没有问题时，才可以进入火灾现场。

使用中应随时观察氧气压力的变化，当发现压力降到 2.9MPa 时，消防人员应迅速退出火灾场所。这是因为火灾危险区与安全区一般都有一定的距离，氧气用完了再撤退就来不及了，所以一定要留足氧气余量。使用中，如果感觉闷气，同时还感到有酸味，这是气囊中废气积聚过多的原因。可以揿手动补给按钮，开启自动补给阀，补充氧气。如果两次揿手动补给按钮的时间间隔太短，即气囊中废气积聚太快，这是由于氢氧化钙吸收剂失效的原因，应尽早撤离火灾危险区。

在使用中，如发生减压阀定量供氧故障，自己有严重的气闷感觉，应一边揿手动补给按钮，一边迅速撤出火灾场所，更换呼吸器后再进入危险区。

使用过程中，避免与油或火直接接触，还要防止撞击，以防引起呼吸器爆炸。

b. 空气呼吸器　一般为开放式。主要部件有面罩、空气钢瓶、减压器、压力表、导气管等。面罩内有与口、鼻相贴合的口鼻罩，减少了面罩的实际有害空间，口鼻罩上设有吸气阀，由供给阀来的新鲜空气经由口鼻罩的吸气阀被佩戴者吸入。口鼻罩不和正压型呼气阀相接，佩戴者呼出的气体经正压型呼气阀排入大气中。呼气阀装在面罩的基体上，面罩上装有传声器，以便在使用过程中相互讲话。在使用中，由于供给阀输出的新鲜空气不断冲刷面罩镜片，加之口鼻的作用，所以面罩的镜片始终保持清晰明亮，不上雾气。压缩空气经减压后供人吸入，呼出气经面罩呼吸阀排到空气中。图8-10所示为正压式空气呼吸器的基本结构示意。

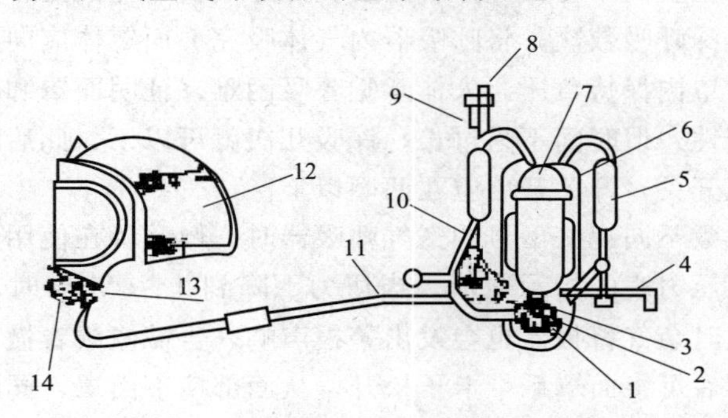

图8-10 正压式空气呼吸器示意图

1—气瓶开关；2—减压器；3—安全阀；4—腰带；5—肩带；6—背托（碳纤维）；7—储气瓶；8—压力表（夜光）；9—余气报警哨；10—高压导管；11—中压导管；12—面罩；13—正压呼气阀；14—供给阀

使用方法：佩戴前首先打开气瓶开关，随着管路、减压器系统中压力的上升，会听到余气警报器发出短暂的声响，储气瓶开关完全打开后，检查空气的储存压力，一般应在28～30MPa。关闭储气瓶开关，观察压力表的读数，在5分钟时间内压力下降不大于2MPa，表明供气管路系统高压气密性完好。如高压系统气密性完好，则轻轻按动供给阀杠杆，观察发出的声响，同时也是吹洗一次警报器通气管路（注：空气呼吸器不使用时，每月按此方法检查一次）。

呼吸器背在人体身后，根据身材可调节肩带腰带，并以合身牢靠、合适为宜。

使用时首先打开储气瓶开关，检查储气瓶的压力，使供给阀自动开启开关处于关闭状态。佩戴上面罩（可不系带）进行2～3次深呼吸，感觉舒畅，有关的阀件性能必须可靠。屏气时，供给阀门应停止供气，用手按压检查供给阀，自动开启开关的开启状态或关闭状态，一切正常时，将面罩系带收紧，使面罩与面部有贴合良好的气密性，系带不必收得过紧，面部应感觉合适，无明显的压迫感及头痛，此时深吸一口气，自动开启开关开启，供给人体适量的气体使用。检查面罩与面部是否贴合良好并气密，方法是：关闭储气瓶开关，深呼吸数次，将呼吸器内气体吸完。面罩体应向人体面部移动，面罩内保持负压，人体感觉呼吸困难，证明面罩和呼吸阀有良好气密性，但时间不易过长，深吸几次就可以了，此后应及时打开储气瓶开关，开关开启应在两圈以上。

在佩戴不同规格型号的空气呼吸器时，佩戴者在使用过程中应随时观察压力表的指示数值，当压力下降到 4～6MPa 时，应撤离现场，这时余气警报器也会发出警报声响，告诫佩戴者撤离现场。

使用后可将面罩系带卡子松开，从面部摘下面罩，同时将供给阀自动开启开关置于关闭状态。此时从身体上拆下呼吸器并关闭储气瓶开关。

c. 化学生氧呼吸器　由面罩、供气系统和背具组成，为一种闭路循环式生氧呼吸器，利用人员呼出的气体与含有大量氧的生氧药剂进行反应生成氧气，并滤除呼出气中的二氧化碳后供人员呼吸使用。这种呼吸器使用比较简单，不需要复杂的气体充填装置和准备工作。其供气系统由生氧系统（生氧罐、启动装置和应急装置）、降温系统（冷却管、降温增湿器）、储气装置（储气囊及排气阀）和保护外壳等组成，如图 8-11 所示。生氧罐是呼吸器的重要部件，内装生氧剂。一般常见的生氧剂为超氧化钾、超氧化钠、过氧化钾

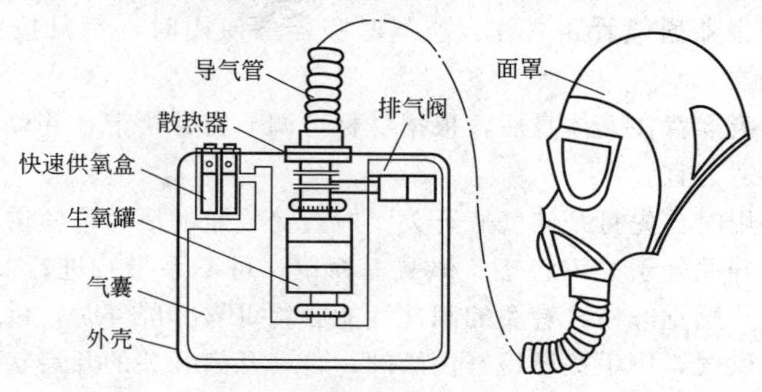

图 8-11　化学生氧呼吸器示意图

和过氧化钠。

使用方法 启动装置的开启按钮安装在外壳的侧面，并有防止误启动装置。使用时首先佩戴上面具，然后开启生氧器按钮，进行2～3次深呼吸，感觉舒畅，一切正常时，将面罩系带收紧，使面罩与面部有贴合良好的气密性。大约30～40分钟后，当感觉到呼吸有点不适时，说明供氧不足了，这时可启动应急装置，然后及时撤离作业现场。应急装置与启动装置的结构相同。

② 长管呼吸器 长管呼吸器又称长管面具，它是通过机械动力或人的肺力从清洁环境中引入空气供人呼吸，亦可采用高压瓶空气作为气源。适合流动性小、定点作业的场合。长管呼吸器使用前要严格检查气密性，用于危险场所时，必须有第二者监护，用毕要清洗检查，保存备用。自吸式长管呼吸器，要求进气管端悬置于无污染的不缺氧的环境中，软管要力求平直，以免增加吸气阻力。供气式长管呼吸器由移动式供气源和呼吸器（面罩）组合而成，备有30米固定管一根，10米长管两根，最大使用距离达50米，配有两套呼吸面罩，可供两人同时使用。图8-12所示为供气式长管呼吸器示意图。

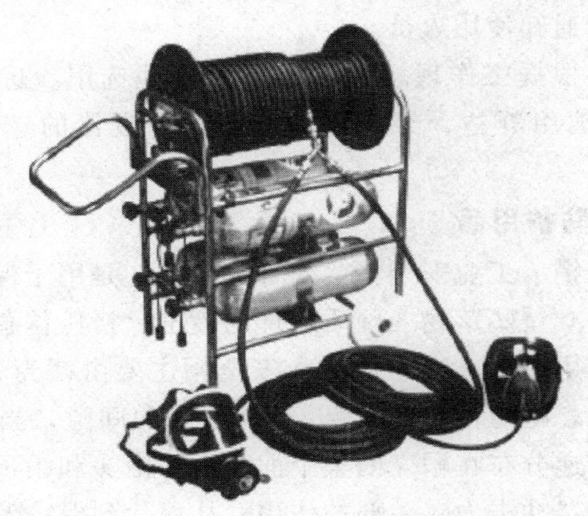

图8-12　供气式长管呼吸器示意图

使用方法 取出专用腰带、背带，根据佩戴者的体型，适度调整腰带、背带，使腰间阀、逃生瓶的位置在人体腰部两侧（注意腰间阀的方向，快速插座应朝上方），以佩戴舒适、不妨碍手臂活动为宜。先将移动气源供气管上的快速插座由下向上插到腰间阀的快速插头上，再将面罩-供气阀的插头插到腰间阀的快速插座上，也可在未佩戴腰带、背带之前将移动气源和面罩的接头直接接到腰间阀上。打开移动气源的气瓶阀，戴上呼吸面罩，呼吸自如后方可进入工作现场。如两人同时使用，应等两人全部完全佩戴好后一同进入，并注意保持距离和方向，防止发生因相互牵拉供气管而出现意外事故。

在使用过程中，如感觉气量供给不足、呼吸不畅，或出现其他不适情况，应立即撤出现场或打开逃生气源撤离。应妥善保护长管呼吸器移动气源上的长管，避免供气长管与锋利尖锐器、角、腐蚀性介质接触或在拖拉时与粗糙物产生摩擦，防止戳破、划坏、刮伤供气管。如不慎接触到腐蚀性介质，应立即用洁净水进行清洗、擦干。如供气长管出现损坏、损伤后应立即更换。

如果长管呼吸器的气源车不能近距离跟随使用人员，应该另行安排监护人员进行监护，以便检查气源，在气源即将耗尽发出警报及发生意外时通知使用人员。

呼吸器要根据工作现场的实际情况合理选用。选用时应遵循“防护有效，戴用舒适、经济”的原则。呼吸器的选用可参照图8-13所示。

8.8.3 其他防护用品

（1）安全帽　工业安全帽（简称安全帽）是用于保护劳动者头部，以消除或减缓坠落物、硬质物件的撞击、挤压伤害的护具，是生产中广泛使用的个人安全用品。安全帽主要由帽壳和帽衬组成，帽壳为圆弧形，帽与衬之间有 25～50 毫米的间隙，当物件接触帽壳时，载荷传递分布在帽壳的整个面积上，由头和帽顶之间的系统吸收能量，减轻冲击力对头部的作用，从而达到保护效果。安全帽必须选择符合国家标准要求的产品，根据不同的防护目的选用适宜的品种，并应根据头型选用。

（2）工作帽　工作帽主要是对头部进行保护工作，是用于防护

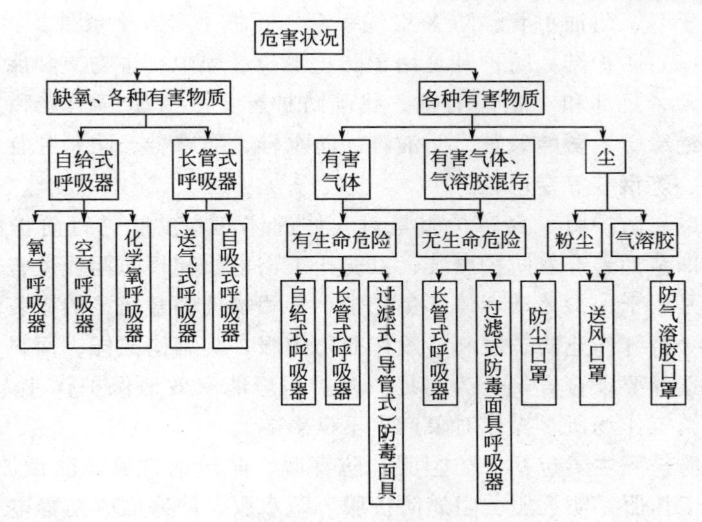

图 8-13　呼吸器的选用

一般性物理因素伤害或其他事故的软质帽，起一定程度的安全作用，如防止头部脏污擦伤，防止发辫受运转机器绞碾，有的工作帽起遮光作用，带标记的长舌工作帽起安全示警作用等。

(3) 眼部、面部防护用品　眼部、面部防护用品是用于防止辐射（如紫外线、X射线等)、烟雾、化学物质、金属火花、飞屑和尘粒等伤害眼部、面部的可观察外界的防护用具，包括眼镜、眼罩（密闭型和非密闭型）和面罩（罩壳和镜片）三类。其主要品种包括：焊接用眼防护具，炉窑用眼防护具，防冲击眼防护具，微波防护镜，激光防护镜，X射线防护镜，尘、毒防护镜等。

眼防护用具的选用很重要，应根据伤害因素的性质选用，如焊接作业应选择焊接用眼防护具，炉窑作业应选择炉窑用眼防护具等。应当注意，必须要选用符合标准或由专业技术部门进行过质量检测认可的眼防护用具。

(4) 防护手套　防护手套是指劳动者根据作业环境中的有害因素（有害物质、能量）而戴用的特制护具，以防止各种手伤事故。防护手套的主要品种有耐酸碱手套、电工绝缘手套、电焊工手套、防寒手套、耐油手套、防X射线手套、石棉手套等十余种。

(5) 防护鞋　防护鞋是用于防止生产过程中有害物质和能量损伤劳动者足部和小腿部的鞋。我国防护鞋主要有防静电鞋和导电鞋、绝缘鞋、防酸碱鞋、防油鞋、防水鞋、防寒鞋、防刺穿鞋、防砸鞋、炼钢鞋等专用鞋。

(6) 防护服　穿防护服是对人体的体部和皮肤进行防护的措施。即劳动者穿着防护服装，以防止工伤事故和预防职业危害。防护服是用于保护劳动者体部免受尘、毒和物理因素伤害的服装。防护服分特殊作业防护服和一般作业防护服，其结构式样、面料、颜色的选择要以符合安全为前提。防护服应能有效地保护作业人员，并不给工作场所、操作对象产生不良影响。

防护服主要包括：防尘服、防毒服、防放射性服、防微波服、高温工作服、防火服、阻燃防护服、防水服、防寒服、防静电工作服、带电作业服、防机械外伤和脏污工作服、潜水服，此外还有一些特殊的防护服，如加压服、宇航服等。

(7) 护肤用品　使用护肤用品也是对人体的体部和皮肤进行防护的措施。在生产作业环境中，常常存在各种化学的、物理的、生物的危害因素，对人体的暴露皮肤产生不断的刺激或影响，进而引起皮肤的病态反应，如皮炎、湿疹、皮肤角化、毛刺炎、化学烧伤等，称为职业性皮肤病。有的工业毒物还可经皮肤吸收，积累到一定程度后引起中毒。对待特殊作业人员的外露皮肤应使用特殊的护肤膏、洗涤剂等护肤用品保护，它们与日用化妆膏霜、洗涤剂在功能、用途上有所区别。

(8) 护耳器　护耳器是指用于保护人的听觉，使其避免噪声危害的护具。有耳塞、耳罩和帽盔三类。如长期在90dB(A) 以上或短期在115dB(A) 的环境中工作时，都应使用防护用品，以减轻对人的危害。选用护耳器时应注意：耳塞分有不同型号，使用人员应根据自己耳道大小配用；防噪声帽也按大小分号，戴用人员应根据自己头型选用。在使用护耳器时，一定要使之与耳道（耳塞类）耳壳外沿（耳塞类）密合、紧贴，方能起到好的防护效果。

（9）安全带　安全带是高处作业人员用以防止坠落的护具，由带、绳、金属配件三部分组成。人从高处往低处坠落，冲击距离越大，冲击力越大，冲击力为体重的 5 倍左右时不会危及生命，如在体重的 10 倍以上，可能使人致死。安全带就是以此为基本依据设计制造的，起到防止坠落冲击伤害的作用。

（10）安全网　安全网是用于防止人、物坠落，或用于避免、减轻坠落物打击的网具，是一种用途较广的防坠落伤害的用品。一般由网体、边绳、系绳、试验绳等组成，网体的网目为菱形或方形。安全网分平网（P 表示）、立网（L 表示）两类。安全网由具有足够强度和耐候性良好的纤维织带编结而成。我国制作安全网的材料，要求有良好的强度和耐老化性，一般采用锦纶和维纶，其他纤维材料未经试验不宜采用。选用时要注意选用符合标准或具有专业技术部门检测认可的产品。

事故案例

【案例 1】 1980 年 10 月，北京某化工厂聚氯乙烯车间发生中毒事故，死亡 2 人。

事故的主要原因　该厂聚氯乙烯车间聚合工段在清理 6 号聚合釜时，违章作业，擅自打开聚合釜排污阀排污，排污后未将阀门关闭就投入使用。然后清理 8 号釜，由于 8 号聚合釜的出料阀未关严，结果 6 号聚合釜出料时，浆料窜入 8 号聚合釜，造成清理 8 号聚合釜的 2 名操作工中毒窒息死亡。

【案例 2】 1983 年 6 月，北京某农药厂包装车间发生中毒事故，死亡 1 人。

事故的主要原因　该农药厂包装车间一操作工在往储罐打氧化乐果料时脱岗，结果氧化乐果溢罐，造成操作室内地面充满药液，该操作工回岗位后中毒死亡。

【案例 3】 2000 年 5 月，某农药公司合成二车间酯化岗位发生甲酯气中毒窒息事故，造成 4 名操作人员中 3 人死亡。

事故的主要原因　违章操作是造成事故的直接原因。酯化釜需在负压情况下运行，必须保证在搅拌机正常运转的情况下方可滴加盐酸进行酯化反应，但该班操作人员在搅拌机未能正常运转的情况下，滴加过量盐酸，再开搅拌机后急剧反应，产生了正压，使“U”形压力计内水银全部外溅，1号酯化釜人孔垫子泄瀑，气浪冲碎值班室玻璃，甲酯气进入值班室，造成中毒事故。管理不严，安全设施不齐全是造成事故的主要原因。酯化釜未装设泄瀑装置，在非正常情况下，不能泄压。企业领导对安全生产工作重视不够，抓得不细是事故发生的重要原因。先加酸后搅拌的违章、违纪行为在过去曾有发生，但车间负责人及安全部门均未能引起重视并加以制止；技术管理部门过分强调技术的保密性，虽有安全技术操作规程但没有上墙，缺乏现场指导性。因此说这是一起安全管理不严，违反操作规程造成的重大责任事故。

【案例4】 2003年1月，俄罗斯萨马拉地区的某炼油厂发生异戊二烯泄漏，45名工人中毒，其中27人住院，1人死亡。

事故的主要原因 在生产橡胶的过程中，由于操作人员违反技术规程引起异戊二烯泄漏。

【案例5】 2003年12月，重庆某钻探公司发生天然气井喷特大事故，大量高浓度硫化氢扩散，造成当地群众234人死亡，多人中毒。

事故的主要原因 有关人员对罗家16H井的特高出气量估计不足；高含硫高产天然气水平井的钻井工艺不成熟；在起钻前，钻井液循环时间严重不够；在起钻过程中，违章操作，钻井液灌注不符合规定；未能及时发现溢流征兆，这些都是导致井喷的主要因素。有关人员违章卸掉钻柱上的回压阀，是导致井喷失控的直接原因。没有及时采取放喷管线点火措施，大量含有高浓度硫化氢的天然气喷出扩散，周围群众疏散不及时，导致大量人员中毒伤亡。

【案例6】 2004年4月，重庆某化工总厂发生氯气泄漏并引发爆炸事故，死亡9人，15万当地群众被紧急疏散。

事故的主要原因 由于氯气储罐及相关设备陈旧，一台氯冷凝器的列管出现穿孔，造成氯气泄漏，在处置泄漏问题的过程中，由于操作人员违规用机器从氯罐向外抽氯气，导致罐内温度升高，引起爆炸。

【案例7】 2004年4月，北京某黄金有限公司冶炼厂在处理金矿废液过程中，发生有毒物质泄漏事故，3人死亡，1人重度中毒，9人轻度中毒。

事故的主要原因 该企业在处理尾矿废液的过程中，严重违反操作规程，加碱不足，从而产生大量氰氢酸，造成人员中毒；在工艺流程中，由于操作人员未开启泵和节门，致使有毒液体外溢；当班3名操作工在生产中脱岗，造成岗位无人监护，致使有毒液体外溢后无人及时发现；岗位责任无明确分工，对危险岗位无人监控；在工作中和事故发生后，3名操作工均未按规程要求佩戴防毒面具。

【案例8】 1984年7月，北京某染料厂硫酸车间发生烫伤事故，造成1名操作人员被烧伤，烧伤面积达41%。

事故的主要原因 该染料厂硫酸车间在扫尾试车时，因急需更换一节硫酸管道，于是停泵检修，作业中发现有小股硫酸流出，于是分头查找漏点，1名操作工在检查泵出口阀时，突然一股硫酸从出口法兰喷出，该操作工慌忙奔逃时摔倒，被泄漏于地面上的硫酸烧伤。

【案例9】 1989年7月，北京某化工厂硼砂车间发生化学灼伤事故，造成1名操作人员眼及呼吸道被灼伤。

事故的主要原因 该厂硼砂车间1名操作工接班后检查碱管线及阀门是否关闭适时，由于装备本身有缺陷，途中经过碱液槽时，不慎从碱泵敞口掉入碱槽，造成化学灼伤。

【案例10】 1996年7月，北京某化工厂氯碱处理工段发生灼伤事故，造成2名操作人员被烧伤，烧伤面积分别达85%、70%。

事故的主要原因 由于设备胶垫材质不符合设计要求，该厂氯碱处理工段进行物料试车时，一法兰垫片被喷开，98%的硫酸喷出，将在场的2人灼伤。

1. 什么叫毒物、工业毒物、职业中毒？

2. 如何衡量和表示工业毒物的毒性？

3. 简述中毒的途径和危害。

4. 化工生产过程中防毒的措施有哪些？

5. 简述中毒现场急救的方法。

6. 工业粉尘的危害有哪些？生产中防粉尘的措施有哪些？

7. 什么是灼伤？灼伤的类型和危害有哪些？

8. 简述化学灼伤现场急救的基本方法。

9. 噪声的危害有哪些？化工生产中噪声污染控制的措施有哪些？

10. 电磁辐射的危害有哪些？如何进行电磁辐射的预防？

11. 一般事故现场急救的基本原则是什么？

12. 举例说明如何正确使用呼吸器官防护用具。

附　录

一、安全生产禁令

（一）生产区内十四个不准

1. 加强明火管理，厂区内不准吸烟。

2. 生产区内，不准未成年人进入。

3. 上班时间，不准睡觉、干私活、离岗和干与生产无关的事。

4. 在班前、班上不准喝酒。

5. 不准用汽油等易燃液体擦洗设备、用具和衣物。

6. 不按规定穿戴劳动保护用品，不准进入生产岗位。

7. 安全装置不齐全的设备不准使用。

8. 不是自己分管的设备、工具不准动用。

9. 检修设备时安全措施不落实，不准开始检修。

10. 停机检修后的设备，未经彻底检查，不准启用。

11. 未办高处作业证，不戴安全带，脚手架、跳板不牢，不准登高作业。

12. 石棉瓦上不固定好跳板，不准作业。

13. 未安装触电保安器的移动式电动工具，不准使用。

14. 未取得安全作业证的职工，不准独立作业；特殊工种职工未经取证，不准作业。

（二）操作工的六个严格

1. 严格执行交接班制。

2. 严格进行巡回检查。

3. 严格控制工艺指标。

4. 严格执行操作法（票）。

5. 严格遵守劳动纪律。

6. 严格执行安全规定。

（三）动火作业六大禁令

1. 动火证未经批准，禁止动火。
2. 不与生产系统可靠隔绝，禁止动火。
3. 不清洗或置换不合格，禁止动火。
4. 不消除周围易燃物，禁止动火。
5. 不按时作动火分析，禁止动火。
6. 没有消防措施，禁止动火。

（四）进入容器、设备的八个必须

1. 必须申请、办证，并得到批准。
2. 必须进行安全隔绝。
3. 必须切断动力电，并使用安全灯具。
4. 必须进行置换、通风。
5. 必须按时间要求进行安全分析。
6. 必须佩戴规定的防护用具。
7. 必须有人在器外监护，并坚守岗位。
8. 必须有抢救后备措施。

（五）机动车辆七大禁令

1. 严禁无证、无令开车。
2. 严禁酒后开车。
3. 严禁超速行车和空挡溜车。
4. 严禁带病行车。
5. 严禁人货混载行车。
6. 严禁超标装载行车。
7. 严禁无阻火器车辆进入禁火区。

二、安全色标（见文后彩插）

三、危险货物包装标志（见文后彩插）

参考文献

[1] 蒋永明，田兰等．化工安全技术．北京：化学工业出版社，1984.
[2] 弗兰克·T·波德莎．工业防爆技术．蒋运茂译．北京：劳动人事出版社，1987.
[3] 北川三．爆炸事故的分析．北京：化学工业出版社，1984.
[4] 隋鹏程，陈宝智．安全原理与事故预测．北京：冶金工业出版社，1988.
[5] 余孟杰．化学危险品安全保管．北京：化学工业出版社，1983.
[6] 蒋至诚．化工劳动保健知识问答．北京：化学工业出版社，1983.
[7] 前泽正礼．安全工程学．北京：化学工业出版社，1983.
[8] 上海市化学事故应急救援试点办公室．化学事故防护与救援．上海：上海科学普及出版社，1991.
[9] 林肇信，刘天齐．环境保护概论．北京：高等教育出版社，1999.
[10] 张弓．化工原理．北京：化学工业出版社，1999.
[11] 王世俊．刺激性气体中毒的防治．北京：化学工业出版社，1988.
[12] 阿·路·齐路希斯等．职业接触化学物质对女工健康的危害．北京：化学工业出版社，1988.
[13] 中国石油化工总公司生产管理部．液化石油气典型事故汇编．北京：化学工业出版社，1985.
[14] M·B·别林恰斯特诺夫，B·M·索科洛夫．化工生产中事故的预防．北京：化学工业出版社，1987.
[15] B·П·科拉布列夫．化学工业中的电气安全技术．北京：化学工业出版社，1987.
[16] 李彦海，孟庆华，付春杰．化工企业管理、安全和环境保护．北京：化学工业出版社，2000.
[17] 余经海．化工安全技术基础．北京：化学工业出版社，1999.
[18] 吴粤．压力容器安全技术．北京：化学工业出版社，1993.
[19] 张艺林，将永明．化工企业安全管理．北京：化学工业出版社，1989.
[20] 北京劳动保护科学研究所．安全技术手册．北京：电力工业出版社，1982.
[21] 原劳动部，原化学工业部．中华人民共和国工人技术等级标准·化学工业．北京：化学工业出版社，1992.
[22] 王忠康．化工生产的防火安全．上海：上海科学技术出版社，1989.
[23] 冯肇瑞，杨有启．化工安全技术手册．北京：化学工业出版社，1993.
[24] 上海市化工轻工供应公司．化学危险品使用手册．北京：化学工业出版社，1992.
[25] 中华人民共和国劳动和社会保障部．国家职业标准．北京：中国劳动社会保障出版社，2003.

化学工业出版社培训类图书

中国化工集团公司班组长安全培训通用教材	19
化工生产安全技术	22
化工安全技术与职业健康	28
化工安全与环境保护	38
安全技术系列——化工安全设计概论	28
安全技术系列——机械电气安全技术	24
安全技术系列——危险化学品安全技术	30
安全技术系列——电气安全技术	17
安全技术系列——安全管理	28
安全技术系列——危险化学品事故应急救援与处置	25
安全技术系列——安全人机工程	19
安全技术系列——安全评价技术	25
安全技术系列——化工工艺安全技术	20
安全技术系列——化工设备安全技术	24
安全技术系列——职业卫生	19
安全技术系列——安全生产法规实务	20
安全技术系列——安全生产技术	38
煤矿电工安全培训读本	22
火电厂特种设备安全技术	25
电气作业安全操作指导	24
职业安全与环境保护	17
职业安全教育	25
煤气安全防护技术	14
液化石油气操作技术与安全管理(三版)	25
防火防爆技术	23